普通高等教育机电类系列教材

互换性与测量技术基础

HUHUANXING YU CELIANG JISHU JICHU

主 编　何 琴　洪 燕　郑 翔

副主编　高丽莎　易凤临　许小颖

西安电子科技大学出版社

内容简介

    本书根据市场对应用型人才的需求和应用型本科教学的特点，参照最新的国家标准，系统地阐述了"互换性与测量技术"的基础知识，内容编写做到"必要、前沿、实用"。全书共 9 章，主要内容包括绪论，孔、轴的尺寸公差与配合，测量技术基础，几何公差，表面粗糙度，光滑工件尺寸的检测，常用结合件的互换性，渐开线圆柱齿轮传动的互换性，尺寸链。每章都有学习目标、课程思政、学习导航和习题，便于读者自主学习。

    本书可作为应用型本科院校以及职业技术院校机电类、仪器仪表类等专业的教材，也可作为相关工程技术人员的参考书。

图书在版编目 (CIP) 数据

互换性与测量技术基础 / 何琴，洪燕，郑翔主编 . -- 西安：西安
电子科技大学出版社，2025. 7. -- ISBN 978-7-5606-7688-3

  Ⅰ . TG801

中国国家版本馆 CIP 数据核字第 2025RM6266 号

策　　划　吴祯娥
责任编辑　汪　飞
出版发行　西安电子科技大学出版社 (西安市太白南路 2 号)
电　　话　(029) 88202421　88201467　　　　　邮　　编　710071
网　　址　www.xduph.com　　　　　　　　　　电子邮箱　xdupfxb001@163.com
经　　销　新华书店
印刷单位　河北虎彩印刷有限公司
版　　次　2025 年 7 月第 1 版　　　　　　　　2025 年 7 月第 1 次印刷
开　　本　787 毫米 ×1092 毫米　1/16　　　　　印　　张　17.5
字　　数　414 千字
定　　价　55.00 元
ISBN 978-7-5606-7688-3
XDUP 7989001 - 1
*** 如有印装问题可调换 ***

前　言

　　"互换性与测量技术"是应用型高等院校机械类、仪器仪表类和机电结合类各专业重要的主干技术基础课程，是和机械工业发展紧密联系的基础学科。在机械产品的设计和制造过程中，如何正确应用相关的国家标准和零件精度设计的原则、方法进行精度设计，如何运用常用的、现代的检测技术手段来保证机械零件加工质量是本课程教学的培养目标。本书切合当前教育改革需要，侧重培养适应 21 世纪现代化工业发展要求的卓越工程型、技术型、应用型人才。

　　本书对传统教学内容进行了精简，注重所选内容的系统性和实用性，采用了贴近生活和生产的大量实际应用案例，既保证了必要、足够的理论知识内容，又增强了理论知识的应用性和实用性。本书内容由浅入深、循序渐进，既讲述基本原理、贯彻最新国家标准，又注重现代最新应用技术与生产实际需要的紧密联系。

　　本书在编写时力求突出以下特点：

　　(1) 标准最新。本书所采用标准均为目前最新国家标准。

　　(2) 理论联系实际。本书列举了大量的工程实例，以便对公差标准应用问题进行分析。每章还配备了与实际应用联系紧密的习题，以帮助读者巩固所学知识，提高其分析问题和解决问题的能力。

　　(3) 重点突出。本书每章都有学习目标和学习导航，以突出重点和难点。

　　(4) 融入课程思政。本书每章都有课程思政内容，旨在引导读者理解专业知识与国家发展、社会责任之间的联系，培养读者的综合素质和职业素养。

　　(5) 本书各章节相互联系，既注重整体的系统性，又在内容上保持相对的独立性，以满足不同专业的学习需要。

　　本书共 9 章。第 1 章主要介绍互换性的含义、分类、作用，零件的加工误差和公差，标准与标准化，优先数与优先数系；第 2 章重点介绍公差与配合的基本术语及其定义，简单阐述了公差与配合的相关规定及设计；第 3 章介绍测量的基本概念以及测量技术的基本理论和方法；第 4 章介绍几何公差的定义和特征，公差原则有关术语的定义、含义及应用，以及几何误差的选择和检测方法等；第 5 章介绍表面粗糙度的概念及其对机械零件使用性能的影响，梳理了表面粗糙度的评定参数、标注方法以及检测方法；第6章介绍通用计量器具的验收极限和选择，光滑极限量规的特点、公差带、种类和设计等；第7章介绍常用结合件的互换性，包括滚动轴承配合，平键、花键连接，螺纹连接以及圆锥配合的互换性；第8章介绍渐开线圆柱齿轮传动的基本使用要求及齿轮误差来源、齿轮的精度评定指标及检测、齿轮副的精度评定指标等；第9章介绍尺寸链的基本概念以及尺寸链的计算。

　　本书由文华学院何琴、洪燕和武汉广播电视台郑翔担任主编，文华学院高丽莎、易凤临、许小颖担任副主编。本书第1章、第4章、第7章、第8章、第9章由何琴编写，第2章、第3章由洪燕编写，第5章、第6章由郑翔编写。许小颖（第1章～第3章）、高丽莎（第4章～第6章）、易凤临（第7章～第9章）负责资料收集与整理、内容审查与校对工作。全书由何琴统稿和定稿。

　　在本书的编写过程中，我们参考和借鉴了大量有关互换性与测量技术方面的教材和论著，在此对相关作者表示衷心的感谢。

　　由于编者水平有限，书中难免有不足之处，恳请读者批评指正。

编　者

2025 年 3 月

目　录

第1章　绪　论

学习目标

(1) 了解机械精度设计的概念；

(2) 掌握互换性的概念和分类；

(3) 了解互换性在设计、制造、使用和维修等方面的重要作用；

(4) 理解互换性与公差、检测、标准和标准化的关系；

(5) 了解优先数与优先数系的概念及其特点。

课程思政

　　回顾历史，在机械制造领域，其实古代就已经出现了互换性思想。例如，秦代的兵器制造，其标准化程度极高，目前出土的大量秦代青铜箭镞，尺寸误差极小，即使历经千年，同一规格的箭镞依然能够通用。这体现了我国古代工匠追求精准、注重标准的意识，也彰显了中华民族精益求精、勇于创新的精神品质，展现出古人在机械制造领域的卓越成就。现代社会，测量技术作为保障互换性实现的关键支撑，同样意义非凡。从精密仪器的制造，到航空航天零部件的加工，精确的测量技术都是产品质量的核心保障。近年来，我国的航天事业取得了举世瞩目的成就，"神舟"系列飞船的成功发射与安全返回，"嫦娥"探月工程的顺利推进，这些都离不开高精度测量技术的保驾护航。每一个零部件的尺寸精度、形状误差都必须控制在极小的范围内，才能确保整个航天器的性能与安全。这凝聚了无数科研人员和技术工人的心血，他们秉承严谨认真、一丝不苟的工作态度，为国家的航天梦想，默默奉献、追求卓越。

学习导航

　　互换性是什么？在日常生活和工作中，家里的灯泡坏了，可以换个新灯泡；汽车上的螺钉、螺母坏了，可以购买同一型号的进行更换；在工厂装配车间，对同一规格的一批零部件，工人任取一件都能装配在机器上，并能满足要求。这是因为这些零件在制作过程中都遵循一样的标准，所以能相互替代使用，说明这些零部件具有互换性。互换性和标准化在机械制造中具有非常重要的意义，本章将简要介绍互换性和标准化的基础知识。

1.1　概　　述

机械产品 [各类机器设备 (如机床)、各类机构 (如减速器) 及其他传动装置等] 设计通常除进行机械产品的总体开发、方案设计、运动设计、结构设计、强度和刚度设计之外，还必须进行机械产品的几何精度设计。

机械产品的几何精度设计是指按照机械产品的使用功能要求和机械加工及检测的经济性原则，确定构成机械产品的各零部件上各处的尺寸精度、几何精度、表面质量以及配合部位的配合性质等。几何精度设计是否正确、合理，对机械产品的使用性能和制造成本，以及对企业生产的经济效益和社会效益都有着重要的影响，有时甚至起决定性作用。

机械产品的几何精度设计的主要任务如下：

(1) 确定组成机械产品的各零部件上各处的尺寸公差、几何公差、表面粗糙度要求以及典型表面 (如键、圆锥、螺纹、齿轮等) 公差要求等内容，并在零件图样上进行正确标注。

(2) 确定各零部件配合部位的配合代号和其他技术要求，并在装配图样上进行正确标注。

1.2　互　换　性

随着机械行业的发展和科学技术的进步，市场需要各式各样物美价廉的机械产品。这就要求机械产品的几何精度设计应遵循互换性原则和经济性原则。

1.2.1　互换性的含义

国家标准 GB/T 20000.1—2014《标准化工作指南 第 1 部分：标准化和相关活动的通用术语》中提出：互换性是指某一产品、过程或服务能用来代替另一产品、过程或服务并满足同样要求的能力。在机械和仪器制造业中，零部件的互换性是指同一规格的零部件不需任何挑选、修配或调整，就能装配在机器上，并能满足使用性能要求的特性。互换性原则是机械和仪器制造业中产品设计与制造的重要原则。

互换性在工业和日常生活中随处可见。例如：灯泡坏了可以换新的；汽车、手表、家用电器等，当某一零部件坏了，只需将同一规格的零部件更换上，它们就能恢复原有功能继续使用。之所以这么方便，是因为这些产品都是按互换性原则生产的，都具有互换性。

1.2.2　互换性的分类

1. 按决定参数分

按决定参数的不同，互换性可分为几何参数互换性和功能参数互换性。

1) 几何参数互换性

几何参数互换性是指规定几何参数公差来保证成品的几何参数充分近似而达到的互换性。此为狭义互换性，即通常所讲的互换性，有时也局限于指保证零件尺寸配合要求的互换性。

2) 功能参数互换性

功能参数互换性是指规定功能参数公差来保证成品的功能参数充分近似而达到的互换性。功能参数不仅包括几何参数，还包括其他一些参数，如材料机械性能参数以及化学、光学、电学、流体力学等参数。此为广义互换性，往往着重于保证除尺寸配合要求以外的其他功能要求。

2. 按互换程度分

按互换程度的不同，互换性可分为完全互换性和不完全互换性。

1) 完全互换性

完全互换性也称为绝对互换性，是指零部件在装配或更换时，不需要挑选、修配或调整便能顺利装配上，并满足使用性能的要求。例如，常用的、大批量生产的标准连接件和紧固件等都具有完全互换性。

2) 不完全互换性

不完全互换也称为有限互换性，是指零部件在装配或更换时允许有附加条件的挑选、修配或调整。不完全互换性可以采用分组装配法、修配法、调整法或其他方法来实现。

(1) 分组装配法：将加工好的零部件按照实测尺寸分为若干组，使每组内的尺寸差别较小；然后再按相应组进行装配，大孔配大轴，小孔配小轴，使同一组内零部件可以互换，组与组之间的零部件不可互换。分组装配既可保证装配精度和使用要求，又可以降低生产成本。例如，发动机的连杆与曲轴、活塞与活塞销、滚动轴承内外圈与滚动体等都是采用分组装配法来实现互换性的。

(2) 修配法：用补充机械加工或钳工修刮的方法来获得所需的精度。例如，普通车床尾座部件中的垫板在装配时要对其厚度进行修磨，方可满足普通车床头、尾顶尖中心的等高要求。

(3) 调整法：移动或更换某些零部件以改变其位置和尺寸来达到所需要的精度。例如，燕尾导轨中的调整镶条在装配时要沿导轨移动方向调整它的位置，方可满足间隙要求。

3. 按标准部件或机构分

对于标准部件或机构而言，互换性可以分为外互换性和内互换性。

1) 外互换性

外互换性是指部件或机构与其外部配合件之间的互换性，如滚动轴承内圈内径与轴的配合、外圈外径与轴承座孔的配合等。

2) 内互换性

内互换性是指部件或机构内部的组成零件之间的互换性，如滚动轴承内、外圈滚道直径与滚动体直径之间的配合。

为了使用方便，滚动轴承的外互换性为完全互换性；其内互换性因组成零件的精度要求较高、加工困难而采用分组装配法来实现，为不完全互换性。一般而言，不完全互换性只用于部件或机构制造厂内部的装配；厂际协作即使产量不大往往也采用完全互换性。

1.2.3　互换性的作用

互换性在机械制造中的作用，可从机器的设计、制造以及使用等方面来分析。

1. 设计方面

按互换性原则进行设计，尽量采用具有互换性的标准件、通用件和标准部件，从而大大简化计算、绘图等工作，缩短设计周期，有利于开展计算机辅助设计和实现产品的多样化。

2. 制造方面

互换性是提高生产水平和文明程度的有力手段。零部件具有互换性有利于组织专业化协作生产，使用新工艺、新技术和现代化专用设备，有利于实现计算机辅助制造，有利于实现加工和装配过程的自动化，从而提高产品质量和生产效率，降低生产成本。

3. 使用方面

若零部件具有互换性，则可以以新换旧，及时更换已经磨损、损坏了的零部件，方便维修，减少机器的维修时间和费用，提高机器的使用率和使用寿命。

总之，在机械制造中，遵循互换性原则，不仅能显著提高劳动生产率，而且能有效地保证产品质量，降低生产成本。因此，互换性是机械制造发展的重要技术基础，也是组织现代化生产极为重要的技术和经济原则。

1.3　零件的加工误差和公差

为满足互换性的要求，最理想的情况是同规格的零部件的几何参数完全一致。但在实际生产中这是不可能实现的，也是不必要的。实际上，零部件在加工过程中不可避免地会产生各种误差，只要将同规格的零部件的几何参数误差控制在一定范围内就能满足互换性的要求。

1.3.1　加工误差

加工误差是指机械加工后，零件的实际几何参数（尺寸、几何要素的形状、方向和相互位置、轮廓的微观不平程度等）对其设计理想值的偏离程度；而加工精度是指机械加工后，零件的几何参数的实际值与设计理想值相符合的程度。

加工误差主要有以下几类：

(1) 尺寸误差：加工后零件的实际尺寸对其理想尺寸的偏离程度。理想尺寸通常用图样上标注的最大、最小两极限尺寸的平均值来表示。

(2) 形状误差：加工后零件的实际表面形状对其理想形状的偏离程度，如圆度误差、直线度误差等。

(3) 方向误差：加工后零件的实际表面、中心线或中心面等之间的相互方向对其理想方向的偏离程度，如平行度误差、垂直度误差等。

(4) 位置误差：加工后零件的表面、中心线或中心面等之间的相互位置对其理想位置的偏离程度，如平行度误差、同轴度误差等。

(5) 表面粗糙度：加工后零件的表面上由较小间距和峰谷所组成的微观几何形状误差。零件表面微观不平度用表面粗糙度的评定参数值表示。

加工误差是由加工工艺中的诸多因素引起的，包含加工方法的原理误差，工件装夹的定位误差，夹具、刀具的制造与磨损误差，机床的制造、安装与磨损误差，切削过程中的受力、受热变形和摩擦振动产生的误差，毛坯的几何误差及加工中的测量误差，等等。

1.3.2 公差

为保证零部件的使用功能和互换性，就必须控制零件的加工误差在允许的范围内。设计者通过零件图样，提出相应的加工精度要求，这些要求是用公差标注的形式给出的。现代机械制造业尤其是智能制造业对精度有着十分严格的要求，可以说精度决定成败。

公差就是指零件实际几何参数允许的变动范围。相对于各类加工误差，公差分为尺寸公差、形状公差、方向公差、位置公差和表面粗糙度参数允许值及典型零部件特殊几何参数公差等，是由设计人员根据产品使用性能要求给定的。

为保证互换性，确保全国范围内企业间协作和国际技术合作，设计者不可任意规定公差数值，而要按一定的精度要求和标准，合理选用标准的公差数值。因此，建立各种几何参数的公差标准是实现对零件误差控制和保证互换性的基础。

1.3.3 检测

由于零件的加工误差不可避免，因此加工好的零件是否满足公差要求，需要通过检测加以判定。检测包含检验和测量。检验是指确定零件的几何参数是否在规定的极限范围内，并作出合格与否的判断，而不必得出被测量的具体数值；测量是指将被测量与作为计量单位的标准量进行比较，以确定被测量具体数值的过程。检测不仅用来评定产品的质量，而且可用于分析产品不合格的原因，以便及时调整生产，改进工艺过程，减少不合格品的产生。因此，检测是实现互换性生产的重要保证，也是进行质量管理、监督和控制的基本手段。加工好的零件是否满足公差要求，要通过检测来判断。检测是机械制造的"眼睛"。

合理确定几何参数的公差并进行正确检测，是保证产品质量、实现互换性生产的必不可少的条件和手段。

1.4　标准与标准化

1.4.1　标准

1. 标准的含义

为了实现互换性，零部件的几何参数必须在其规定的公差范围内，这是就生产技术而言的。但从组织生产方面来说，如果同类产品的规格太多，或者规格相同而规定的公差大小各异，就会给互换性的实现带来很大困难。因此，为了实现互换性生产，必须采用一种手段，使各个分散的、局部的生产部门和生产环节之间保持必要的技术统一，以形成一个统一的整体。标准与标准化正是建立这种技术统一的重要手段，是实现互换性生产的基础。

国家标准 GB/T 20000.1—2014《标准化工作指南 第 1 部分：标准化和相关活动的通用术语》规定：标准是通过标准化活动，按照规定的程序经协商一致制定，为各种活动或其结果提供规则、指南或特性，供共同使用和重复使用的文件。标准是对重复性事物和概念所进行的统一规定，它以科学、技术和实践经验的综合成果为基础，经有关方面协商一致，由主管机构批准，以特定形式发布，作为共同遵守的准则和依据。标准体现了科技与生产的先进性及相关方的协调一致性，目的在于促进共同效益。

2. 标准的分类

1) 按级别分

标准可以按不同级别颁布。目前，我国技术标准分为 4 级：国家标准、行业标准、地方标准和企业标准。

国家标准是指对全国经济、技术发展有重大意义，必须在全国范围内统一执行的标准。国家标准的编号是由国家标准代号、标准发布的顺序号和发布的年代号构成的。国家标准代号为 GB 或 GB/T、GB/Z。对没有国家标准而又需要在全国某个行业范围内统一的技术规范，可制定行业标准，如机械行业标准 (代号为 JB)、汽车行业标准 (代号为 QC)。对没有国家标准和行业标准，又需要在某个范围内统一的技术规范，可制定地方标准或企业标准，它们的标准代号分别为 DB、QB。

从世界范围看，标准可分为 6 级：国际标准、区域标准、国家标准、行业标准、地方标准和企业标准。

国际标准是指由国际标准化组织 (ISO)、国际电工委员会 (IEC) 或国际电信联盟 (ITU) 制定的标准，以及国际标准化组织确认并公布的其他国际组织制定的标准。国际标准在世界范围内统一使用。

区域标准又称为地区标准，是指由世界某一区域标准化团体所制定的标准。通常提到的区域标准主要是指由欧洲标准化委员会、非洲地区标准化组织等地区组织所制定和使用的标准。

2) 按标准化对象分

按标准化对象，标准可分为基础标准、产品标准、方法标准、安全卫生与环境保护标准等。基础标准是指生产技术活动中最基本的、具有广泛指导意义的标准，如法定计量单位、表面粗糙度、机械制图、极限与配合等标准。本书主要涉及基础标准。

3) 按法律属性分

按法律属性不同，我国的国家标准和行业标准可分为强制性标准和推荐性标准两种。其中涉及人身安全、健康、卫生及环境保护等的标准属于强制性标准，其余的标准为推荐性标准。

1.4.2 标准化

1. 标准化的含义

标准化是指为了在既定范围内获得最佳秩序，促进共同效益，对现实问题或潜在问题确立共同使用和重复使用的条款以及编制、发布和应用文件的活动。

标准化的主要内容包括从调查标准化对象开始，经试验、分析和综合归纳，进而制定和贯彻实施标准，以及后续修订标准等。标准化是以标准的形式体现的，是一个不断循环、不断提高的过程。

在现代化生产中，标准化是一项重要的技术措施。因为一种机械产品的制造，往往涉及许多部门和企业，为了满足生产上相互联系的各个部门与企业之间在技术上相互协调的要求，必须有一个共同的技术标准，使独立的、分散的部门和企业之间保持必要的技术统一，使相互联系的生产过程形成一个有机的整体，以达到实现互换性生产的目的。为此，必须制定在生产技术活动中最基本的具有广泛指导意义的标准。因为高质量产品与其公差息息相关，所以要实现互换性生产就必须建立公差与配合标准、几何公差标准、表面粗糙度等标准。

2. 标准化的发展历程

1) 国际标准化的发展历程

标准化在人类开始创造工具时就已经出现。标准化是人类进行社会生产劳动的产物。标准化在近代工业兴起和发展的过程中尤为重要。早在 19 世纪，标准化在国防、造船、铁路运输等行业中的应用十分突出。到了 20 世纪初，一些国家相继成立全国性的标准化组织机构，推进了本国的标准化事业。随着生产的发展，国际交流越来越频繁，因而出现了地区性和国际性的标准化组织。1926 年成立了国际标准化协会（简称 ISA）。1947 年重建国际标准化协会并改名为国际标准化组织（简称 ISO）。现在，ISO 这个世界上最大的标准化组织已成为联合国甲级咨询机构。ISO9000 系列标准的颁发，使世界各国的质量管理及质量保证的原则、方法和程序都统一在国际标准的基础之上。

2) 我国标准化的发展历程

我国标准化是在 1949 年中华人民共和国成立后得到重视并发展起来的。1958 年颁布了第一批 120 项国家标准。从 1959 年开始，我国陆续制定并颁布了极限与配合、几何公差、公差原则、表面结构、光滑极限量规、渐开线圆柱齿轮精度等许多公差标准。我国在 1978 年恢复 ISO 成员国，承担 ISO 技术委员会秘书处工作和国际标准草案的起草工作。1988 年，我国颁布了《中华人民共和国标准化法》，标志着我国标准化工作进入了法治化、规范化的轨道。此后，我国的公差标准随着国际标准的不断更新，并结合我国的生产实际在不断地进行修改和完善。2020 年"产品几何技术规范标准 (GPS)"一系列标准的颁布与实行，进一步推动了我国标准与国际标准的接轨，我国标准化水平在社会主义现代化建设过程中不断得到发展提高，对我国经济的发展作出了很大的贡献。

1.5 优先数与优先数系

1.5.1 优先数与优先数系的含义

在机械产品的设计和制造过程中，常常需要确定许多技术参数，而这些参数的简化、协调和统一是标准化的重要内容。因为这些技术参数往往不是孤立的，某个技术参数一旦确定，这个参数就会按照一定规律向一些相关的技术参数传播与扩散，从而制约着这些技术参数。例如，螺纹孔的尺寸一经确定，将会影响加工螺纹的丝锥和检验内螺纹的螺纹塞规的尺寸，攻螺纹前钻孔所用钻头的尺寸，以及与之相连接的外螺纹、垫圈等尺寸。这种技术参数的传播与扩散在生产实践中是极为普遍的现象。因此，在机械产品的设计与生产过程中，各项技术参数的数值不能随意确定，即使是非常微小的差别，经过反复传播与扩散后，也会造成尺寸规格的繁多杂乱，给生产的组织协作装配和设备的使用维修带来极大的困难。

产品品种规格的过多或过杂会影响生产的技术与经济效果，而产品的品种规格过少，则可能无法满足社会需求。产品的品种规格与一系列的技术参数有关，要简化产品的品种规格，且满足社会需求，就要合理地对技术参数进行分级、分档，形成总体功能最佳的参数系列。

优先数系就是对各种技术参数的数值进行优选、协调、简化和统一的一种科学的数值分级制度 (数值标准)，这也是国际上统一的数值分级制度。

优先数系是指公比为 $q_r = \sqrt[r]{10}$，且项值中含有 10 的整数幂的等比数列，用字母 Rr 表示。GB/T 321—2005《优先数和优先数系》中规定了 5 个系列，分别为 R5、R10、R20、R40 和 R80，5 个系列的公比如下：

R5 系列： $$q_5 = \sqrt[5]{10} \approx 1.60$$

R10 系列： $$q_{10} = \sqrt[10]{10} \approx 1.25$$

R20 系列： $q_{20} = \sqrt[20]{10} \approx 1.12$

R40 系列： $q_{40} = \sqrt[40]{10} \approx 1.06$

R80 系列： $q_{80} = \sqrt[80]{10} \approx 1.03$

R5、R10、R20 和 R40 是常用系列，称为基本系列；R80 是补充系列，仅用于分级很细的特殊场合。工程应用中，一般机械产品的主要参数通常采用 R5 系列和 R10 系列，专用工具的主要尺寸采用 R10 系列。优先数系的基本系列见表 1-1。

表 1-1 优先数系的基本系列常用值 (摘自 GB/T 321—2005)

R5	R10	R20	R40	R5	R10	R20	R40	R5	R10	R20	R40
1.00	1.00	1.00	1.00			2.24	2.24			5.00	5.00
			1.06				2.36				5.30
		1.12	1.12	2.50	2.50	2.50	2.50			5.60	5.60
			1.18				2.65				6.00
	1.25	1.25	1.25			2.80	2.80	6.30	6.30	6.30	6.30
			1.32				3.00				6.70
		1.40	1.40		3.15	3.15	3.15			7.10	7.10
			1.50				3.35				7.50
1.60	1.60	1.60	1.60			3.55	3.55		8.00	8.00	8.00
			1.70				3.75				8.50
		1.80	1.80	4.00	4.00	4.00	4.00			9.00	9.00
			1.90				4.25				9.50
	2.00	2.00	2.00			4.50	4.50	10.00	10.00	10.00	10.00
			2.12				4.75				

优先数系中的任何一个项值均称为优先数。按照公式计算得到的优先数的理论值，除 10 的整数幂外，大多为无理数，工程技术中不宜直接使用，在实际使用时都要经过化整处理后取近似值。

另外，当优先数系的基本系列无一能满足分级要求时，还会用到派生系列。派生系列是指从基本系列或补充系列 Rr 中，每逢 p 项取值导出的系列，以 Rr/p 表示。例如，派生系列 R10/3 是在 R10 系列中每逢 3 项取一值，它的公比约等于 2。当首项为 1 时，R10/3 系列为 1.00，2.00，4.00，8.00，16.00，…。

1.5.2 优先数系的特点

优先数系作为数值标准化的重要内容，广泛应用于产品的各种技术参数，主要优点如下：

(1) 优先数系是国际统一的数值分级制，是各国共同采用的基础标准。它适用于不同领域各种技术参数的分级，为技术经济工作上的统一、简化以及产品参数的协调提供了共同的基础。

(2) 数值分级合理。优先数系中各相邻项的相对差近似不变，即数值间隔相对均匀。因此，选用优先数系时，技术参数分布经济合理，能在产品的品种、规格、数量与用户实际需求间达到平衡。

(3) 规律明确，利于数值的扩散。优先数系是等比数列，其各项的对数又构成等差数列；同时，任意两个优先数理论值的积、商和任一项的整次幂仍为同系列的优先数。这方便产品设计的计算，也有利于数值的计算。

(4) 具有广泛的适应性。优先数系的项值可向两端无限延伸，所以优先数的范围是不受限制的。此外，派生系列，给优先数系数值及间隔的选取带来了更多的灵活性，也给不同的应用带来了更多的适应性。

1.5.3　优先数系的选用原则

优先数系的应用很广，适用于各种尺寸、参数的系列化和质量指标的分级，对保证各种工业产品的品种、规格的合理化分档和协作具有十分重要的意义。选用优先数系的基本原则如下：

(1) 选用基本系列时，遵循先疏后密的原则，即按 R5、R10、R20、R40 的顺序，优先选用公比较大的基本系列，以免规格太多。

(2) 当基本系列不能满足分级要求时，可选用派生系列。选用时，应优先选用公比较大和延伸项含有项值 1 的派生系列。

(3) 根据经济性和需要量等条件，可以分段选用最合适的系列，以复合系列的形式来组成最佳系列。

由于优先数系中包含有各种不同公比的系列，因而可以满足各种较密和较疏的分级要求。优先数系以其广泛的适用性，成为国际上通用的标准化数系。工程技术人员应在一切标准化领域中尽可能地采用优先数系，以达到对各种技术参数协调、简化和统一的目的，促进国民经济更快、更稳定地发展。

知识拓展：新一代 GPS 简介

GPS(Geometrical Product Specifications) 即产品几何技术规范的简称，它贯穿于几何产品的研究、开发、设计、制造、验收、出厂、使用以及维修的全过程。

随着计算机信息技术的发展，以前适用于手工设计环境的 GPS 标准不便于计算机的表达、处理和数据传递，落后的公差理论和标准已成为 CAD/CAM 技术继续深入发展的瓶颈。基于这个原因，ISO/TC213(产品尺寸和几何技术规范及检验技术委员会) 着手全面修订 ISO 公差标准体系，研究和建立一个基于信息技术、适应 CAD/CAM 的技术、保证预定几何精度为目标的标准体系，这一新的 GPS 标准体系与现代设计和制造技术相结合，是对传统公差设计的一次大的变革。

凡有大小和形状的产品都是几何产品，所以 GPS 的应用极为广泛。基于"标准和计量"的新一代 GPS 蕴含了工业大生产的基本特征，反映了技术发展的内在要求，为产品技术评估提供了"通用语言"。新一代 GPS 体系将有利于产品的设计、制造及检测，通过对规范和认证（检验）过程的不确定度处理，实现资源的自动化分配。更重要的是能够消除技术壁垒，便于商品和服务的交流，提升企业的国际竞争力。

习　　题

一、填空题

1. 互换性是指同一规格的零部件不需任何_____，就能装配在机器上，并能满足_____要求的特性。

2. 按互换程度的不同，互换性分为_____和_____。对于标准部件或机构而言，互换性又可分为_____和_____。

3. 公差是用来限制_____。但零件的实际几何参数误差是否在规定的公差范围之内，还需要通过_____来判断。

3. R5 系列的公比为_____，每逢_____项，数值增大到 10 倍。

4. R5 系列 10～100 的常用值为_____。

二、选择题

1. 影响零件互换性的几何参数有（　　）。

A. 尺寸　　　　　　B. 形状　　　　　　C. 位置　　　　　　D. 表面粗糙度

2. 代号为 GB 的标准是（　　），代号为 JB 的标准是（　　）。

A. 国家标准　　　B. 行业标准　　　　C. 地方标准　　　　D. 企业标准

3. 下列属于优先数系派生系列的是（　　）。

A. R5　　　　　　B. R10　　　　　　C. R20/3　　　　　D. R40

三、判断题

1. 互换性要求零件按一个指定的尺寸制造。（　　）

2. 有了公差标准就能保证零件具有互换性。（　　）

3. 工程上，在设计和生产过程中，技术参数的数值应按优先数系选取。（　　）

四、简答题

1. 完全互换性和不完全互换性有什么区别，各应用于什么场合？

2. 什么是标准、标准化？按标准颁发的级别分，我国有哪几种标准？

3. 公差、检测和标准化与互换性有什么关系？

4. 下列数据属于优先数系中的哪个系列？

(1) 机床主轴转速（单位为 r/min）：200，250，315，400，500，630。

(2) 电动机转速（单位为 r/min）：375，750，1500，3000。

(3) 15～100 W 的家用灯泡的功率（单位为 W）：15，25，40，60，100。

第2章 孔、轴的尺寸公差与配合

▶◀ 学习目标

(1) 掌握有关尺寸、公差、偏差、配合等术语的定义与作用;

(2) 掌握公差带的概念以及公差带图的画法;

(3) 掌握极限与配合标准的相关规定,熟练应用公差表格查询标准公差和基本偏差,正确进行有关计算;

(4) 了解极限与配合的选用,并能正确标注图样。

▶◀ 课程思政

古代匠人在切割、雕琢、打磨玉器等时会反复琢磨、精益求精、追求完美,说明在我国古代就有注重工匠精神的社会氛围。新时代,我国也始终弘扬着工匠精神,无论是奔月的"嫦娥"、入海的"蛟龙"、导航的"北斗"等大国重器,还是翱翔蓝天的"大飞机"、走向世界的"高铁"、洞察万里的"天眼"等中国制造,都展现出了我们对工匠精神的继承与发扬。

▶◀ 学习导航

机械产品通常是由许多经过机械加工的零部件组成的,而孔、轴配合,即内、外圆柱体相互结合所构成的结构,是最基本和普遍的形式,如图2-1所示。这些零部件在加工、检测及装配过程中都会不可避免地产生尺寸误差。为了满足使用要求,保证互换性和精度要求,应对尺寸公差与配合进行标准化。适用于这种结合形式的 GB/T 1800.1—2020 等国家标准是应用广泛的基础标准。它不仅适用于圆柱形孔、轴配合,也适用于由单一尺寸确定的配合表面的配合。对于相结合的零件,互换性要求零件的尺寸必须在一个合理的范围内 (这就是"公差"),并且要保证相互结合的零件尺寸之间形成一定的关系,以满足不同的使用要求 (这就是"配合")。公差与配合研究的是如何进行尺寸精度的设计,如何控制零件的尺寸误差。公差与配合的标准化有利于机器的设计、制造、使用和维修。

公差与配合标准不仅是机械工业各部门进行产品设计、工艺设计和制定其他标准的基础，而且是广泛组织协作和专业化生产的重要依据。

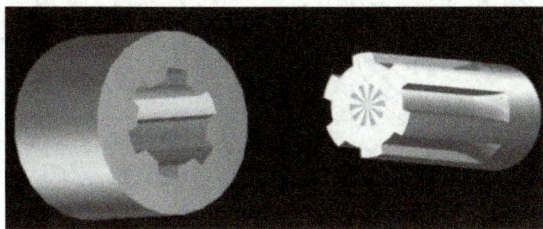

图 2-1　孔、轴配合

2.1　公差与配合的基本术语

2.1.1　要素

1. 尺寸要素

尺寸要素包括线性尺寸要素和角度尺寸要素。线性尺寸要素指具有线性尺寸的尺寸要素。角度尺寸要素属于回转恒定类别的几何要素，其母线名义上倾斜一个不等于 0°或 90°的角度；或属于棱柱面恒定类别的几何要素，两个方位要素之间的角度由具有相同形状的两个表面组成。

2. 公称组成要素

公称组成要素指由设计者在产品技术文件中定义的理想组成要素，包含公称要素和组成要素。公称要素指由设计者在产品技术文件中定义的理想要素。组成要素属于工件的实际表面或表面模型的几何要素。

2.1.2　孔和轴

在机器或仪器中，最基本的装配关系是由一个零件的内表面包容另一个零件的外表面所形成的。这里的孔与轴具有广泛的含义。

1. 孔

孔指工件的内尺寸要素，包括非圆柱面形的内尺寸要素。孔的直径尺寸用 D 表示。

2. 轴

轴指工件的外尺寸要素，包括非圆柱面形的外尺寸要素。轴的直径尺寸用 d 表示。

孔和轴的显著区别主要在于：从装配关系看，孔是包容面，轴是被包容面；从加工过程看，随着加工的进行，孔的尺寸越来越大，轴的尺寸越来越小。在图 2-2 中，D_1、D_2、D_3 和 D_4 都是孔的尺寸，d_1、d_2、d_3 和 d_4 都是轴的尺寸，而 L_1、L_2、L_3 既不是孔的尺寸，也不是轴的尺寸。

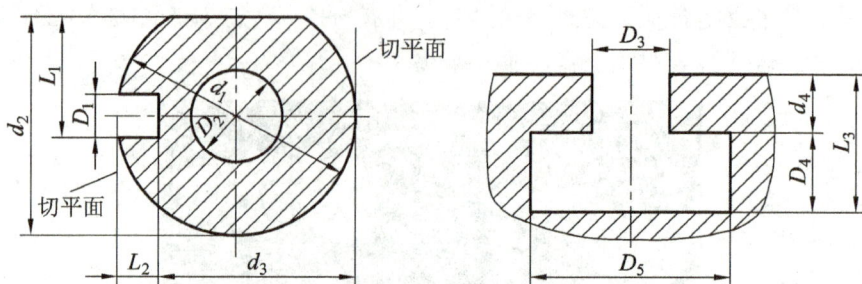

图 2-2　孔和轴

2.1.3　尺寸

1. 尺寸

尺寸是指用特定单位表示线性尺寸值的数值，如长度、高度、直径、半径等都是尺寸。在机械制图中，图样上的尺寸通常以 mm(毫米) 为单位。当单位为 mm 时，标注时可将单位省略，仅标注数字。但单位不是 mm 时，应标注数字和单位。

2. 公称尺寸

公称尺寸是指由图样规范定义的理想形状要素的尺寸。它实质上是由设计给定的尺寸，如图 2-3 所示。孔和轴的公称尺寸分别用 D 和 d 表示。

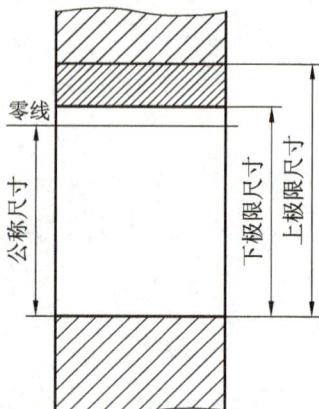

图 2-3　公称尺寸、上极限尺寸和下极限尺寸

公称尺寸是从零件的功能出发，通过强度、刚度等方面的计算或结构需要，并考虑工艺方面的其他要求后由设计者确定的，一般应按优先数系列选取尺寸，即公称尺寸应是标准尺寸。

3. 实际尺寸

实际尺寸是指拟合组成要素的尺寸。实际尺寸通过测量得到。孔和轴的实际尺寸用 D_a 和 d_a 表示。

由于存在测量误差，实际尺寸并非被测尺寸的真值。同时，受形状误差等的影响，零件同一表面不同部位的实际尺寸往往是不相等的。

4. 极限尺寸

极限尺寸是指尺寸要素的尺寸所允许的极限值。极限尺寸分为上极限尺寸和下极限尺寸，如图 2-3 所示。

(1) 上极限尺寸：尺寸要素允许的最大尺寸。孔和轴的上极限尺寸分别用 D_{max} 和 d_{max} 表示。

(2) 下极限尺寸：尺寸要素允许的最小尺寸。孔和轴的下极限尺寸分别用 D_{min} 和 d_{min} 表示。

极限尺寸由设计者给定，用来限制实际尺寸。合格零件的实际尺寸应限制在极限尺寸范围之内，即尺寸合格的条件为

$$D_{min} \leqslant D_a \leqslant D_{max} \tag{2-1}$$

$$d_{min} \leqslant d_a \leqslant d_{max} \tag{2-2}$$

2.1.4　偏差和公差

1. 偏差

偏差是指某值与其参考值之差。

2. 极限偏差

极限偏差是指相对于公称尺寸的上极限偏差和下极限偏差。

1) 上极限偏差

上极限偏差是指上极限尺寸减其公称尺寸所得的代数差。孔的上极限偏差用 ES(用于内尺寸要素) 表示，轴的上极限偏差用 es(用于外尺寸要素) 表示。

2) 下极限偏差

下极限偏差是指下极限尺寸减其公称尺寸所得的代数差。孔的下极限偏差用 EI(用于内尺寸要素) 表示，轴的下极限偏差用 ei(用于外尺寸要素) 表示。

孔和轴的极限偏差用公式表示为

孔：　　　　　　　$ES = D_{max} - D$ ， $EI = D_{min} - D$ $\tag{2-3}$

轴：　　　　　　　$es = d_{max} - d$ ， $ei = d_{min} - d$ $\tag{2-4}$

标注零件尺寸时，由于极限尺寸可大于、等于或小于公称尺寸，所以极限偏差可以是正值、负值或零，标注时要冠以正负号。通常上极限偏差标注在公称尺寸的右上方，下极限偏差标注在公称尺寸的右下方。如果上、下极限偏差的绝对值相同，可以用 "±" 号一并标出，例如 $\phi 30^{+0.008}_{-0.005}$ mm ， $\phi 20^{+0.021}_{0}$ mm ， $\phi 30 \pm 0.026$ mm 。

3. 尺寸公差

尺寸公差指上极限尺寸与下极限尺寸之差，或上极限偏差与下极限偏差之差。它给出了尺寸的允许变动量。孔和轴的公差分别用 T_h 和 T_s 表示。

公差与极限尺寸、极限偏差的关系如下：

$$T_h = | D_{max} - D_{min} | = | ES - EI | \tag{2-5}$$

$$T_s = | d_{max} - d_{min} | = | es - ei | \qquad\qquad (2\text{-}6)$$

公差与极限偏差的比较：

(1) 极限偏差可以为正值、负值或零，而公差一定是正值。

(2) 极限偏差用于限制实际偏差，而公差用于限制误差。

(3) 对于单个零件，只能测出尺寸的"实际偏差"；而对于数量足够多的一批零件，才能确定尺寸公差。

(4) 极限偏差取决于加工机床的调整 (如车削时进刀的位置)，不反映加工的难易程度；而公差表示制造精度，反映加工的难易程度。

(5) 极限偏差主要反映公差带的位置，影响配合的松紧程度；而公差反映公差带的大小，影响配合精度。

例 2.1   已知孔、轴的公称尺寸为 30 mm，孔的上极限尺寸为 30.021 mm，下极限尺寸为 30 mm，轴的上极限尺寸为 29.993 mm，下极限尺寸为 29.980 mm，求孔和轴的极限偏差和公差。

解 孔的上极限偏差：$ES = D_{max} - D = (30.021 - 30)$ mm $= +0.021$ mm

孔的下极限偏差：$EI = D_{min} - D = (30 - 30)$ mm $= 0$ mm

轴的上极限偏差：$es = d_{max} - d = (29.993 - 30)$ mm $= -0.007$ mm

轴的下极限偏差：$ei = d_{min} - d = (29.980 - 30)$ mm $= -0.020$ mm

孔的公差：$T_h = | D_{max} - D_{min} | = |30.021$ mm $- 30$ mm $= 0.021$ mm

或 $T_h = | ES - EI | = | (+0.021)$mm $- 0$ mm $| = 0.021$ mm

轴的公差：$T_s = | d_{max} - d_{min} | = |29.993$ mm $- 29.980$ mm $| = 0.013$ mm

或 $T_s = | es - ei | = | (-0.007)$mm $- (-0.020)$ mm$| = 0.013$ mm

4. 公差带与公差带图

由于公差和偏差的数值与公称尺寸相比，差距非常大，不便用同一比例绘制，在分析有关问题时，为了表示清楚并且绘图简便，通常不画出孔和轴的结构，只画出放大的孔和轴的公差区域和位置，这种图形称为公差带图，如图 2-4 所示。

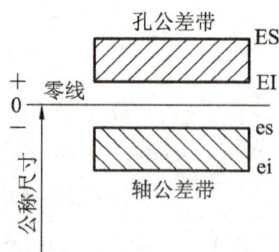

图 2-4 公差带图

公差带图包括零件和公差带两部分。

1) 零线

零线是指在公差带图中，表示公称尺寸的一条直线，以其为基准确定极限偏差和公差。通常，零线沿水平方向绘制，正偏差位于零线上方，负偏差位于零线下方。画图时，在零线左端标出 $\overset{+}{\underset{-}{0}}$，在左下角用单向箭头指向零线，并标出公称尺寸值。

2) 公差带

公差带是指公差极限之间 (包括公差极限) 的尺寸变动值,可以直观表示为在公差带图中,由代表上、下极限偏差或上、下极限尺寸的两条直线所限定的一个区域,如图 2-4 所示。公差带有两个基本参数,即公差带大小和公差带位置。公差带大小是指上、下极限偏差线或上、下极限尺寸线之间的宽度,由标准公差确定;公差带位置是指公差带相对于零线的位置,由基本偏差决定。

在绘制公差带图时,可采用不同方式来区分孔和轴的公差带,如图 2-4 所示,用不同方向的剖面线来区分孔和轴的公差带。公差带的位置和大小应按比例绘制。由于公差带图中孔和轴的公称尺寸与上、下极限偏差的单位可能不同,因此对于某一孔和轴尺寸公差带图的绘制有两种不同的画法。画法一,当孔和轴的公称尺寸单位采用 mm,上、下极限偏差单位采用 μm 时,图中要标出公称尺寸的单位,不标上、下极限偏差的单位,如图 2-5(a)所示。画法二,当孔和轴的公称尺寸与上、下极限偏差的单位均为 mm 时,图中孔和轴的公称尺寸与上、下极限偏差的单位均不标,如图 2-5(b) 所示。

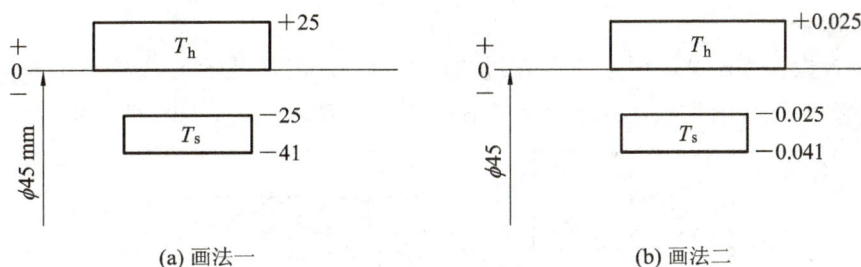

图 2-5　尺寸公差带图的两种画法

2.1.5　配合

1. 配合

配合是指类型相同且待装配的外尺寸要素 (轴) 和内尺寸要素 (孔) 之间的关系。形成配合的前提条件是孔和轴的公称尺寸相同。

配合和公差带一样,是设计者根据使用要求确定的。它表示孔和轴公差带之间的相对位置关系,也就是孔和轴结合时的松紧程度。当孔的尺寸减去相配合的轴的尺寸所得的代数差为正时,该代数差称为间隙,用 X 表示;当代数差为负时,称为过盈,用 Y 表示。间隙大小决定两个相互配合工件相对运动的活动程度,过盈大小则决定两个相互配合工件连接的牢固程度。

2. 配合种类

根据孔和轴的公差带位置,出现间隙、过盈的不同,可将配合分为三种,即间隙配合、过盈配合和过渡配合。

1) 间隙配合

间隙配合指孔和轴装配时总是存在间隙的配合。此时,孔的下极限尺寸大于或在极端情况下等于轴的上极限尺寸,孔的公差带在轴的公差带之上,如图 2-6 所示。

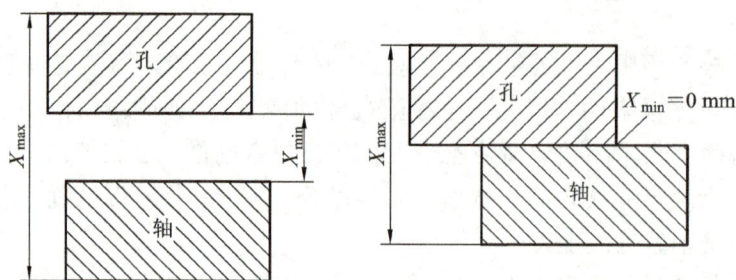

图 2-6   间隙配合

表征间隙配合的特征参数有最小间隙 X_{min}、最大间隙 X_{max} 和平均间隙 X_{av}，其计算公式分别为

最小间隙：

$$X_{min} = D_{min} - d_{max} = EI - es \qquad (2-7)$$

最大间隙：

$$X_{max} = D_{max} - d_{min} = ES - ei \qquad (2-8)$$

平均间隙：

$$X_{av} = \frac{X_{min} + X_{max}}{2} \qquad (2-9)$$

2) 过盈配合

过盈配合指孔和轴装配时总是存在过盈的配合。此时，孔的上极限尺寸小于或在极端情况下等于轴的下极限尺寸，孔的公差带在轴的公差带之下，如图 2-7 所示。

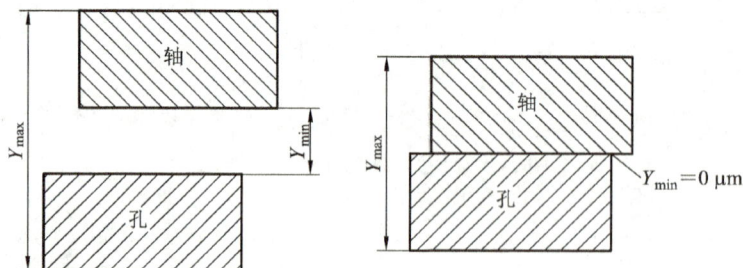

图 2-7   过盈配合

表征过盈配合的特征参数有最小过盈 Y_{min}、最大过盈 Y_{max} 和平均过盈 Y_{av}，其计算公式分别为

最小过盈：

$$Y_{min} = D_{max} - d_{min} = ES - ei \qquad (2-10)$$

最大过盈：

$$Y_{max} = D_{min} - d_{max} = EI - es \qquad (2-11)$$

平均过盈：

$$Y_{av} = \frac{Y_{min} + Y_{max}}{2} \qquad (2-12)$$

3) 过渡配合

过渡配合指孔和轴装配时可能具有间隙或过盈的配合。此时，孔的公差带与轴的公差带相互交叠，如图 2-8 所示。

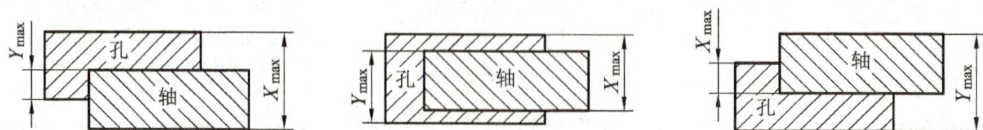

图 2-8   过渡配合

表征过渡配合的特征参数有最大间隙 X_{max}、最大过盈 Y_{max} 和平均间隙 X_{av} 或平均过盈 Y_{av}，其计算公式分别为

最大间隙：
$$X_{max} = D_{max} - d_{min} = ES - ei \qquad\qquad (2\text{-}13)$$

最大过盈：
$$Y_{max} = D_{min} - d_{max} = EI - es \qquad\qquad (2\text{-}14)$$

平均间隙（平均过盈）：
$$X_{av}(Y_{av}) = \frac{X_{max} + Y_{max}}{2} \qquad\qquad (2\text{-}15)$$

3. 配合公差

配合公差是指组成配合的两个尺寸要素的尺寸公差之和，用 T_f 表示。它表示配合所允许的变动量，是一个没有正、负号，也不能为零的绝对值。其计算式如下：

对于间隙配合：
$$T_f = |X_{max} - X_{min}| = T_h + T_s \qquad\qquad (2\text{-}16)$$

对于过盈配合：
$$T_f = |Y_{min} - Y_{max}| = T_h + T_s \qquad\qquad (2\text{-}17)$$

对于过渡配合：
$$T_f = |X_{max} - Y_{max}| = T_h + T_s \qquad\qquad (2\text{-}18)$$

配合公差反映配合的松紧变化范围，即配合的精确程度，也称为配合精度或装配精度。而孔和轴的公差分别表示孔和轴加工的精确程度。若要提高配合精度，则必须减小相配合孔和轴的尺寸公差，这将会使制造难度增加，成本提高。因此，设计时要综合考虑使用要求和制造难度这两个方面，合理选取，从而提高综合技术、经济效益。

例 2.2 已知孔 $\phi 25^{+0.021}_{0}$ mm 与轴 $\phi 25^{-0.020}_{-0.033}$ mm 形成配合，试画出孔、轴公差带图，根据公差带图判断配合类别，并计算该配合的极限间隙或极限过盈，平均间隙或平均过盈及配合公差。

解 (1) 画出孔、轴的公差带图。孔、轴的公差带图如图 2-9 所示。

(2) 判断配合类别。因为孔的公差带在轴的公差带之上，所以，该配合为间隙配合。

(3) 计算特征参数和配合公差。

① 极限间隙：
$$X_{max} = ES - ei = (+0.021 \text{ mm}) - (-0.033 \text{ mm}) = +0.054 \text{ mm}$$
$$X_{min} = EI - es = 0 \text{ mm} - (-0.020 \text{ mm}) = +0.020 \text{ mm}$$

② 平均间隙：
$$X_{av} = \frac{X_{min} + X_{max}}{2} = \frac{(+0.054 \text{ mm}) + (+0.020 \text{ mm})}{2} = +0.037 \text{ mm}$$

③ 配合公差：
$$T_f = |X_{max} - X_{min}| = |(+0.054 \text{ mm}) - (+0.020 \text{ mm})| = 0.034 \text{ mm}$$

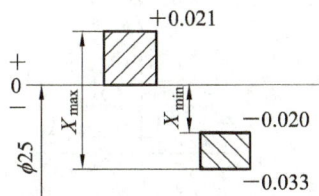

图 2-9 例 2.2 图

例 2.3 已知孔 $\phi 25^{+0.021}_{0}$ mm 与轴 $\phi 25^{+0.041}_{+0.028}$ mm 形成配合，试画出孔、轴公差带图，根据

公差带图判断配合类别，并计算该配合的极限间隙或极限过盈，平均间隙或平均过盈及配合公差。

解 (1) 画出孔、轴的公差带图。孔、轴的公差带图如图 2-10 所示。

(2) 判断配合类别。因为孔的公差带在轴的公差带之下，所以，该配合为过盈配合。

(3) 计算特征参数和配合公差。

① 极限过盈：

$$Y_{min} = ES - ei = (+0.021\ mm) - (+0.028\ mm) = -0.007\ mm$$
$$Y_{max} = EI - es = 0\ mm - (+0.041\ mm) = -0.041\ mm$$

② 平均过盈：

$$Y_{av} = \frac{Y_{min} + Y_{max}}{2} = \frac{(-0.007\ mm) + (-0.041\ mm)}{2} = -0.024\ mm$$

③ 配合公差：

$$T_f = |Y_{min} - Y_{max}| = |(-0.007\ mm) - (-0.041\ mm)| = 0.034\ mm$$

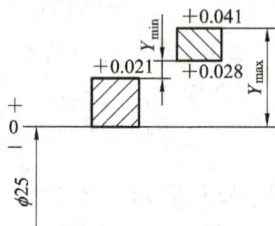

图 2-10　例 2.3 图

例 2.4 已知孔 $\phi 25^{+0.021}_{0}$ mm 与轴 $\phi 25^{+0.015}_{+0.002}$ mm 形成配合，试画出孔、轴公差带图，根据公差带图判断配合类别，并计算该配合的极限间隙或极限过盈，平均间隙或平均过盈及配合公差。

解 (1) 画出孔、轴的公差带图。孔、轴的公差带图如图 2-11 所示。

(2) 判断配合类别。因为孔的公差带与轴的公差带相互交叠，所以，该配合为过渡配合。

(3) 计算特征参数和配合公差。

① 最大间隙：　$X_{max} = ES - ei = (+0.021\ mm) - (+0.002\ mm) = +0.019\ mm$

② 最大过盈：　$Y_{max} = EI - es = 0\ mm - (+0.015\ mm) = -0.015\ mm$

③ 平均间隙或平均过盈：

$$X_{av}(或 Y_{av}) = \frac{X_{max} + Y_{max}}{2} = \frac{(+0.019\ mm) + (-0.015\ mm)}{2} = +0.002\ mm\ （平均间隙）$$

④ 配合公差：　$T_f = |X_{max} - Y_{max}| = |(+0.019\ mm) - (-0.015\ mm)| = 0.034\ mm$

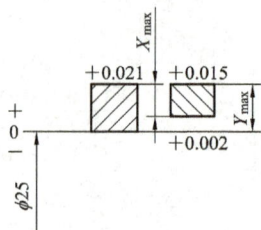

图 2-11　例 2.4 图

上述三个例子的配合类别不同，说明它们结合的松紧程度不同，但其配合公差相同，说明结合松紧变动程度相同。

4. 配合公差带图

配合公差与极限间隙、极限过盈之间的关系可用配合公差带图来表示，如图 2-12 所示。在配合公差带图中，横坐标为零线，表示间隙或过盈为零；零线上方的纵坐标为正值，代表间隙，零线下方的纵坐标为负值，代表过盈。配合公差带两端的坐标值代表极限间隙或极限过盈，它反映配合的松紧程度；上、下两端间的距离为配合公差，它反映配合的松紧变化程度。

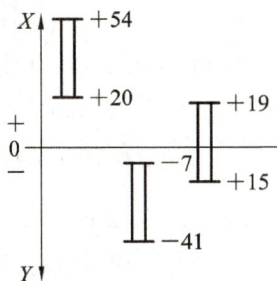

图 2-12 配合公差带图

2.2 公差与配合的国家标准

为了实现公差与配合的标准化，就必须掌握有关标准的内容和规定，为实际应用打下基础。公差与配合的国家标准主要有：GB/T 1800.1—2020《产品几何技术规范 (GPS) 线性尺寸公差 ISO 代号体系 第 1 部分：公差、偏差和配合的基础》、GB/T 1800.2—2020《产品几何技术规范 (GPS) 线性尺寸工程 ISO 代号体系 第 2 部分：标准公差带代号和孔、轴的极限偏差表》、GB/T 1804—2000《一般公差 未注公差的线性和角度尺寸的公差》。

公差与配合的相关国家标准是按标准公差系列标准化和基本偏差系列标准化的原则制定的。

2.2.1 标准公差

标准公差是线性尺寸公差 ISO 代号体系中的任一公差，用字母 IT 表示。根据各类生产需求的不同，以及尺寸要求准确程度的不同，将标准公差分成不同的公差等级，对应不同的公差值，形成标准公差系列。

1. 标准公差等级

标准公差等级是用常见标示符表征的线性尺寸公差组。在线性尺寸公差 ISO 代号体系中，标准公差等级由字符 IT 和等级数字表示，如 IT7。同一公差等级对所有公称尺寸的一组公差认为具有同等精确程度。

为了满足机械制造中零件各尺寸不同的精度要求，国家标准规定了 20 个标准公差等级，分别为 IT01、IT0、IT1、…、IT18。从 IT01 到 IT18，等级依次降低，而相应的标准公差值依次增大。在实际应用中，标准公差等级代号也用于表示标准公差数值。

2. 标准公差因子（公差单位）

生产实践表明，对于公称尺寸相同的零件，可按公差值大小评定其尺寸制造精度的高低，而对于公称尺寸不同的零件，就不能仅仅根据公差值大小评定其制造精度。因此，为了评定零件精度等级或公差等级的高低，合理规定公差数值，就需要建立公差单位。

标准公差因子是计算标准公差的基本单位，也是制定标准公差数值系列的基础。公差单位与公称尺寸之间具有一定的关系。

机械产品中，公称尺寸不大于 500 mm 的尺寸段在生产中应用最广，该尺寸段称为常用尺寸段。当公称尺寸 $D \leqslant 500$ mm 时，标准公差因子 i（单位为 μm）的计算公式为

$$i = 0.45\sqrt[3]{D} + 0.001D \tag{2-19}$$

式中，等式右侧第一项主要反映加工误差随尺寸的变化规律，第二项表示测量误差随尺寸变化的规律。当零件尺寸很小时，第二项对标准公差因子的影响很小，但随着公称尺寸逐渐增大，第二项的影响越来越显著。

3. 标准公差数值的计算规律

国家标准规定的标准公差数值是由公差等级系数和标准公差因子的乘积值决定的。

各公差等级的标准公差数值，在公称尺寸 $\leqslant 500$ mm 时的计算公式见表 2-1。由表可见，对于 IT5 ~ IT18 的标准公差数值计算公式为

$$IT = ai \tag{2-20}$$

式中：a 为标准公差等级系数，i 为标准公差因子。

对于高精度等级（IT01、IT0、IT1），主要考虑测量误差，所以标准公差数值与公称尺寸呈线性关系。IT2 ~ IT4 三个等级的公差值是在 IT1 ~ IT5 之间插入的三个等比数列值，公比为 $(IT5/IT1)^{1/4}$。

对于这种公差等级系数的划分规律，可以将国家标准所规定的公差等级根据今后发展的需要向高（低或）精度延伸，可以在任意相邻两公差等级之间插入新的等级，使得标准公差数值计算具有很强的规律性。

表 2-1 公称尺寸 $\leqslant$ 500 mm 标准公差计算公式

公差等级	公式	公差等级	公式	公差等级	公式	公差等级	公式
IT01	$0.3 + 0.008D$	IT4	$(IT1)(IT5/IT1)^{3/4}$	IT9	$40i$	IT14	$400i$
IT0	$0.5 + 0.012D$	IT5	$7i$	IT10	$64i$	IT15	$640i$
IT1	$0.8 + 0.020D$	IT6	$10i$	IT11	$100i$	IT16	$1000i$
IT2	$(IT1)(IT5/IT1)^{1/4}$	IT7	$16i$	IT12	$160i$	IT17	$1600i$
IT3	$(IT1)(IT5/IT1)^{2/4}$	IT8	$25i$	IT13	$250i$	IT18	$2500i$

4. 公称尺寸分段

由于标准公差因子 i 是公称尺寸 D 的函数，根据标准公差计算公式，对于每一个标准公差等级，给一个公称尺寸就可以计算对应的一个公差数值。但在实际生产中公称尺寸很多，因而就会形成一个庞大的公差数值表。这给生产带来不便，同时不利于公差值的标准化和系列化。为了减少标准公差的数量，统一公差值，简化公差表格，方便实际生产应用，国家标准对公称尺寸进行了分段，见表 2-2。

表 2-2　公称尺寸 ≤ 500 mm 的尺寸分段　　　　mm

主段落		中间段落		主段落		中间段落		主段落		中间段落	
大于	至	大于	至	大于	至	大于	至	大于	至	大于	至
—	3			30	50	30	40	180	250	180	200
3	6	无细小段落				40	50			200	225
										225	250
6	10			50	80	50	65	250	315	250	280
						65	80			280	315
10	18	10	14	80	120	80	100	315	400	315	355
		14	18			100	120			355	400
18	30	10	24	120	180	120	140	400	500	400	450
		24	30			140	160			450	500
						160	180				

公称尺寸分段后，标准公差因子计算公式中的 D 按每一尺寸段的首、尾两个尺寸的几何平均值计算，即

$$D = \sqrt{D_{首}D_{尾}}$$

因此，对于每一个标准公差等级，在同一个尺寸段内各个公称尺寸的标准公差数值相同，这极大简化了公差表格。按几何平均值计算出的公差数值，再经尾数化整，即得出标准公差数值，见表 2-3。

例 2.5　已知某零件公称尺寸为 $\phi 30$ mm，求其 IT6、IT7 的公差值。

解　公称尺寸 $\phi 30$ mm 属于 18 ~ 30 mm 尺寸段。故有

直径：　　　　　　　　　$D = \sqrt{18\,\text{mm} \times 30\,\text{mm}} = 23.24\,\text{mm}$

标准公差因子：$i = 0.45\sqrt[3]{D} + 0.001D = 0.45 \times \sqrt[3]{23.24\,\text{mm}} + 0.001 \times 23.24\,\text{mm} = 1.31\,\mu\text{m}$

查表 2-1 得，IT6 = 10i，IT7 = 16i，则

　　　　IT6 = 10i = 10 × 1.31 μm ≈ 13 μm，　IT7 = 16i = 16 × 1.31 μm ≈ 21 μm

2.2.2　基本偏差系列

1. 基本偏差

基本偏差是用来确定公差带相对公称尺寸位置的那个极限偏差（上极限偏差或下极限偏差）。它是公差带位置标准化的唯一指标。除 JS 和 js 以外，基本偏差均指最接近公称尺寸的那个极限偏差。

表 2-3　公称尺寸≤500 mm 的标准公差数值（参考 GB/T 1800.1—2020）

公称尺寸/mm		标准公差等级																			
大于	至	IT01	IT0	IT1	IT2	IT3	IT4	IT5	IT6	IT7	IT8	IT9	IT10	IT11	IT12	IT13	IT14	IT15	IT16	IT17	IT18
		标准公差值																			
		单位: μm													单位: mm						
—	3	0.3	0.5	0.8	1.2	2	3	4	6	10	14	25	40	60	0.10	0.14	0.25	0.40	0.60	1.0	1.4
3	6	0.4	0.6	1	1.5	2.5	4	5	8	12	18	30	48	75	0.12	0.18	0.30	0.48	0.75	1.2	1.8
6	10	0.4	0.6	1	1.5	2.5	4	6	9	15	22	36	58	90	0.15	0.22	0.36	0.58	0.90	1.5	2.2
10	18	0.5	0.8	1.2	2	3	5	8	11	18	27	43	70	110	0.18	0.27	0.43	0.70	1.10	1.8	2.7
18	30	0.6	1	1.5	2.5	4	6	9	13	21	33	52	84	130	0.21	0.33	0.52	0.84	1.30	2.1	3.3
30	50	0.6	1	1.5	2.5	4	7	11	16	25	39	62	100	160	0.25	0.39	0.62	1.00	1.60	2.5	3.9
50	80	0.8	1.2	2	3	5	8	13	19	30	46	74	120	190	0.30	0.46	0.74	1.20	1.90	3.0	4.6
80	120	1	1.5	2.5	4	6	10	15	22	35	54	87	140	220	0.35	0.54	0.87	1.40	2.20	3.5	5.4
120	180	1.2	2	3.5	5	8	12	18	25	40	63	100	160	250	0.40	0.63	1.00	1.60	2.50	4.0	6.3
180	250	2	3	4.5	7	10	14	20	29	46	72	115	185	290	0.46	0.72	1.15	1.85	2.90	4.6	7.2
250	315	2.5	4	6	8	12	16	23	32	52	81	130	210	320	0.52	0.81	1.30	2.10	3.20	5.2	8.1
315	400	3	5	7	9	13	18	25	36	57	89	140	230	360	0.57	0.89	1.40	2.30	3.60	5.7	8.9
400	500	4	6	8	10	15	20	27	40	63	97	155	250	400	0.63	0.97	1.55	2.50	4.00	6.3	9.7

基本偏差的数量将决定配合种类的数量，为了满足各种不同松紧程度的配合需要，尽量减少配合种类，保证互换性，国家标准对孔和轴分别规定了 28 种基本偏差。每种基本偏差的代号用一个或两个英文字母表示。孔用大写字母，轴用小写字母。在 26 个英文字母中，去掉了 5 个易与其他参数含义混淆的字母：I、L、O、Q、W(i、l、o、q、w)，同时为满足某些配合需要，增加了 7 个双写字母：CD、EF、FG、JS、ZA、ZB、ZC(cd、ef、fg、js、za、zb、zc)，即得到孔和轴的 28 个基本偏差代号，如图 2-13 所示。

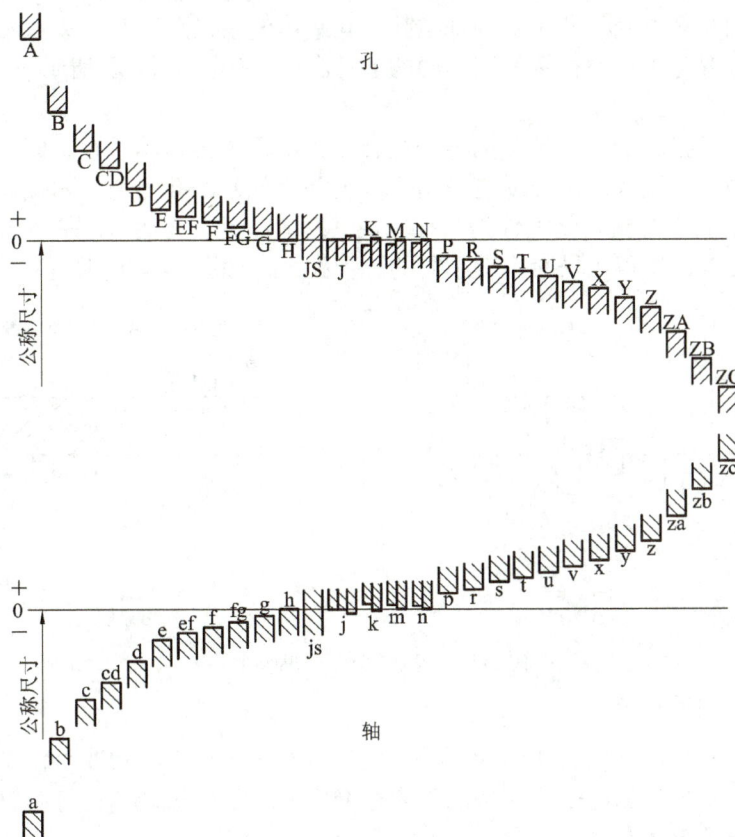

图 2-13　基本偏差系列示意图

根据图 2-13 可以看出，基本偏差具有以下特点：

(1) 对于孔：A ～ H 的基本偏差为下极限偏差 EI，其绝对值依次减小；J ～ ZC 的基本偏差为上极限偏差 ES，其绝对值依次增大，其中 H 的基本偏差 EI 为 0。

(2) 对于轴：a ～ h 的基本偏差为上极限偏差 es，其绝对值依次减小；j ～ zc 的基本偏差为下极限偏差，其绝对值依次增大，其中 h 的基本偏差 es 为 0。

(3) JS 和 js 的公差带相对于零线对称分布，其基本偏差可以是上极限偏差也可以是下极限偏差。J 和 j 近似对称，在国标中，孔仅保留 J6、J7、J8，轴仅保留 j5、j6、j7、j8，这是考虑和轴承配合的缘故。

(4) 孔和轴的基本偏差原则上不随公差等级变化，只有极少数基本偏差 (K、M、N 和 j、js、k) 例外。

(5) 基本偏差系列图中各公差带只画出一端，另一端未画出，因为基本偏差只确定公差带靠近零线的一端，公差带另一端还取决于公差带的大小。

2. 配合制

ISO 配合制是由线性尺寸公差 ISO 代号体系确定公差的孔和轴组成的一种配合制度。国家标准 GB/T 1800.1—2020 规定了两种配合制，即基孔制配合和基轴制配合。

1) 基孔制配合

基孔制配合是指孔的基本偏差为零的配合，其下极限偏差等于零，即孔的下极限尺寸与公称尺寸相同。所要求的间隙或过盈由不同公差带代号的轴与一基本偏差为零的公差带代号的基准孔相配合得到。此时孔为基准孔，其基本偏差代号为 H，基本偏差 EI 为 0。改变轴的公差带位置可以得到松紧程度不同的各种配合，如图 2-14(a) 所示。

2) 基轴制配合

基轴制配合是指轴的基本偏差为零的配合，其上极限偏差等于零，即轴的上极限尺寸与公称尺寸相同。所要求的间隙或过盈由不同公差带代号的孔与一基本偏差为零的公差带代号的基准轴相配合得到。此时轴为基准轴，其基本偏差代号为 h，基本偏差 es 为 0。改变孔的公差带位置可以得到松紧程度不同的各种配合，如图 2-14(b) 所示。

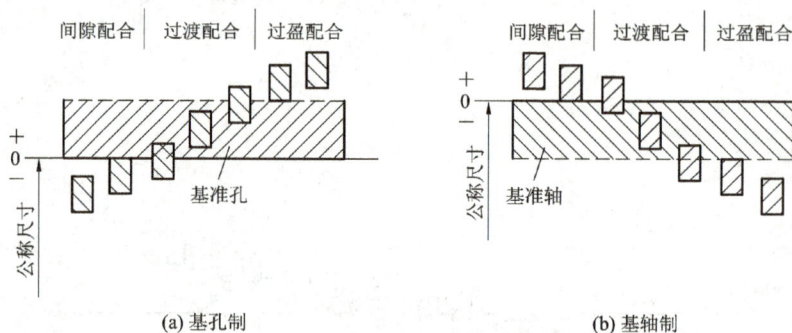

图 2-14　基孔制和基轴制配合

3. 轴的基本偏差数值

轴的基本偏差数值是以基孔制为基础，根据科学试验和生产实践，依据统计分析的结果整理出一系列公式计算出来，并按照国家标准中的尾数修约规则进行圆整得到的。轴的基本偏差数值表见表 2-4。

例 2.6　查表确定 $\phi 35g11$ 的极限偏差和极限尺寸。

解　(1) 查表 2-3 确定标准公差：IT11 = 160 μm。

(2) 查表 2-4 确定基本偏差：es = −9 μm。

(3) 计算极限偏差：es = −9 μm，ei = es − IT11 = −9 μm − 160 μm = −169 μm。

(4) 计算极限尺寸：

上极限尺寸：$\quad d_{max} = 35 \text{ mm} + (−0.009 \text{ mm}) = 34.991 \text{ mm}$

下极限尺寸：$\quad d_{min} = 35 \text{ mm} + (−0.169 \text{ mm}) = 34.831 \text{ mm}$

4. 孔的基本偏差数值

孔的基本偏差数值由相同字母代号轴的基本偏差数值换算而来。换算的原则是：基孔制配合变成同名的基轴制配合 (如 H8/f8 变成 F8/h8，H6/f5 变成 F6/h5)，它们的配合性质相同，即两种配合制配合的极限间隙或过盈相同。在实际生产中考虑到孔比轴难加工，故当孔和轴的标准公差等级较高时，孔通常与高一级的轴配合；而当孔和轴的标准公差等级不高时，孔与轴采用同级配合。实际使用中，孔的基本偏差可直接查表 2-5。

表 2-4　公称尺寸 ≤ 500 mm 轴的基本偏差数值　μm

公称尺寸/mm 大于	至	上极限偏差 es（所有标准公差等级）a	b	c	cd	d	e	ef	f	fg	g	h	js	下极限偏差 ei — j（IT5、IT6）	j（IT7）	j（IT8）	k（IT4～IT7）	k（≤IT3、>IT7）
—	3	-270	-140	-60	-34	-20	-14	-10	-6	-4	-2	0		-2	-4	-6	0	0
3	6	-270	-140	-70	-46	-30	-20	-14	-10	-6	-4	0		-2	-4	—	+1	0
6	10	-280	-150	-80	-56	-40	-25	-18	-13	-8	-5	0		-2	-5	—	+1	0
10	14	-290	-150	-95	—	-50	-32	—	-16	—	-6	0		-3	-6	—	+1	0
14	18	-290	-150	-95	—	-50	-32	—	-16	—	-6	0		-3	-6	—	+1	0
18	24	-300	-160	-110	—	-65	-40	—	-20	—	-7	0		-4	-8	—	+2	0
24	30	-300	-160	-110	—	-65	-40	—	-20	—	-7	0	偏差 = ±ITn/2，式中 n 为标准公差等级数	-4	-8	—	+2	0
30	40	-310	-170	-120	—	-80	-50	—	-25	—	-9	0		-5	-10	—	+2	0
40	50	-320	-180	-130	—	-80	-50	—	-25	—	-9	0		-5	-10	—	+2	0
50	65	-340	-190	-140	—	-100	-60	—	-30	—	-10	0		-7	-12	—	+2	0
65	80	-360	-200	-150	—	-100	-60	—	-30	—	-10	0		-7	-12	—	+2	0
80	100	-380	-220	-170	—	-120	-72	—	-36	—	-12	0		-9	-15	—	+3	0
100	120	-410	-240	-180	—	-120	-72	—	-36	—	-12	0		-9	-15	—	+3	0
120	140	-460	-260	-200	—	-145	-85	—	-43	—	-14	0		-11	-18	—	+3	0
140	160	-520	-280	-210	—	-145	-85	—	-43	—	-14	0		-11	-18	—	+3	0
160	180	-580	-310	-230	—	-145	-85	—	-43	—	-14	0		-11	-18	—	+3	0
180	200	-660	-340	-240	—	-170	-100	—	-50	—	-15	0		-13	-21	—	+4	0
200	225	-740	-380	-260	—	-170	-100	—	-50	—	-15	0		-13	-21	—	+4	0
225	250	-820	-420	-280	—	-170	-100	—	-50	—	-15	0		-13	-21	—	+4	0
250	280	-920	-480	-300	—	-190	-110	—	-56	—	-17	0		-16	-26	—	+4	0
280	315	-1050	-540	-330	—	-190	-110	—	-56	—	-17	0		-16	-26	—	+4	0
315	355	-1200	-600	-360	—	-210	-125	—	-62	—	-18	0		-18	-28	—	+4	0
355	400	-1350	-680	-400	—	-210	-125	—	-62	—	-18	0		-18	-28	—	+4	0
400	450	-1500	-760	-440	—	-230	-135	—	-68	—	-20	0		-20	-32	—	+5	0
450	500	-1650	-840	-480	—	-230	-135	—	-68	—	-20	0		-20	-32	—	+5	0

续表

公称尺寸/mm		下极限偏差 ei 所有标准公差等级													
大于	至	m	n	p	r	s	t	u	v	x	y	z	za	zb	zc
—	3	+2	+4	+6	+10	+14	—	+18	—	+20	—	+26	+32	+40	+60
3	6	+4	+8	+12	+15	+19	—	+23	—	+28	—	+35	+42	+50	+80
6	10	+6	+10	+15	+19	+23	—	+28	—	+34	—	+42	+52	+67	+97
10	14	+7	+12	+18	+23	+28	—	+33	—	+40	—	+50	+64	+90	+130
14	18	+7	+12	+18	+23	+28	—	+33	+39	+45	—	+60	+77	+108	+150
18	24	+8	+15	+22	+28	+35	—	+41	+47	+54	+63	+73	+98	+136	+188
24	30	+8	+15	+22	+28	+35	+41	+48	+55	+64	+75	+88	+118	+160	+218
30	40	+9	+17	+26	+34	+43	+48	+60	+68	+80	+94	+112	+148	+200	+274
40	50	+9	+17	+26	+34	+43	+54	+70	+81	+97	+114	+136	+180	+242	+325
50	65	+11	+20	+32	+41	+53	+66	+87	+102	+122	+144	+172	+226	+300	+405
65	80	+11	+20	+32	+43	+59	+75	+102	+120	+146	+174	+210	+274	+360	+480
80	100	+13	+23	+37	+51	+71	+91	+124	+146	+178	+214	+258	+335	+445	+585
100	120	+13	+23	+37	+54	+79	+104	+144	+172	+210	+254	+310	+400	+525	+690
120	140	+15	+27	+43	+63	+92	+122	+170	+202	+248	+300	+365	+470	+620	+800
140	160	+15	+27	+43	+65	+100	+134	+190	+228	+280	+340	+415	+535	+700	+900
160	180	+15	+27	+43	+68	+108	+146	+210	+252	+310	+380	+465	+600	+780	+1000
180	200	+17	+31	+50	+77	+122	+166	+236	+284	+350	+425	+520	+670	+880	+1150
200	225	+17	+31	+50	+80	+130	+180	+258	+310	+385	+470	+575	+740	+960	+1250
225	250	+17	+31	+50	+84	+140	+196	+284	+340	+425	+520	+640	+820	+1050	+1350
250	280	+20	+34	+56	+94	+158	+218	+315	+385	+475	+580	+710	+920	+1200	+1550
280	315	+20	+34	+56	+98	+170	+240	+350	+425	+525	+650	+790	+1000	+1300	+1700
315	355	+21	+37	+62	+108	+190	+268	+390	+475	+590	+730	+900	+1150	+1500	+1900
355	400	+21	+37	+62	+114	+208	+294	+435	+530	+660	+820	+1000	+1300	+1650	+2100
400	450	+23	+40	+68	+126	+232	+330	+490	+595	+740	+920	+1100	+1450	+1850	+2400
450	500	+23	+40	+68	+132	+252	+360	+540	+660	+820	+1000	+1250	+1600	+2100	+2600

注：公称尺寸≤1 mm时，不使用基本偏差a和b。

表 2-5　公称尺寸≤500mm 孔的基本偏差（单位：μm）

公称尺寸/mm 大于	至	A	B	C	CD	D	E	EF	F	FG	G	H	JS	J (IT6)	J (IT7)	J (IT8)	K (≤IT8)	K (>IT8)	M (≤IT8)	M (>IT8)	N (≤IT8)	N (>IT8)	P~ZC (≤IT7)
—	3	+270	+140	+60	+34	+20	+14	+10	+6	+4	+2	0		+2	+4	+6	0	0	−2	−2	−4	−4	
3	6	+270	+140	+70	+46	+30	+20	+14	+10	+6	+4	0		+5	+6	+10	−1+Δ	—	−4+Δ	−4	−8+Δ	0	
6	10	+280	+150	+80	+56	+40	+25	+18	+13	+8	+5	0		+5	+8	+12	−1+Δ	—	−6+Δ	−6	−10+Δ	0	
10	14	+290	+150	+95	—	+50	+32	—	+16	—	+6	0		+6	+10	+15	−1+Δ	—	−7+Δ	−7	−12+Δ	0	
14	18	+290	+150	+95	—	+50	+32	—	+16	—	+6	0		+6	+10	+15	−1+Δ	—	−7+Δ	−7	−12+Δ	0	
18	24	+300	+160	+110	—	+65	+40	—	+20	—	+7	0		+8	+12	+20	−2+Δ	—	−8+Δ	−8	−15+Δ	0	
24	30	+300	+160	+110	—	+65	+40	—	+20	—	+7	0		+8	+12	+20	−2+Δ	—	−8+Δ	−8	−15+Δ	0	
30	40	+310	+170	+120	—	+80	+50	—	+25	—	+9	0		+10	+14	+24	−2+Δ	—	−9+Δ	−9	−17+Δ	0	
40	50	+320	+180	+130	—	+80	+50	—	+25	—	+9	0		+10	+14	+24	−2+Δ	—	−9+Δ	−9	−17+Δ	0	
50	65	+340	+190	+140	—	+100	+60	—	+30	—	+10	0		+13	+18	+28	−2+Δ	—	−11+Δ	−11	−20+Δ	0	
65	80	+360	+200	+150	—	+100	+60	—	+30	—	+10	0		+13	+18	+28	−2+Δ	—	−11+Δ	−11	−20+Δ	0	
80	100	+380	+220	+170	—	+120	+72	—	+36	—	+12	0		+16	+22	+34	−3+Δ	—	−13+Δ	−13	−23+Δ	0	
100	120	+410	+240	+180	—	+120	+72	—	+36	—	+12	0		+16	+22	+34	−3+Δ	—	−13+Δ	−13	−23+Δ	0	
120	140	+460	+260	+200	—	+145	+85	—	+43	—	+14	0		+18	+26	+41	−3+Δ	—	−15+Δ	−15	−27+Δ	0	
140	160	+520	+280	+210	—	+145	+85	—	+43	—	+14	0		+18	+26	+41	−3+Δ	—	−15+Δ	−15	−27+Δ	0	
160	180	+580	+310	+230	—	+145	+85	—	+43	—	+14	0		+18	+26	+41	−3+Δ	—	−15+Δ	−15	−27+Δ	0	
180	200	+660	+340	+240	—	+170	+100	—	+50	—	+15	0		+22	+30	+47	−4+Δ	—	−17+Δ	−17	−31+Δ	0	
200	225	+740	+380	+260	—	+170	+100	—	+50	—	+15	0		+22	+30	+47	−4+Δ	—	−17+Δ	−17	−31+Δ	0	
225	250	+820	+420	+280	—	+170	+100	—	+50	—	+15	0		+22	+30	+47	−4+Δ	—	−17+Δ	−17	−31+Δ	0	
250	280	+920	+480	+300	—	+190	+110	—	+56	—	+17	0		+25	+36	+55	−4+Δ	—	−20+Δ	−20	−34+Δ	0	
280	315	+1050	+540	+330	—	+190	+110	—	+56	—	+17	0		+25	+36	+55	−4+Δ	—	−20+Δ	−20	−34+Δ	0	
315	355	+1200	+600	+360	—	+210	+125	—	+62	—	+18	0		+29	+39	+60	−4+Δ	—	−21+Δ	−21	−37+Δ	0	
355	400	+1350	+680	+400	—	+210	+125	—	+62	—	+18	0		+29	+39	+60	−4+Δ	—	−21+Δ	−21	−37+Δ	0	
400	450	+1500	+760	+440	—	+230	+135	—	+68	—	+20	0		+33	+43	+66	−5+Δ	—	−23+Δ	−23	−40+Δ	0	
450	500	+1650	+840	+480	—	+230	+135	—	+68	—	+20	0		+33	+43	+66	−5+Δ	—	−23+Δ	−23	−40+Δ	0	

JS 栏：偏差 $=\pm\dfrac{\mathrm{IT}n}{2}$，式中 n 为标准公差等级数。

P~ZC（≤IT7）栏：在大于 IT7 的相应数值上增加一个 Δ。

续表

公称尺寸/mm		上极限偏差 ES >IT7												Δ值 标准公差等级					
大于	至	P	R	S	T	U	V	X	Y	Z	ZA	ZB	ZC	IT3	IT4	IT5	IT6	IT7	IT8
—	3	-6	-10	-14	—	-18	—	-20	—	-26	-32	-40	-60	0	0	0	0	0	0
3	6	-12	-15	-19	—	-23	—	-28	—	-35	-42	-50	-80	1	1.5	1	3	4	6
6	10	-15	-19	-23	—	-28	—	-34	—	-42	-52	-67	-97	1	1.5	2	3	6	7
10	14	-18	-23	-28	—	-33	—	-40	—	-50	-64	-90	-130	1	2	3	3	7	9
14	18	-18	-23	-28	—	-33	-39	-45	—	-60	-77	-108	-150	1	2	3	3	7	9
18	24	-22	-28	-35	—	-41	-47	-54	-63	-73	-98	-136	-188	1.5	2	3	4	8	12
24	30	-22	-28	-35	-41	-48	-55	-64	-75	-88	-118	-160	-218	1.5	2	3	4	8	12
30	40	-26	-34	-43	-48	-60	-68	-80	-94	-112	-148	-200	-274	1.5	3	4	5	9	14
40	50	-26	-34	-43	-54	-70	-81	-97	-114	-136	-180	-242	-325	1.5	3	4	5	9	14
50	65	-32	-41	-53	-66	-87	-102	-122	-144	-172	-226	-300	-405	2	3	5	6	11	16
65	80	-32	-43	-59	-75	-102	-120	-146	-174	-210	-274	-360	-480	2	3	5	6	11	16
80	100	-37	-51	-71	-91	-124	-146	-178	-214	-258	-335	-445	-585	2	4	5	7	13	19
100	120	-37	-54	-79	-104	-144	-172	-210	-254	-310	-400	-525	-690	2	4	5	7	13	19
120	140	-43	-63	-92	-122	-170	-202	-248	-300	-365	-470	-620	-800	3	4	6	7	15	23
140	160	-43	-65	-100	-134	-190	-228	-280	-340	-415	-535	-700	-900	3	4	6	7	15	23
160	180	-43	-68	-108	-146	-210	-252	-310	-380	-465	-600	-780	-1000	3	4	6	7	15	23
180	200	-50	-77	-122	-166	-236	-284	-350	-425	-520	-670	-880	-1150	3	4	6	9	17	26
200	225	-50	-80	-130	-180	-258	-310	-385	-470	-575	-740	-960	-1250	3	4	6	9	17	26
225	250	-50	-84	-140	-196	-284	-340	-425	-520	-640	-820	-1050	-1350	3	4	6	9	17	26
250	280	-56	-94	-158	-218	-315	-385	-475	-580	-710	-920	-1200	-1550	4	4	7	9	20	29
280	315	-56	-98	-170	-240	-350	-425	-525	-650	-790	-1000	-1300	-1700	4	4	7	9	20	29
315	355	-62	-108	-190	-268	-390	-475	-590	-730	-900	-1150	-1500	1900	4	5	7	11	21	32
355	400	-62	-114	-208	-294	-435	-530	-660	-820	-1000	-1300	-1650	-2100	4	5	7	11	21	32
400	450	-68	-126	-232	-330	-490	-595	-740	-920	-1100	-1450	-1850	-2400	5	5	7	13	23	34
450	500	-68	-132	-252	-360	-540	-660	-820	-1000	-1250	-1600	-2100	-2600	5	5	7	13	23	34

注：(1) 公称尺寸≤1 mm 时，基本偏差 A 和 B 及大于 IT8 的 N 均不采用。

(2) 标准公差≤IT8 的 K、M、N 及≤IT7 的 P 至 ZC 的基本偏差中的 Δ 值从续表的右侧选取。

(3) 特殊情况：当 250 mm ＜公称尺寸≤315 mm 时，M6 的 ES=-9 μm(代替 -11 μm)。

例 2.7　查表确定 $\phi25B6$ 和 $\phi25K7$ 的极限偏差。

解　(1) 查表 2-3 确定标准公差：IT6 = 13 μm，IT7=21 μm。

(2) 查表 2-5 确定基本偏差。

$\phi25B6$ 的基本偏差：　　　EI = +160 μm

$\phi25K7$ 的基本偏差：　　　ES = −2 μm + Δ = −2 μm + 8 μm = + 6 μm

(3) 求另一极限偏差。

$\phi25B6$ 的上极限偏差：　ES = EI + IT6 = +160 μm + 13 μm = +173 μm

$\phi25K7$ 的下极限偏差：　EI = ES − IT7 = +6 μm − 21 μm = −15 μm

2.2.3　公差与配合的表示方法及其图样标注

1. 极限与配合的表示方法

1) 公差带代号

由于公差带相对于零线的位置由基本偏差确定，公差带的大小由标准公差确定，所以公差带代号由基本偏差代号 (字母) 和公差等级 (数字) 组成。例如：H8、F7 为孔的公差带代号，h7、g6 为轴的公差带代号。

2) 尺寸公差的表示

尺寸公差用公称尺寸及公差带代号或 (和) 对应的偏差值 (单位为 mm) 表示。例如：

$\phi50H8$、$\phi50^{+0.039}_{0}$ 或 $\phi50H8(^{+0.039}_{0})$；对称偏差表示为 $\phi10JS5(\pm0.003)$。

3) 配合代号

国家标准规定，配合代号用孔和轴的公差带代号以分数形式组合表示。其中，分子为孔的公差带代号，分母为轴的公差带代号。例如：$\phi90\dfrac{H6}{h5}$ 或 $\phi30H8/f7$。

2. 公差与配合图样标注

在零件图样上，标注尺寸公差的方法有以下三种。

(1) 在公称尺寸后标注公差带代号，如 $\phi18H7$，如图 2-15(a) 所示。该标注形式一般用于大批量生产。

(2) 在公称尺寸后标注极限偏差，如 $\phi18^{+0.029}_{+0.018}$ mm、$\phi14^{+0.045}_{+0.016}$ mm，如图 2-15(b) 所示。该标注形式一般用于单件、小批量生产。

(3) 在公称尺寸后标注公差带代号和极限偏差，如 $\phi14h7(^{0}_{-0.018})$ mm，如图 2-15(c) 所示。该标注形式一般用于生产批量不明的零件图样的标注。

在装配图上，一般标注公称尺寸和孔、轴的公差带代号，如 $\phi18H7/p6$，$\phi14F8/h7$，如图 2-15(d) 所示。

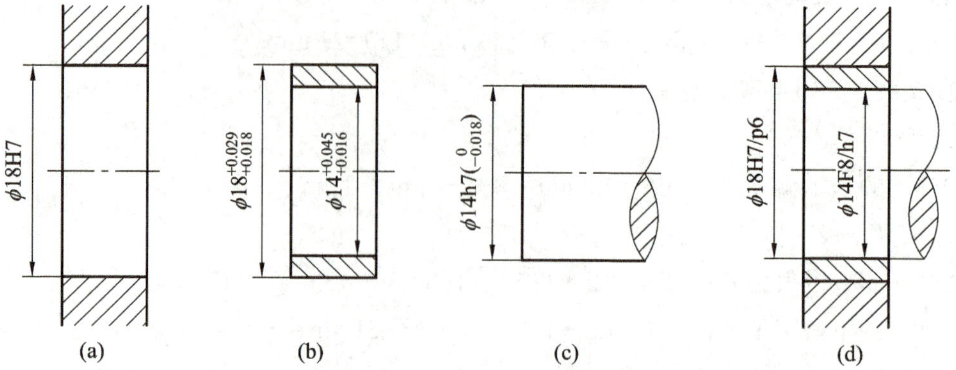

图 2-15   公差带在图样上的标注

2.2.4   国家标准推荐的公差带与配合

国家标准规定了 20 个标准公差等级和 28 种基本偏差，其中基本偏差 J 仅限用于 3 个公差等级（J6、J7、J8），j 仅限用于 4 个公差等级（j5、j6、j7、j8）。由此得到孔的公差带有 $(28-1) \times 20 + 3 = 543$ 种，轴的公差带有 $(28-1) \times 20 + 4 = 544$ 种。这些孔和轴的公差带又可组成大量的配合关系，如此众多的公差带和配合若都使用，必然会导致定值刀具和量具规格的繁杂，显然这是不经济的。为了获得最佳的技术、经济效益，有必要对公差带和配合的选择加以限制。为此，国家规定了一系列标准公差带和配合以供选用。

1. 国家标准推荐的公差带

根据生产实际情况，国家标准 GB/T 1800.1—2020 对常用尺寸段推荐了不需要对公差带代号进行特定选取的一般性用途（例如键槽需要特定选取）的常用和优先公差带。

对于轴，国家标准推荐了一般用途的常用和优先公差带，共 50 种，如图 2-16 所示。其中黑方框内的 17 种为优先公差带。

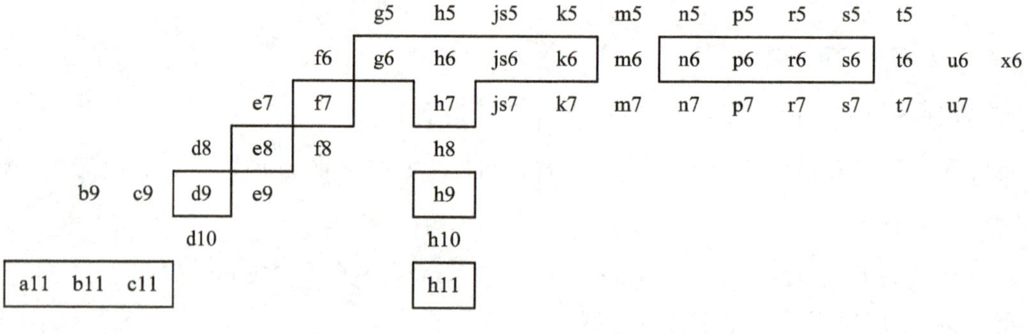

图 2-16   公称尺寸 ≤ 500 mm 的轴的常用、优先公差带

对于孔，国家标准推荐了一般性用途的常用和优先公差带，共 45 种，如图 2-17 所示。其中黑方框内的 17 种为优先公差带。

在选用公差带时，如果图 2-16 和图 2-17 中所示公差带不能满足使用要求，允许按国家标准规定的基本偏差和标准公差等级组成所需的公差带。

图 2-17　公称尺寸 ≤ 500 mm 的孔的常用、优先公差带

			G6	H6	JS6	K6	M6	N6	P6	R6	S6	T6		
		F7	G7	H7	JS7	K7	M7	N7	P7	R7	S7	T7	U7	X7
	E8	F8		H8	JS8	K8	M8	N8	P8	R8				
	D9	E9	F9		H9									
	C10	D10	E10			H10								
A11	B11	C11	D11			H11								

2. 国家标准推荐的配合

国家标准在推荐孔、轴公差带选用的基础上，还推荐了孔、轴公差带的配合。基孔制配合中常用配合有 45 种，见表 2-6，其中黑方框内的 16 种为优先配合。基轴制配合中常用配合有 38 种，见表 2-7，其中黑方框内的 18 种为优先配合。

表 2-6 中，当轴的公差小于或等于 IT7 时，与低一级的基准孔相配合；大于或等于 IT8 时，与同级基准孔相配合。表 2-7 中，当孔的公差小于 IT8 或少数等于 IT8 时，与高一级的基准轴相配合，其余则与同级基准轴相配合。

表 2-6　基孔制配合的优先、常用配合（摘自 GB/T 1800.1—2020)

基准孔	轴公差带代号														
	间隙配合						过渡配合				过盈配合				
H6				g5	h5		js5	k5	m5		n5	p5			
H7			f6	g6	h6		js6	k6	m6	n6	p6	r6	s6	t6	u6　x6
H8		e7	f7		h7		js7	k7	m7			s7			u7
	d8	e8	f8		h8										
H9	d8	e8	f8		h8										
H10	b9	c9	d9	e9			h9								
H11	b11	c11	d10				h10								

表 2-7　基孔制配合的常用和优先配合（摘自 GB/T 1800.1—2020)

基准轴	孔公差带代号														
	间隙配合						过渡配合				过盈配合				
h5				G6	H6		JS6	K6	M6		N6	P6			
h6			F7	G7	H7		JS7	K7	M7	N7	P7	R7	S7	T7	U7　X7
h7			E8	F8		H8									
h8		D9	E9	F9		H9									
			E8	F8		H8									
h9		D9	E9	F9		H9									
	B11	C10	D10			H10									

2.2.5　线性尺寸的未注公差

零件图上所有的尺寸原则上都应受到一定公差的约束。为了简化制图，节省设计时间，对不重要的尺寸和精度要求很低的非配合尺寸，在零件图上通常不标注它们的公差。为了保证使用要求，避免在生产中引起不必要的纠纷，GB/T 1804—2000 对未注公差的尺寸规定了一般公差。一般公差是指在车间通常加工条件下能够保证的公差。

GB/T 1804—2000 对线性尺寸的一般公差规定了四个公差等级，即精密级 (f)、中等级 (m)、粗糙级 (c) 和最粗级 (v)，并制定了相应的极限偏差数值表。线性尺寸的极限偏差数值见表 2-8，倒圆半径和倒角高度尺寸的极限偏差数值见表 2-9，角度尺寸的极限偏差数值见表 2-10。

表 2-8　线性尺寸的极限偏差数值　　mm

公差等级	基本尺寸分段							
	0.5～3	>3～6	>6～30	>30～120	>120～400	>400～1000	>1000～2000	>2000～4000
f(精密级)	±0.05	±0.05	±0.1	±0.15	±0.2	±0.3	±0.5	—
m(中等级)	±0.1	±0.1	±0.2	±0.3	±0.5	±0.8	±1.2	±2
c(粗糙级)	±0.2	±0.3	±0.5	±0.8	±1.2	±2	±3	±4
v(最粗级)	—	±0.5	±1	±1.5	±2.5	±3	±6	±8

表 2-9　倒圆半径和倒角高度尺寸的极限偏差数值　　mm

公差等级	基本尺寸分段			
	0.5～3	>3～6	>6～30	>30
f(精密级)	±0.2	±0.5	±1	±2
m(中等级)				
c(粗糙级)	±0.4	±1	±2	±0.3
v(最粗级)				

表 2-10　角度尺寸的极限偏差数值

公差等级	长度分段（单位：mm）				
	～10	>10～50	>50～120	>120～400	>400
f(精密级)	±1°	±30′	±20′	±10′	±5′
m(中等级)					
c(粗糙级)	±1°30′	±1°	±30′	±15′	±10′
v(最粗级)	±3°	±2°	±1°	±30′	±20′

　　线性尺寸的一般公差主要用于较低精度的非配合尺寸。当功能上允许的公差等于或大于一般公差时，均应采用一般公差。

　　采用国家标准规定的一般公差，在图样中的尺寸后不注出公差，而是在图样上、技术文件或标准中用标准号和公差等级符号来表示。例如：选用中等级时，表示为 GB/T 1804-m；选用粗糙级时，表示为 GB/T 1804-c。

2.3　公差与配合的设计

　　在零件的公称尺寸确定之后，便要进行尺寸的公差与配合的设计。它是机械设计与制造中的一个重要环节，公差与配合的设计是否恰当对机械的使用性能和制造成本都有很大的影响，有时甚至起决定性作用。公差与配合的设计主要包括基准制的选用、公差等级的选用和配合的选用。

2.3.1　基准制的选用

　　基准制的选用与使用要求无关，主要是从结构、工艺性以及经济性等方面综合考虑的。

1. 基孔制的选用

　　一般情况下，优先选用基孔制配合。因为加工孔和检测孔时要使用钻头、铰刀、拉刀等定值刀具和光滑极限塞规 (不便使用普通计量器具测量)，而每一种定值刀具和塞规只能加工和检验一种特定尺寸和公差带的孔。加工轴时使用车刀、砂轮等通用刀具和普通计量器具，而每一种通用刀具和普通计量器具可以加工和检验不同尺寸和公差带的轴。所以采用基孔制配合可以减少孔公差带的数量，大大减少所用定值刀具和塞规的规格和数量，这显然是经济合理的。

2. 基轴制的选用

　　对于下列情况，选用基轴制较为经济合理。

　　(1) 使用冷拉钢材直接制作轴。直接使用具有一定公差等级 (IT7 ～ IT11) 而无须再进行机械加工的冷拉钢材制作轴时，应选用基轴制。这种情况主要应用在农业机械和纺织机械中，采用基轴制减少了加工量，较为经济合理，对于细小直径的轴尤为明显。

　　(2) "一轴多孔"，即同一公称尺寸的轴上装配几个具有不同配合性质的零件时，采用基轴制。如图 2-18(a) 所示，发动机的活塞销分别与连杆铜套孔和活塞孔之间进行配合。连杆要转动，故活塞销与连杆铜套孔采用间隙配合，而与支撑的活塞孔配合要紧些，采用过渡配合。如果采用基孔制配合如图 2-18(b) 所示，则活塞销上的两个销孔和连杆铜套孔的公差带相同 (H6)，而满足两种不同配合要求的活塞销要按两种公差带 (h5、m5) 加工成阶梯轴，这既不利于加工，又不利于装配 (装配时会将连杆铜套孔刮伤)。反之，采用基轴制，如图 2-18(c)，则活塞销按一种公差带加工成光轴，而连杆铜套孔、活塞孔分别按不同要求加工，这较为经济合理且便于安装。

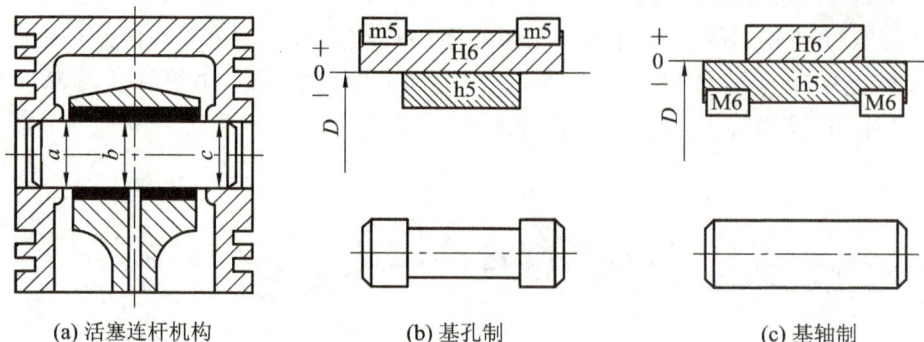

| (a) 活塞连杆机构 | (b) 基孔制 | (c) 基轴制 |

图 2-18　基准制选择示例

(3) 与标准件配合的孔和轴，必须以标准件为基准来选择配合制。例如：滚动轴承外圈和箱体上轴承孔的配合必须采基轴制，滚动轴承内圈与轴颈的配合必须采用基孔制，如图 2-19 所示。

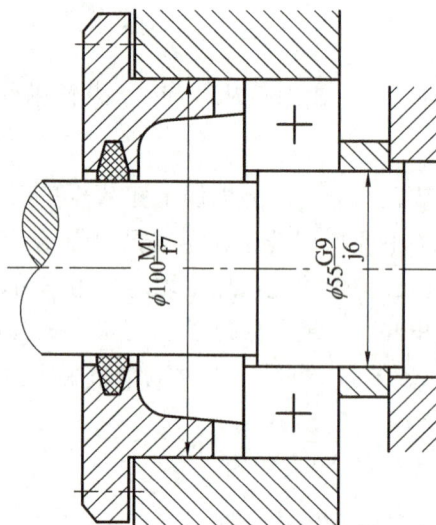

图 2-19　滚动轴承配合

3. 非基准制的选用

国家标准规定，为了满足配合的特殊需要，允许采用非基准制的配合，即采用任一孔、轴公差带（基本偏差代号非 H 的孔和非 h 的轴）组成的配合。例如滚动轴承端盖凸缘与箱体孔的配合，轴上用来轴向定位的隔套与轴的配合，如图 2-19 所示。

2.3.2　公差等级的选用

选择标准公差等级时，要正确处理好使用要求和制造工艺以及加工成本之间的关系，首先要保证满足使用要求，其次要考虑工艺的可能性和经济性。选用的基本原则是：在满足使用要求的前提下，尽量选用较低的公差等级。

公差等级的选用通常使用类比法，除遵循上述原则外，还应考虑以下因素。

(1) 工艺等价性。相配合的孔和轴的加工难易程度要相当。公称尺寸不大于 500 mm 时，高精度 ($\leqslant$ IT8) 孔比同精度的轴难加工，为使相配的孔与轴加工难易相当，一般推荐孔的公差等级比轴的公差等级低一级。低精度 ($>$ IT8) 的孔和轴采用同级相配。

(2) 工艺可能性。选用公差等级还要考虑各种加工方法可达到的公差等级，见表 2-11。

表 2-11 常用加工方法能够达到的公差等级

加工方法	公差等级 (IT)																		
	01	1	2	3	4	5	6	7	8	9	10	11	12	13	14	15	16	17	18
研磨	─	─	─	─	─	─													
珩磨					─	─	─	─											
圆磨						─	─	─	─										
平磨						─	─	─	─										
金刚石车						─	─	─											
金刚石镗						─	─	─											
拉削						─	─	─	─										
铰孔							─	─	─	─									
车							─	─	─	─	─								
镗							─	─	─	─	─	─							
铣								─	─	─	─	─							
刨、插									─	─	─	─							
钻										─	─	─	─	─					
滚压、挤压										─	─	─							
冲压										─	─	─	─	─					
压铸												─	─	─	─				
粉末冶金成形						─	─	─	─										
粉末冶金烧结							─	─	─	─									
砂型铸造、气割																─	─	─	─
锻造															─	─	─		

(3) 公差等级的应用范围。各公差等级的应用范围见表 2-12，公差等级应用示例见表 2-13。

表 2-12　公差等级的应用范围

应用			公差等级 (IT)																			
			01	0	1	2	3	4	5	6	7	8	9	10	11	12	13	14	15	16	17	18
量块			■	■	■																		
量规	高精度				■	■	■	■															
	低精度								■	■	■												
孔与轴配合	特别精密	轴				■	■	■															
		孔					■	■	■														
	精密配合	轴							■	■	■												
		孔								■	■	■											
	中等精密	轴										■	■	■									
		孔											■	■	■								
	低精度														■	■	■	■				
非配合尺寸																■	■	■	■	■	■	■
原材料公差												■	■	■	■	■	■	■	■			

表 2-13　公差等级应用示例

公差等级	应　用
IT01 ～ IT1	一般用于高精密量块和其他精密尺寸标准块的公差。IT1 也用于检验 IT6、IT7 级轴用量规的校对量规
IT2 ～ IT4	用于特别精密零件的配合及精密量规
轴 IT5 孔 IT6	用于高精密的重要配合。如机床主轴的轴颈、主轴箱体孔与精密滚动轴承的配合，车床尾座孔与顶针套筒的配合，发动机活塞销分别与连杆铜套孔和活塞孔的配合。配合公差很小，配合性质稳定。对加工要求很高，应用较少
轴 IT6 孔 IT7	用于较高精度的重要配合。如机床传动机构中齿轮与轴、轴与轴承的配合，内燃机中曲柄与轴套的配合等。配合公差较小，一般精密加工能够实现，在精密机械制造中应用较广，国家标准推荐的常用公差带也较多
IT7 ～ IT8	用于中等精度的配合。如一般机械中速度不高的配合 (轴与轴承的配合)、重型机械中精度要求稍高的配合 (发动机活塞环与活塞环槽的配合)、农业机械中较重要的配合 (拖拉机上的齿轮与轴的配合) 等。配合公差中等，加工易于实现，在一般机械中广泛应用
IT9 ～ IT10	用于一般要求的配合或长度精度要求较高的配合。某些配合尺寸的特殊要求，如飞机机身外壳的尺寸，由于其重量限制，要求达到此等级。配合公差稍大，加工易于实现，在一般机械中广泛应用
IT11 ～ IT12	用于不重要的配合。多用于各种没有严格要求，只要求便于连接的配合。如螺栓和螺孔、铆钉和孔等
IT13 ～ IT18	用于未注公差的尺寸和粗加工的工序尺寸上，包括冲压件、铸锻件的公差等。如手柄的直径、壳体的外形、壁厚尺寸、端面之间的距离等

(4) 配合类型。过渡配合和过盈配合对间隙或过盈的变化比较敏感，公差等级不宜太低，一般孔的标准公差≤ IT8，轴的标准公差≤ IT7。对于间隙配合，间隙小的公差等级应较高，间隙大的公差等级应低些。

(5) 精度匹配。相配合的零部件的精度要匹配。例如：齿轮孔与轴的配合，它们的公差等级取决于相关件齿轮的精度等级，若齿轮的精度等级为 8 级，一般取齿轮孔的公差等级为 IT7，轴的公差等级为 IT6。零件要求不高时，可与相配合的零件的公差等级相差 2～3 级。

2.3.3　配合的选用

配合的选用就是指根据使用配合部位的工作条件和功能要求，选择适当的配合种类，确定配合代号。国家标准规定的配合种类很多，设计时应根据使用要求，尽可能地选用优先配合，其次考虑常用配合，最后考虑一般配合等。

1. 配合种类的确定

配合种类主要根据配合部位的功能要求来选择。当相配合的孔、轴间有相对运动时，选择间隙配合；当相配合的孔、轴间无相对运动，不经常拆卸，而需要传递一定的转矩时，选择过盈配合；当相配合的孔、轴间无相对运动，而需要经常拆卸时，选择过渡配合。表 2-14 供选择时参考。

表 2-14　配合种类的选择

相互运动情况	配合处的装配要求与使用要求			配　合　选　择
无相对运动	要传递转矩	永久结合		较大过盈量的过盈配合
		可拆结合	要精确同轴	轻的过盈配合、过渡配合或基本偏差为 H(h) 的间隙配合加紧固件 *
			不要精确同轴	间隙配合加紧固件
	不需要传递转矩，要精确同轴			过渡配合或轻的过盈配合
有相对运动	只有移动			基本偏差为 H(h)、G(g) 等间隙配合
	转动或转动和移动形成的复合运动			基本偏差为 A～F(a～f) 等间隙配合

注：*紧固件指键、销钉和螺钉等。

2. 配合代号的确定

配合种类确定后，再进一步确定非基准件的基本偏差代号，通常有计算法、试验法和类比法三种方法来确定。

计算法是根据一定的理论公式，经过计算得出所需的极限间隙或极限过盈，然后从标准中选择合适的孔、轴公差带。试验法主要用于新产品和特别重要配合的选择，需要进行大量试验来确定最佳的极限间隙或极限过盈，该方法成本较高。类比法是参照类似的经过生产实践验证的机械，分析零件的工作条件及使用要求，以它们为样本来选择配合种类，这是目前应用最广的方法。使用类比法时，可参考表 2-15 各种基本偏差的特点及应用实例和表 2-16 一些配合示例的选用说明。

此外，选择配合时还要考虑工作情况的影响，见表 2-17。

表 2-15　各种基本偏差的特点及应用实例

配合种类	基本偏差	特 点 及 应 用
间隙配合	a(A) b(B)	可得到特别大的间隙，应用很少，主要用于工作时温度高、热变形大的零件的配合，如发动机中活塞与缸套的配合为 H9/a9
	c(C)	可得到很大的间隙，一般用于工作条件较差（如农业机械）、工作时受力变形大及装配工艺性不好的零件的配合，也适用于高温工作的零件的间隙配合，如内燃机排气阀杆与导管的配合为 H8/c7
	d(D)	与 IT7 ～ IT11 对应，适用于较松的间隙配合（如滑轮、空转带轮与轴的配合）以及大尺寸滑动轴承与轴的配合（如涡轮机、球磨机等的滑动轴承），如活塞环与活塞槽的配合可用 H9/d9
	e(E)	与 IT6 ～ IT9 对应，具有明显的间隙，用于大跨距及多支撑的转轴与轴承的配合，以及高速、重载的大尺寸轴颈与轴承的配合，如大型电机、内燃机的曲轴轴承处的配合采用 H7/e6
	f(F)	多与 IT6 ～ IT8 对应，用于一般的转动配合，受温度影响不大，适用普通润滑油的轴颈与滑动轴承的配合，如齿轮箱、小电机、泵等的转轴与滑动轴承的配合为 H7/f6
	g(G)	多与 IT5 ～ IT7 对应，形成配合的间隙较小，用于轻载精密装置中的转动配合，最适合不回转的精密滑动配合，也用于插销等定位配合，如精密连杆轴承、活塞及滑阀、连杆销等处的配合，百分表的测头与铜套的配合采用 H7/g6
	h(H)	多与 IT4 ～ IT11 对应，广泛用于无相对转动的配合、一般的定位配合。若没有温度、变形的影响，也可用于精密滑动配合，如车床尾架孔与滑动套筒的配合为 H6/h5
过渡配合	js(JS) j(J)	多用于 IT4 ～ IT7 具有平均间隙的过渡配合，也可用于略有过盈的定位配合，如联轴器、齿圈与轮毂的配合，滚动轴承外圈与外壳孔的配合多用 JS7 或 J7。一般用手或木槌装配
	k(K)	多用于 IT4 ～ IT7 平均间隙接近零的过渡配合，也可用于定位配合，如滚动轴承内、外圈分别与轴颈、外壳孔的配合，常用木槌装配
	m(M)	多用于 IT4 ～ IT7 平均过盈较小的配合，也用于精密定位的配合，如蜗轮的青铜轮缘与轮毂的配合为 H7/m6。
	n(N)	多用于 IT4 ～ IT7 平均过盈较大的配合，很少形成间隙，也用于传递较大扭矩的配合，如冲床上齿轮与轴的配合，常用锤子或者压力机装配
过盈配合	p(P)	用于小过盈量配合。与 H6 或 H7 的孔形成过盈配合，而与 H8 的孔形成过渡配合。碳钢和铸铁制零件形成的配合为标准压入配合，如卷扬机绳轮的轮毂与齿圈的配合为 H7/p6。对弹性材料，如轻合金等，往往要求很小的过盈，故可采用 p 或 P 与基准件形成配合
	r(R)	用于传递大扭矩或受冲击负荷而需加键的配合，如蜗轮与轴的配合为 H7/r6。需注意，H8/r7 配合在公称尺寸小于 100 mm 时，为过渡配合
	s(S)	用于钢和铸铁制零件的永久性和半永久性结合，可产生相当大的结合力，如套环压在轴、阀座上用 H7/s6 的配合。尺寸较大时，为避免损伤配合表面，需用热胀或冷缩法装配
	t(T)	用于钢和铸铁制零件的永久性结合，不用键也可传递扭矩，需用热胀或冷缩法装配，如联轴器与轴的配合为 H7/t6
	u(U)	用于大过盈量配合，最大过盈需验算材料的承受能力，可用热胀或冷缩法装配，如火车轮毂和轴的配合为 H6/u5
	v(V)、x(X)、y(Y)、z(Z)	用于特大过盈量配合，目前使用的经验和资料很少，须经试验后才能应用，一般不推荐

表 2-16　一些配合示例的选用说明

基孔制	基轴制	特征及应用说明
H11/c11	C11/h11	间隙非常大，用于很松的、转动很慢的动配合，要求大公差与大间隙的外露组件的配合，或要求装配方便、很松的配合
H 9/d9	D 9/h9	间隙很大的自由转动配合，用于非主要配合，或有大的温度变动、高转速或大的轴颈压力的配合
H8/f7	F8/h7	间隙不大的转动配合，用于中等转速与中等轴颈压力的精确转动，也用于装配较容易的中等精度的定位配合
H7/g6	G7/h6	间隙很小的滑动配合，用于不希望自由转动、但可以自由移动和滑动并精确定位的配合部位，也可用于要求明确的定位配合
H7/h6 H9/h9	H8/h7 H11/h11	均为间隙定位配合，零件可自由装拆，而工作时一般相对静止不动。在最大实体条件下的间隙为零，在最小实体条件下的间隙由公差等级和几何精度决定
H7/k6	K7/h6	过渡配合，用于精密定位
H7/h6	N7/h6	过渡配合，允许有较大过盈的更精密定位
*H7/p6	*P7/h6	过盈定位配合，即小过盈配合，用于定位精度高的配合，能以最好的定位精度达到部件的刚性及对中的性能要求，而对内孔承受压力无特殊要求，不依靠配合的紧固性传递摩擦负荷
H7/s6	S7/h6	中等压入配合，适用于一般钢件，或用于薄壁件的冷缩配合，也用于铸铁件，可得到最紧的配合
H7/u6	U7/h6	压入配合，适用于可承受大压入力的零件或承受大压入力的冷缩配合

注：*表示当公称尺寸≤3 mm时为过渡配合。

表 2-17　不同工作条件下配合间隙或过盈的变化趋势

具体工作条件	过盈变化	间隙变化	具体工作条件	过盈变化	间隙变化
材料强度小	减	—	装配时可能歪斜	减	增
经常拆卸	减	增	旋转速度增高	增	增
有冲击载荷	增	减	有轴向运动	—	增
工作时孔温高于轴温	增	减	润滑油黏度增大	—	增
工作时轴温高于孔温	减	增	表面趋向粗糙	增	减
配合长度正常	减	增	单件生产相对于成批生产	减	增
配合面形状和位置误差增大	减	增			

例 2.8 设有一孔、轴配合，公称尺寸为 $\phi30$ mm，要求配合的间隙在 $+0.020 \sim +0.055$ mm 范围，试确定孔与轴的公差等级及配合代号。

解 (1) 选择基准制。

本例没有特殊要求，选用基孔制，EI = 0 mm。

(2) 选择公差等级。

$T_f = |X_{max} - X_{min}| = T_h + T_s = |+0.055 \text{ mm} - 0.020 \text{ mm}| = 0.035 \text{ mm} = 35 \text{ μm}$

查表 2-3 可知，IT6 = 13 μm，IT7 = 21 μm，由于孔的精度通常低一级，可尝试取孔为 IT7，轴为 IT6，此时 T_f = IT6 + IT7 = 34 μm < 35 μm，满足使用要求。

(3) 确定孔、轴公差带代号。

综上，孔为 $\phi30\text{H7}\ (^{+0.021}_{0})$ mm。由

$$X_{min} = \text{EI} - \text{es}, \quad \text{EI} = 0 \text{ mm}$$

所以 es = $-X_{min}$ = -20 μm，轴的上极限偏差为基本偏差，查表 2-4 取轴的基本偏差代号为 f，ei = es - IT6 = -20 μm - 13 μm = -33 μm，则轴的公差代号为 $\phi30\text{f}6(^{-0.020}_{-0.033})$ mm。

(4) 检验。

$$X_{max} = \text{ES} - \text{ei} = (+0.021) \text{ mm} - (-0.033 \text{ mm}) = +0.054 \text{ mm}$$
$$X_{min} = \text{EI} - \text{es} = 0 \text{ mm} - (-0.020 \text{ mm}) = +0.020 \text{ mm}$$

X_{max}、X_{min} 在 $+0.020 \sim +0.055$ mm 范围内，设计结果符合要求。故孔与轴的配合为 $\phi30\text{H7/f6}$。

习　　题

一、填空题

1. 国标规定，标准公差用_____表示，总共有_____级，其中最高级为_____，最低级为_____。

2. 国标规定，孔和轴的基本偏差各有_____种，其中 H 为_____的基本偏差代号，其基本偏差为_____极限偏差，偏差值等于_____；h 为_____的基本偏差代号，其基本偏差为_____极限偏差，偏差值等于_____。

3. 国标规定有两种配合制度，_____和_____，一般应优先选用_____。

4. 在满足使用要求的情况下，精度等级越_____越好。

5. 配合种类分为_____、_____和_____三大类，当相配合的孔与轴之间有相对运动时，应选_____配合。

6. 国标规定，尺寸公差带的大小由_____决定；位置由_____决定。

二、选择题

1. 标准公差值与 (　　) 有关。

A. 公称尺寸和公差等级 　　　　　　　B. 公称尺寸和基本偏差

C. 公差等级和配合性质 　　　　　　　D. 基本偏差和配合性质

2. 在相配合的孔、轴中，某一实际孔与某一实际轴装配后得到间隙，则此配合为 (　　　)。

A. 间隙配合 　　　　　　　　　　　　B. 过渡配合

C. 过盈配合 　　　　　　　　　　　　D. 可能是间隙配合，也可能是过渡配合

3. 在基孔制配合中，基本偏差代号为 a ~ h 的轴与基准孔组成 (　　　) 配合。

A. 过渡配合 　　　　　　　　　　　　B. 过盈配合

C. 间隙配合 　　　　　　　　　　　　D. 间隙配合或过渡配合

4. 与 ϕ40H7/k6 配合性质相同的配合是 (　　　)。

A. ϕ40H7/k7 　　　　　　　　　　　　B. ϕ40K7/h7

C. ϕ40K7/h6 　　　　　　　　　　　　D. ϕ40H6/k6

5. ϕ20f6，ϕ20f7 和 ϕ20f8 三个公差带的 (　　　)。

A. 上极限偏差相同且下极限偏差相同

B. 上极限偏差相同而下极限偏差不相同

C. 上极限偏差不相同而下极限偏差相同

D. 上、下极限偏差各不相同

6. 利用同一方法加工 ϕ50H7 孔与 ϕ100H6 孔应理解为 (　　　)。

A. 前者加工困难 　　　　　　　　　　B. 后者加工困难

C. 两者加工难易相当 　　　　　　　　D. 加工难易程度无法比较

三、判断题

1. 公差通常为正值，在个别情况下也可以为负值或零。(　　　)

2. 偏差是个代数差，所以它可正、可负，也可以为零。(　　　)

3. 某一孔或轴的直径正好加工到公称尺寸，则此孔或轴必然是合格件。(　　　)

4. 公称尺寸一定时，公差值越大，尺寸精度越高。(　　　)

5. 由于过渡配合可能得到间隙，也可能得到过盈，所以过渡配合可能是间隙配合，也可能是过盈配合。(　　　)

6. 未注公差的尺寸就是没有公差要求的尺寸。(　　　)

四、综合题

1. 已知下列孔、轴，求配合的极限间隙或极限过盈、配合公差，并画出公差带图。

(1) 孔 $\phi45^{+0.025}_{0}$ mm，轴 $\phi45^{-0.025}_{-0.041}$ mm；

(2) 孔 $\phi45^{+0.025}_{0}$ mm，轴 $\phi45^{+0.059}_{+0.043}$ mm；

(3) 孔 $\phi45^{+0.025}_{0}$ mm，轴 $\phi45^{+0.018}_{+0.002}$ mm。

2. 试根据表 2-18 中已给数值，计算并填写空格中的数值 (单位：mm)。

表 2-18　孔、轴尺寸公差与配合计算

公称尺寸	孔			轴			X_{max} 或 Y_{min}	X_{min} 或 Y_{max}	X_{av} 或 Y_{av}	T_f	配合代号
	ES	EI	T_h	es	ei	T_s					
$\phi25$		0				0.013	+0.074		+0.057		
$\phi14$		0				0.011		−0.012	+0.0025		
$\phi45$			0.025	0				−0.050	−0.0295		

3. 试确定下列孔、轴公差带代号。

(1) 轴 $\phi70^{+0.105}_{+0.075}$ mm；(2) 轴 $\phi18^{+0.046}_{+0.028}$ mm；(3) 孔 $\phi120^{+0.087}_{0}$ mm；(4) 孔 $\phi65^{+0.005}_{-0.041}$ mm。

4. 已知两根轴，第一根轴直径为 $\phi30$ mm，公差值为 33 μm，第二根轴直径为 $\phi100$ mm，公差值为 35 μm，试比较两根轴加工的难易程度。

5. 确定下列公差带的上、下极限偏差。

(1) $\phi25f7$；(2) $\phi50u7$；(3) $\phi50D9$；(4) $\phi150N7$。

6. 说明下列配合符号所表示的配合制、公差等级和配合类别，并查表计算其极限间隙或极限过盈，画出其尺寸公差带图。

(1) $\phi50K7/h6$；(2) $\phi30H8/f7$；(3) $\phi120H7/g6$；(4) $\phi120G7/h6$。

7. 设有一公称尺寸为 $\phi80$ mm 的孔和轴配合，要求配合过盈为 (−0.025 ~ −0.110)mm，试确定其配合代号，并画出其尺寸公差带图。

8. 图 2-20 为钻孔夹具简图，试根据表 2-19 的已知条件，选择配合类型。

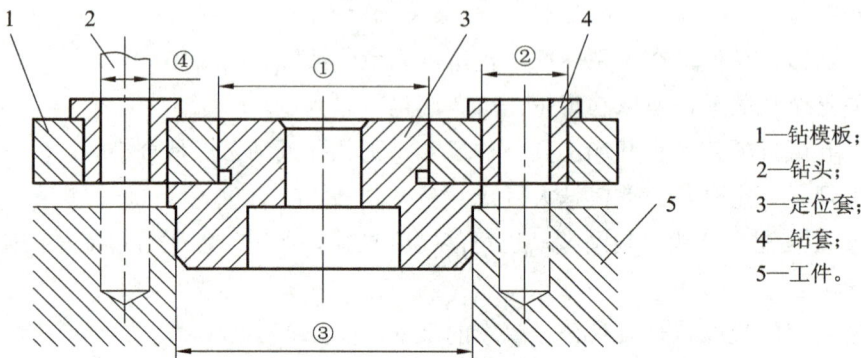

1—钻模板；
2—钻头；
3—定位套；
4—钻套；
5—工件。

图 2-20　钻孔夹具示意图

表 2-19　配合种类选择

序号	已 知 条 件	配合种类
①	有定心要求，不可拆连接	
②	有定心要求，可拆连接 (钻套磨损后可更换)	
③	有定心要求，孔、轴间需有轴向移动	
④	有导向要求，轴、孔间需有相对的高速转动	

第3章　测量技术基础

学习目标

(1) 了解测量的基本概念、长度基准及量值传递系统；

(2) 掌握量块的术语及量块的组合使用；

(3) 掌握测量技术的常用度量指标；

(4) 了解测量方法及测量技术的分类；

(5) 掌握测量误差的概念、来源、分类及数据处理。

课程思政

在古代，测量技术在生产生活和科学探索中发挥了重要作用。战国时期发明的司南，是世界上最早的磁性指南仪器。古人在制作司南时，需精准测量磁石的形状、重心位置以及底盘刻度的间距等，通过反复试验和调整，才能确保司南能够准确指示方向。这体现了古人严谨认真、追求精准的态度。

在现代，500米口径球面射电望远镜(FAST)被誉为"中国天眼"，它是世界上最大的单口径射电望远镜。在FAST的建造过程中，测量技术面临着巨大挑战。其反射面由4450块反射面板组成，每块面板的位置和角度都需要精确测量，误差不能超过1毫米。科研团队研发了一系列高精度的测量技术和设备，改进测量方法，克服了地形复杂、工程规模大等难题，实现了反射面的精准组装。FAST的成功建成，不仅彰显了我国在射电天文领域的领先地位，更体现了科研人员勇于创新、敢于突破的精神。

学习导航

自然界中存在的各种物理量，其特性都反映在"量"和"质"两个方面，而任何的"质"通常都反映为一定的"量"。测量就在于确定物理量的数量特征，所以成为认识和分析物理量的基本方法。从科学技术发展的角度来看，有关各种物理量及其相互关系的定理和公式等，许多是通过测量发现或证实的。因此，著名科学家门捷列夫说："没有测量，就没有科学。"

　　在机械行业中，测量技术作为一种手段，主要解决几何量的测量与检验问题。零部件互换性的实现，除了设计时要合理规定公差，在加工和装配时还需要通过测量或检验来判断零部件是否合格。只有合格的零部件，才具有互换性。测量技术的基本任务是：拟定合理的测量方法，使测量得以实现；对测量方法的精确度进行分析和评估，正确处理测量所得的数据。

3.1　概　　述

3.1.1　测量

　　在生产和科学实验中，经常需要对各种量进行测量。所谓测量，是指为确定被测量的量值而进行的实验过程，即将被测量与具有计量单位的标准量进行比较，从而确定两者比值 q 的实验过程。q 为

$$q = \frac{L}{E} \tag{3-1}$$

其中，L 为被测量，E 为计量单位，q 为比值。

　　式 (3-1) 的物理意义说明，在被测量值 L 一定的情况下，比值 q 的大小完全取决于所采用的计量单位 E，而且 q 与 E 成反比。式 (3-1) 同时也说明计量单位 E 的选择取决于被测量值所要求的精确程度。这样经比较而确定的被测量值为 $L = qE$。

　　任何一个测量过程必须有被测对象和所采用的计量单位，同时要采用与被测对象相适应的测量方法，并使测量结果达到所要求的测量精度。因此，一个完整的测量过程应包括被测对象、计量单位、测量方法和测量精度 4 个要素。

　　1) 被测对象

　　本书所述的被测对象指机械几何量，主要包括零件的尺寸、几何误差及表面粗糙度等几何参数。

　　2) 计量单位

　　我国于 1984 年 2 月 27 日颁发了《国务院关于在我国统一实行法定计量单位的命令》。国际单位制是我国法定计量单位的基础，一切属于国际单位制的单位都是我国法定计量单位。在几何量测量中，规定长度的基本单位是米 (m)，角度单位是弧度 (rad) 及度 (°)、分 (′)、秒 (″)。在机械制造中，常用的长度单位是毫米 (mm)，精密测量时多采用微米 (μm)，超精密测量时多采用纳米 (nm)。

　　3) 测量方法

　　测量方法是指测量时所采用的测量原理、测量器具和测量条件的总和。为保证测量精确度，应根据测量对象的要求，采用相应的标准量，遵循一定的测量原则，依据恰当的测量原理选择合适的测量器具，并在测量器具规定的测量条件下完成测量。

4) 测量精度

测量精度是指测得值与其真值的一致程度。由于存在测量误差，测得值并非被测量的真值，而是一个近似值。测量误差越小，测量精度越高；测量误差越大，测量精度越低。只有测量误差足够小，才表明测量结果是可靠的。因此，不知道测量精度的测量结果是没有意义的。通常用测量的极限误差或测量的不确定度来表示测量精度。

3.1.2　尺寸传递系统

1. 长度量值传递系统

长度计量单位是进行长度测量的统一标准。在我国法定计量单位制中，长度计量的基本单位是米 (m)。

"米"的定义是在 1983 年 10 月的第十七届国际计量大会上通过的，即"米等于光在真空中 1/299 792 458 秒的时间间隔内所经路径的长度"。

在工程上，一般不能直接按照米的定义用光波来测量零件的几何参数，而是采用各种计量器具。为了保证量值的准确和统一，必须建立从长度基准一直到被测零件的量值传递系统。

我国长度量值传递的主要标准器具是量块(端面量具)和线纹尺(刻线量具)。其中量块应用较广，其传递系统如图 3-1 所示。

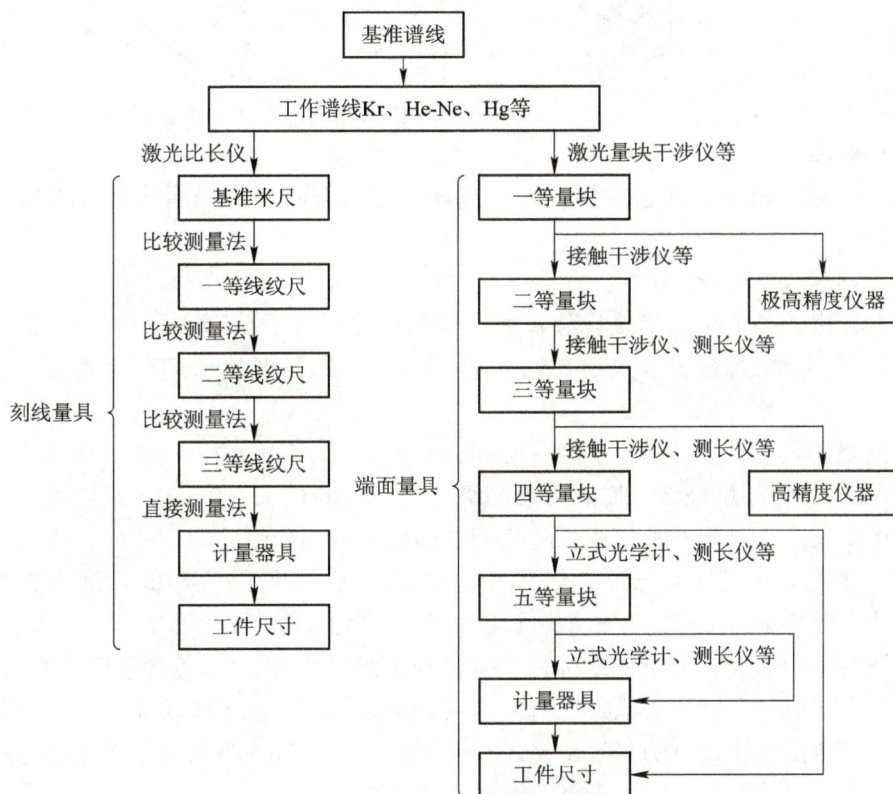

图 3-1　长度量值传递系统

2. 量块及其应用

量块又称块规，是一种无刻度，具有一对相互平行测量面的端面量具，多用铬锰钢制成，具有尺寸稳定、不易变形和耐磨性好等特点。量块的用途广泛，除可作为标准器具进行长度量值的传递外，还可用来检定和校准测量工具或量仪，调整量具或量仪的零位，也可以用来直接测量零件。

量块的形状有长方体和圆柱体两种，常用的是长方体，它有两个相互平行、极为光滑平整的测量面和 4 个非测量面。量块的精度极高，但两个测量面也不是绝对平行的。因此，针对量块的尺寸有如下规定：

1) 量块中心长度 l_c

把量块的一个测量面研合在平晶的工作平面上，另一测量面的中心到平晶平面的垂直距离称为量块的中心长度，如图 3-2 所示。

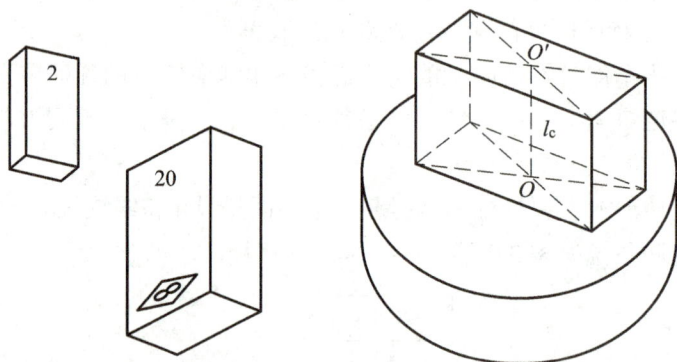

图 3-2　量块的形状和尺寸

2) 量块长度 l

量块一个测量面上的任意点到与另一测量面相研合的平晶平面的垂直距离称为量块长度。

3) 量块标称长度 l_n（公称尺寸）

量块上标出的量值称为量块标称长度。标称尺寸不大于 5.5 mm 的量块，其标称长度值刻在上测量面上；标称长度大于 5.5 mm 的量块，其标称长度值刻在上测量面的左侧平面上。

为了满足不同的生产要求，量块按其制造精度分为 5 级：0、1、2、3、K 级。其中，0 级精度最高，3 级精度最低，K 级为校准级，用来校准 0、1、2、3 级。量块的"级"主要是根据量块长度极限偏差和量块长度变动量的允许值等来划分的。另外，量块按其检定精度分为 5 等：1、2、3、4、5 等。其中 1 等精度最高，5 等精度最低。量块的"等"主要是根据检定时测量的不确定度和量块长度变动量的允许值来划分的。

量块按"级"使用时，以量块的标称长度作为工作尺寸，该尺寸包含了量块的制造误差；量块按"等"使用时，以量块检定后所得的实测中心长度作为工作尺寸，该尺寸不包含制造误差，但包含量块检定时的测量误差。一般来说，检定时的测量误差要比制造误差小得多，所以量块按"等"使用比按"级"使用的精度高。

量块的测量面极为光滑平整，具有可研合的特性。利用这一特性可以在一定的尺寸范围内，将不同尺寸的量块组合成所需要的各种尺寸。量块是成套生产的，根据 GB/T 6093—2001 规定，我国成套生产的量块共有 17 种套别，每套的块数为 91、83、46、38 等，见表 3-1。

表 3-1　成套量块的尺寸（摘自 GB/T 6093—2001）

套别	总块数	级 别	尺寸系列 /mm	间隔 /mm	块数
1	91	0，1	0.5	—	1
			1	—	1
			1.001，1.002，…，1.009	0.001	9
			1.01，1.02，…，1.49	0.01	49
			1.5，1.6，…，1.9	0.1	5
			2.0，2.5，…，9.5	0.5	16
			10，20，…，100	10	10
2	83	0，1，2	0.5	—	1
			1	—	1
			1.005	—	1
			1.01，1.02，…，1.49	0.01	49
			1.5，1.6，…，1.9	0.1	5
			2.0，2.5，…，9.5	0.5	16
			10，20，…，100	10	10
3	46	0，1，2	1	—	1
			1.001，1.002，…，1.009	0.001	9
			1.01，1.02，…，1.09	0.01	9
			1.1，1.2，…，1.9	0.1	9
			2，3，…，9	1	8
			10，20，…，100	10	10
4	38	0，1，2	1	—	1
			1.005	—	1
			1.01，1.02，…，1.09	0.01	9
			1.1，1.2，…，1.9	0.1	9
			2，3，…，9	1	8
			10，20，…，100	10	10
…	…	…	…	…	…
17	6	3	201.2，400，581.5，750，901.8，990	—	6

在使用量块时，为了减少量块的组合误差，应尽量减少量块的组合块数，一般不超过 4 块。实际组合时，应从消去所需尺寸的最后尾数开始，每选一个量块，应至少减少所需尺寸的一位尾数。例如，从 83 块一套的量块中组合尺寸 28.785，其组合方法如下：

```
        28.785        所需尺寸
    —    1.005        第一块量块尺寸
        27.78
    —    1.28         第二块量块尺寸
        26.5
    —    6.5          第三块量块尺寸
        20            第四块量块尺寸
```

3.2   计量器具和测量方法

3.2.1   计量器具的分类

计量器具是测量仪器和测量工具的总称。通常把没有传动放大系统的测量工具称为量具，如直角尺、量规和游标卡尺等；把具有传动放大系统的测量仪器称为量仪，如机械比较仪、测长仪和投影仪等。

计量器具按其测量原理、特点和用途分为以下四类。

1. 标准量具

标准量具是指以固定形式复现量值的计量器具，分单值量具（如量块）和多值量具（如线纹尺），通常用来校对和调整其他计量器具，或作为标准量与被测工件进行比较。

2. 通用计量器具

通用计量器具是指能将被测几何量的量值转换成可直接观测的指示值或等效信息的计量器具。其通用性强，可测某一范围内的各种尺寸（或其他几何量），并能得到具体读数，按其工作原理可分为：

(1) 固定刻线量具：具有一定刻线，在一定范围内能直接读出被测量数值的量具，如钢直尺、卷尺等。

(2) 游标类量具：利用游标读数原理制成的一种常用量具，如游标卡尺、游标深度尺和游标量角器等。

(3) 微动螺旋类量具：利用螺旋副测微原理进行测量的一种量具，如外径千分尺、内径千分尺、深度千分尺等。

(4) 机械式量仪：利用机械传动方法实现信息转换的量仪，如百分表、齿轮杠杆比较仪、扭簧比较仪等。

(5) 光学式量仪：利用光学原理制成的量仪，如光学投影仪、测长仪、干涉仪等。

(6) 气动式量仪：利用气动系统的流量或压力的变化，实现信息转换的仪器，如水柱式气动仪、浮标式气动仪等。

(7) 电动式量仪：将原始信号转换为电学参数的量仪，如电感比较仪、电动轮廓仪等。

(8) 光电式量仪：利用光学方法放大或瞄准，通过光电元件再转换成电量进行检测的量仪，如光电显微镜、光栅测长机、光纤传感器等。

(9) 计算机化量仪：在计算机系统控制下实现测量数据的自动采集、处理、显示和打印的机电一体化量仪，如三坐标测量机、数显万能测长仪等。

3. 专用计量器具

专用计量器是指专门用来测量某种特定参数的计量器具，如圆度仪、渐开线检查仪、丝杠检查仪、极限量规等。

4. 检验夹具

检验夹具是指量具、量仪和定位元件等组合的一种专用的检验工具。当配合各种比较仪时，检验夹具能用来检验更多和更复杂的参数。例如，检验滚动轴承用的各种检验夹具可同时测出轴承套圈的尺寸和径向或端面跳动等。

3.2.2　计量器具的基本度量指标

计量器具的度量指标是用来表征计量器具的性能和用途的，也是选择和使用计量器具，研究和判断测量方法正确性的依据。下面以机械式量仪为例介绍一些计量器具的基本度量指标，如图 3-3 所示。

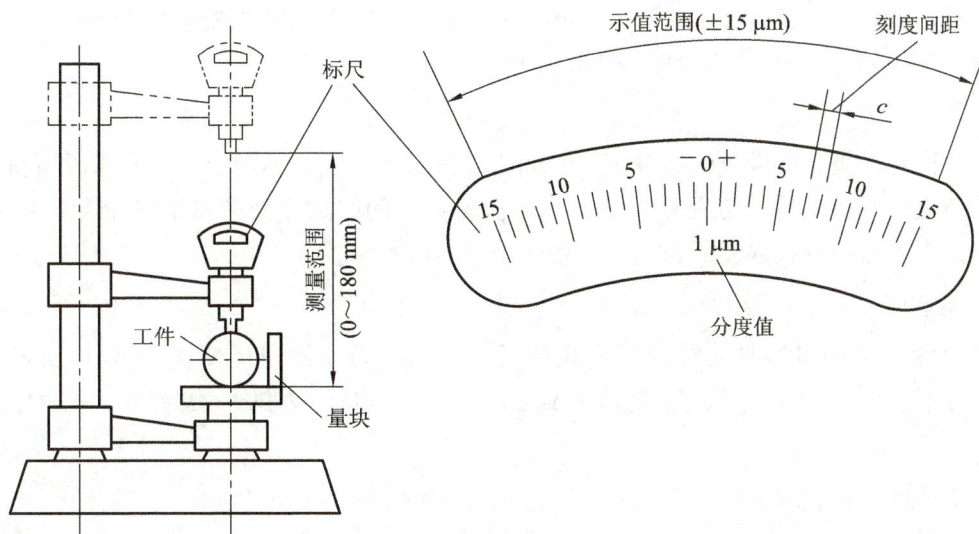

图 3-3　计量器具的度量指标

1. 刻线间距 c

刻线间距是指计量器具的刻度尺（或刻度盘）上相邻两刻线中心线之间的距离。刻线间距以长度单位表示，它与标在刻度尺（或刻度盘）上的单位无关，为了便于人眼观察和读数，刻线间距 c 应大于 0.75 mm，一般为 1 ～ 2.5 mm。

2. 分度值 i

分度值是指计量器具的刻度尺（或刻度盘）上相邻两刻线所代表的量值。分度值是计量器具所能直接读出的最小单位量值，一般长度量仪中的分度值有 0.1 mm、0.01 mm、0.001 mm、0.0005 mm 等。

对于数显式量仪，由于其没有刻度尺，也就没有分度值，但有分辨率。分辨率是指计量器具显示的最末一位数所代表的量值。

3. 示值范围

示值范围是指计量器具所能显示（或指示）的最小值到最大值的范围。图 3-3 所示的示值范围为 $\pm15\ \mu m$。

4. 测量范围

测量范围是指计量器具所能测量的被测量最小值到最大值的范围。图 3-3 所示的测量范围为 0 ～ 180 mm。

5. 示值误差

示值误差是指计量器具显示的数值与被测量的真值之间的代数差。

6. 校正值（修正值）

校正值是指为消除或减少计量器具的系统误差，用代数法加到测量结果上的值。计量器具校正值的大小与示值误差绝对值相等而符号相反。例如，已知某外径百分尺的示值误差为 +0.01 mm，则其校正值为 -0.01 mm，若测量时该百分尺的读数为 20.04 mm，则测量结果应为 20.04 mm + (-0.01 mm) = 20.03 mm。

7. 回程误差

回程误差是指在相同测量条件下，对同一被测量进行往、返两个方向测量时所得的两个测量值之差的绝对值。它是由计量器具中测量系统的间隙、变形和摩擦等因素引起的。测量时，为了减小回程误差的影响，应按一个方向进行测量。

8. 灵敏度 s

灵敏度反映计量器具对被测量变化的反应能力。若被测量的变化为 ΔL，引起计量器具的示值变化为 Δx，则灵敏度 $S = \Delta x/\Delta L$。当 ΔL 和 Δx 为同一类量时，灵敏度又称放大比。

9. 灵敏阈（灵敏限）

灵敏阈是指引起计量器具示值可察觉变化的被测量的最小变化值。它表示计量器具对被测量微小变动的敏感程度。

灵敏度和灵敏阈是两个不同的概念。例如，分度值均为 0.001 mm 的齿轮式千分表与扭簧比较仪，它们的灵敏度基本相同，但后者的灵敏阈比前者高。

10. 稳定度

稳定度是指在规定的工作条件下，计量器具保持其计量特性恒定不变的程度。

11. 测量力

测量力是指在接触式测量过程中，计量器具测头与被测件表面之间的接触压力。测量力太大会引起被测件发生弹性变形，测量力太小则影响接触的可靠性，从而影响测量精度。

12. 不确定度

不确定度是指由于测量误差导致测量结果不能确定的程度。不确定度也是计量器具的重要精度指标，示值误差和不确定度都是表征在规定条件下测量结果不能确定的程度，一般用误差界限来表示不确定度。

3.2.3　测量方法的分类

广义的测量方法是指测量时所采用的测量原理、计量器具和测量条件的综合。在实际工作中，往往单纯从获得测量结果的角度来理解测量方法，并从不同的角度对其进行分类。

1. 按实测量是否为被测量分类

按实测量是否为被测量，测量方法分为直接测量和间接测量。

1）直接测量

直接测量是指用计量器具直接测量被测量的实际数值或相对于标准量的偏差的测量方法。例如，用游标卡尺、外径千分尺测量轴的直径。

2）间接测量

间接测量是指测量与被测量有函数关系的其他量，然后通过函数关系求出被测量的测量方法。例如，采用"弓高弦长法"测量大的圆柱形零件的直径 D，通过测量弦长 S 与弦高 H，可求得半径 D 的数值，如图 3-4 所示，即

$$D = \frac{S^2}{4H} + H \tag{3-2}$$

为减小测量误差，一般都采用直接测量，必要时才采用间接测量。

2. 按计量器具的示值是否为被测量的全值分类

按计量器具的示值是否为被测量的全值，测量方法分为绝对测量和相对测量。

1）绝对测量

绝对测量是指测量时从计量器具上读到的数值直接是被测量的全值的测量方法。例如，用游标卡尺测量轴的直径。

2）相对测量

相对测量是指测量时从计量器具上读到的数值是被测量相对于已知标准量的偏差值，而被测量的全值为该偏差值与已知标准量的代数和的测量方法。

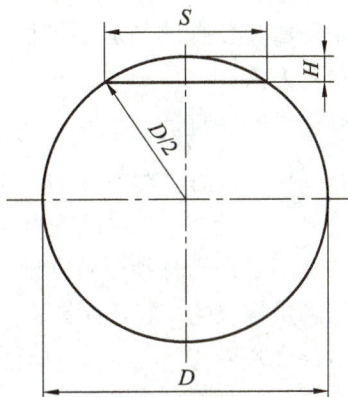

图 3-4　"弓高弦长法"测量圆柱体直径

例如，在比较仪上测量轴的直径，首先用与被测轴径公称尺寸相同的量块（或标准件）将比较仪调零，然后换上被测轴，此时在比较仪指示表上所读出的是被测轴相对于量块（或标准件）的偏差值，该偏差值与量块尺寸的代数和就是被测轴的直径。

一般而言，相对测量易于获得较高的测量精度，尤其是量块的出现，为相对测量提供了有利条件，所以相对测量在生产中得到了广泛应用。

3. 按被测工件表面是否与计量器具的测头有机械接触分类

按被测工件表面是否与计量器具的测头有机械接触，测量方法分为接触测量和非接触测量。

1) 接触测量

接触测量是指测量时计量器具的测头与被测工件表面直接接触，并有机械作用的测量力的测量方法。例如，用千分尺、游标卡尺测量轴径。

2) 非接触测量

非接触测量是指测量时计量器具的测头与被测工件表面不接触，没有机械作用的测量力的测量方法。该方法利用光、电、磁、气等物理量使敏感元件与被测工件表面发生联系。例如，用光切显微镜测量表面粗糙度。

接触测量由于存在测量力，可能会引起被测工件表面和计量器具有关部位产生弹性变形，从而影响测量精度，而非接触测量无此影响。

4. 按测量结果对工艺过程所起的作用分类

按测量结果对工艺过程所起的作用，测量方法分为主动测量和被动测量。

1) 主动测量

主动测量是指在加工过程中对零件进行测量的测量方法。其测量结果直接用来控制零件的加工过程，决定是否需要继续加工或判断工艺过程是否正常、是否需要进行调整，故能及时防止废品的产生，所以主动测量也称为积极测量。

2) 被动测量

被动测量是指对完工零件进行测量的测量方法。其测量结果只能用来判断零件是否合格，仅限于发现并剔除废品，所以被动测量也称为消极测量。

主动测量使检测与加工过程紧密结合，以保证产品的质量；被动测量是验收产品时的一种检测方法。

5. 按零件上同时被测参数的多少分类

按零件上同时被测参数的多少，测量方法分为单项测量和综合测量。

1) 单项测量

单项测量是指分别而独立地测量零件的各个几何参数的测量方法。例如，用工具显微镜分别测量螺纹的中径、螺距和牙侧角等。

2) 综合测量

综合测量是指同时测量零件的几个相关参数的综合效果的测量方法。例如，用螺纹量规检验螺纹作用中径的合格性。

6. 按被测工件在测量时所处的状态分类

按被测工件在测量时所处的状态，测量方法分为静态测量和动态测量。

1) 静态测量

静态测量是指测量时计量器具的测头与被测工件表面处于相对静止状态的测量方法。例如，用游标卡尺测量轴径。

2) 动态测量

动态测量是指测量时计量器具的测头与被测工件表面处于相对运动状态的测量方法。例如，用电动轮廓仪测量表面粗糙度。

动态测量能反映生产过程中被测参数的变化过程，经常用于测量零件的运动精度参数，是测量技术的发展方向之一，能较大地提高测量效率并保证测量精度。

7. 按决定测量结果的全部因素或条件是否改变分类

按决定测量结果的全部因素或条件是否改变，测量方法分为等精度测量和不等精度测量。

1) 等精度测量

等精度测量是指测量过程中，影响测量精度的各因素或条件都不发生改变的测量方法。例如，在相同条件下，由同一人员使用同一计量器具，采用同一种测量方法，对同一被测量进行次数相等的重复测量，因而可以认为每一测量结果的可靠性和精确程度都是相同的。

2) 不等精度测量

不等精度测量是指测量过程中，影响测量精度的各因素或条件全部或部分发生改变的测量方法。例如，在不同的条件下，由不同的人员使用不同的计量器具，采用不同的测量方法，对同一被测量进行不同次数的测量，显然，其测量结果的可靠性和精确程度各不相同。

一般情况下，为了简化测量结果的处理，大多采用等精度测量，实际上绝对的等精度测量是做不到的。而不等精度测量的数据处理比较烦琐，一般重要的科研实验中的高精度参数采用不等精度测量。

以上测量方法的分类是从不同角度出发的。对于一个具体的测量过程，可能同时兼具有几种测量方法的特征。测量方法的选择应综合考虑被测工件的结构特点、精度要求、技术条件、生产批量和经济效果等。

3.3　测量误差和数据处理

3.3.1　测量误差的基本概念

对于任何测量过程来说，由于计量器具和测量条件的限制或其他因素的影响，不可避免地会出现或大或小的测量误差。因此，每一个实际测得值往往只是在一定程度上近似被测几何量的真值，这种近似程度在数值上则表现为测量误差。

测量误差可用绝对误差和相对误差来表示。

1. 绝对误差

绝对误差是指测量结果（测得值）与被测量的真值的代数差，即

$$\delta = x - x_0 \tag{3-3}$$

式中，δ 为绝对误差，x 为测得值，x_0 为被测量的真值。

在实际测量过程中，由于被测量的真值无法确定，因此实际上用约定真值（比测得值更接近真值的量值，如多次测量结果的算术平均值、高精度量块的量值等）来代表真值。例如，用分度值为 0.02 mm 的游标卡尺测量某零件得到的结果为 40.04 mm，而用高精度测量仪测量该零件得到的结果为 40.025 mm（约定真值），则该游标卡尺测量的绝对误差为 40.04 mm − 40.025 mm = +0.015 mm。

由于 x 可大于或小于 x_0，因此 δ 可能是正值或负值，即

$$x_0 = x \pm |\delta| \tag{3-4}$$

$|\delta|$ 的大小反映了测得值与真值的偏离程度，决定了测量的精确度。对公称尺寸相同的几何量进行测量时，$|\delta|$ 越小，测量精度越高，反之测量精度越低。

2. 相对误差

相对误差是指测量的绝对误差的绝对值与被测量的真值的比值，即

$$\varepsilon = \frac{|x - x_0|}{x_0} \times 100\% = \frac{|\delta|}{x_0} \times 100\% \tag{3-5}$$

式中，ε 为相对误差。

若以相对误差表示上述绝对误差的实例，则有 $\varepsilon = \dfrac{0.015\text{ mm}}{40.025\text{ mm}} \times 100\% = 0.04\%$。

相对误差和绝对误差都可以用来判断计量器具的精确度。当被测工件的公称尺寸相同或近似时，通常用绝对误差来判断测量精度的高低；当被测工件的公称尺寸相差很大时，通常用相对误差来判断测量精度的高低。因此，测量误差是评定计量器具和测量方法在测量精确度方面的定量指标。

3.3.2　测量误差的来源

在几何量的测量过程中，引起测量误差的因素很多，为提高测量精度，需要分析测量误差产生的原因，计算各误差因素对测量结果的影响程度，并设法消除或减小其对测量结果的影响。测量误差的来源主要有以下几个方面。

1. 计量器具误差

计量器具误差是指计量器具本身的设计、制造和装配调整不准确而产生的误差，分为设计原理误差、制造误差和装配调整误差。这些误差的总和表现在计量器具的示值误差和示值稳定性上。例如，计量器具读数装置中刻线尺、刻度盘等的刻线误差和装配时的偏斜

或偏心引起的误差，计量器具传动装置中杠杆、齿轮副的制造以及装配误差等，都属于计量器具的制造和装配调整误差。又如在设计计量器具时，为了简化结构，采用近似设计的机构来实现理论要求的运动所产生的误差，属于设计原理误差。

计量器具常见的一种误差是阿贝误差，即由于违背阿贝原则而引起的测量误差。阿贝原则是指在设计计量器具或测量零件时，应该将被测长度与计量器具的基准长度安置在同一条直线上，否则会产生较大的测量误差。例如，图 3-5 中用游标卡尺测量轴径就不符合阿贝原则，用于读数的刻线尺上的基准长度和被测工件直径不在一条直线上，由于游标框架与主尺之间存在间隙，可能使内、外爪倾斜，由此产生的测量误差为 $\delta = L' - L$。

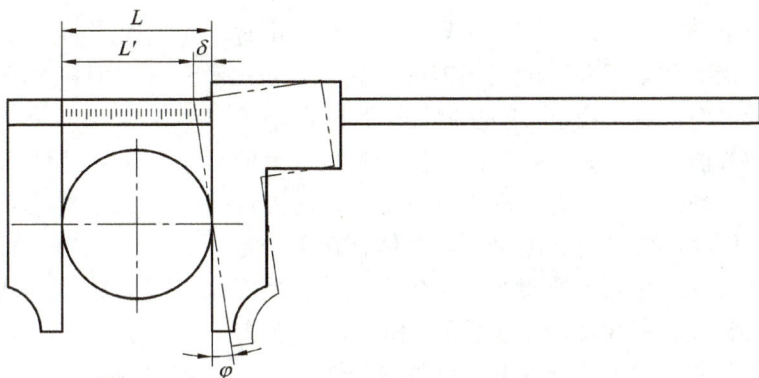

图 3-5　游标卡尺测轴径

另外，计量器具在使用过程中产生的变形、滑动表面的磨损等，也会引起测量误差。相对测量时使用的标准量，如量块的误差，也是测量误差的来源。

2. 测量方法误差

测量方法误差是指由于测量方法不正确或不完善（包括计算公式不准确、测量方法不当、测量基准不统一、工件安装不合理等）而引起的误差。例如，对同一被测几何量分别用直接测量法和间接测量法测量会产生不同的测量方法误差。又如，先测出圆的直径 d，然后按 $s = \pi d$ 计算圆周长 s，由于 π 取近似值，因此计算结果中会产生测量方法误差。

3. 测量环境误差

测量环境误差是指测量时的环境条件不符合标准条件所引起的误差。例如，温度、湿度、气压、照明灯不符合标准以及计量器具上有灰尘、振动等引起的误差。其中温度是主要的，其余因素仅在精密测量时才考虑，我国规定测量时的标准温度为 20℃。

4. 测量人员误差

测量人员误差是指测量人员的主观因素（如技术熟练程度、分辨能力、工作疲劳度、测量习惯、思想情绪等）引起的误差。例如，计量器具调整不正确、瞄准不准确、估读等引起的测量误差。

3.3.3　测量误差的分类和特性

测量误差的来源是多方面的。根据误差的性质、特点和出现的规律，可以将误差分为三大类：系统误差、随机误差和粗大误差。

1. 系统误差

系统误差是指在同一条件下，多次测量同一几何量时，误差的绝对值和符号均不变或按一定规律变化的测量误差。前者称为定值系统误差，例如千分尺的零位不正确引起的误差；后者称为变值系统误差，例如分度盘偏心所引起的按正弦规律周期变化的测量误差。

从理论上讲，系统误差具有规律性，较易于发现和消除，但实际上有些系统误差变化规律很复杂，因此就难以发现和消除。

2. 随机误差（偶然误差）

随机误差是指在同一条件下，多次测量同一几何量时，测量误差的绝对值和符号以不可预知的方式变化的测量误差。随机误差的产生主要是由测量过程中各种随机因素（如温度的波动、测量力不稳定、观察者的视差等）引起的。

随机误差的数值通常不大，虽然某一次的随机误差的绝对值和符号不能预知，但进行多次重复测量后，对测量结果进行统计、计算，就可看出随机误差总体存在着一定的规律性。实践表明，在大多数情况下，随机误差服从正态分布规律。正态分布曲线如图 3-6 所示（横坐标表示 δ，纵坐标表示概率密度 y），它具有以下 4 个基本特性。

(1) 对称性：绝对值相等、符号相反的随机误差出现的概率相等。

(2) 单峰性：随机误差的绝对值越小，出现的概率越大，反之则越小。

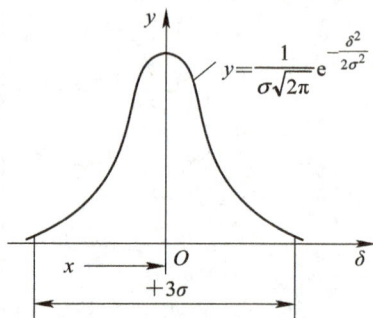

图 3-6　正态分布曲线

(3) 有界性：在一定的测量条件下，随机误差的绝对值不会超过一定的界限。

(4) 抵偿性：随着测量次数的增加，各随机误差的算术平均值趋于零。该特性由对称性推导而来，是对称性的必然反映。

正态分布曲线的数学表达式为

$$y = \frac{1}{\sigma\sqrt{2\pi}} e^{-\frac{\delta^2}{2\sigma^2}} \tag{3-6}$$

式中：y 为概率密度；σ 为标准偏差；δ 为随机误差；e 为自然对数的底，e = 2.718 28。

由式 (3-6) 可知，概率密度与随机误差和标准偏差有关。当 $\delta = 0$ 时，概率密度最大，$y_{max} = \dfrac{1}{\sigma\sqrt{2\pi}}$，且不同的标准偏差对应不同形状的正态分布曲线。如图 3-7 所示，若 3 条正态分布曲线 $\sigma_1 < \sigma_2 < \sigma_3$，则 $y_{1max} > y_{2max} > y_{3max}$。由此表明，标准偏差 σ 越小，曲线越陡，随机误差

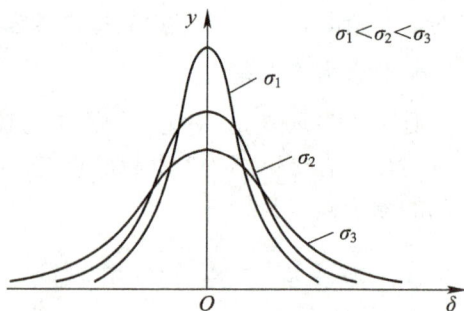

图 3-7　3 种不同 σ 的正态分布曲线

分布也就越集中，测量的精度就越高；反之，标准偏差 σ 越大，曲线越平坦，随机误差的分布就越分散，测量精度就越低。标准偏差 σ 表征了随机误差的分散程度，可作为随机误差评定的一项精度指标。

由概率论可知，随机误差正态分布曲线下所包含的面积等于其相应区间确定的概率，如果误差落在 $(-\infty, +\infty)$ 之内，则其概率为

$$P = \int_{-\infty}^{+\infty} y\,\mathrm{d}\delta = \int_{-\infty}^{+\infty} \frac{1}{\sigma\sqrt{2\pi}} \mathrm{e}^{-\frac{\delta^2}{2\sigma^2}}\,\mathrm{d}\delta = 1 \tag{3-7}$$

理论上，随机误差的分布范围应在正、负无穷大之间，但在生产实践中这是不切实际的。一般随机误差主要分布在 $\delta = \pm 3\sigma$ 范围之内，因为 $P = \int_{-3\sigma}^{+3\sigma} y\,\mathrm{d}\delta = 0.9973 = 99.73\%$，说明 δ 落在 $\pm 3\sigma$ 范围内出现的概率为 99.73%，超出 $\pm 3\sigma$ 之外的概率仅为 $1 - 0.9973 = 0.0027 = 0.27\%$，属于小概率事件，也就是说随机误差分布在 $\pm 3\sigma$ 之外的可能性很小，几乎不可能出现。因此，可取 $\delta_{\mathrm{lim}} = \pm 3\sigma$ 作为单次测量随机误差的极限值。

3. 粗大误差（过失误差）

粗大误差是指由于操作方法不正确、测量人员主观因素等引起的明显歪曲测量结果的误差或大大超出规定条件下预期的测量误差。例如，计量器具操作不正确、读错数值、记录错误、计算错误等。一般情况下，粗大误差的数值比较大，使测量结果明显歪曲，因此当出现粗大误差时应及时发现，并从测量数据中剔除。

3.3.4 测量精度的分类

测量精度是指被测几何量的测得值与其真值的接近程度。它和测量误差是相对的概念。测量误差越大，测量精度越低；反之，测量误差越小，测量精度越高。为了反映系统误差和随机误差对测量结果的不同影响，测量精度可分为以下 3 种。

1. 正确度

正确度反映测量结果中系统误差的影响程度。它是评定系统误差的精度指标，系统误差越小，正确度就越高。

2. 精密度

精密度反映测量结果中随机误差的影响程度。它是指在一定条件下多次重复测量所得的测得值之间相互接近的程度，表征测量结果的随机分散性，通常用测量结果的标准偏差 σ 来表示，是评定随机误差的精度指标。随机误差越小，则标准偏差 σ 越小，精密度就越高。

3. 准确度（精确度）

准确度反映测量结果中随机误差和系统误差综合的影响程度，表征测量结果与真值的一致程度。

一般来说，随机误差和系统误差是没有必然联系的，所以，测量的精密度高而正确度

不一定高，反之亦然；但精确度高时，精密度和正确度都高。如图 3-8 所示，以射击打靶为例，图 (a) 表示随机误差小而系统误差大，即打靶的精密度高而正确度低；图 (b) 表示系统误差小而随机误差大，即打靶的正确度高而精密度低；图 (c) 表示随机误差和系统误差都小，即打靶的准确度高。

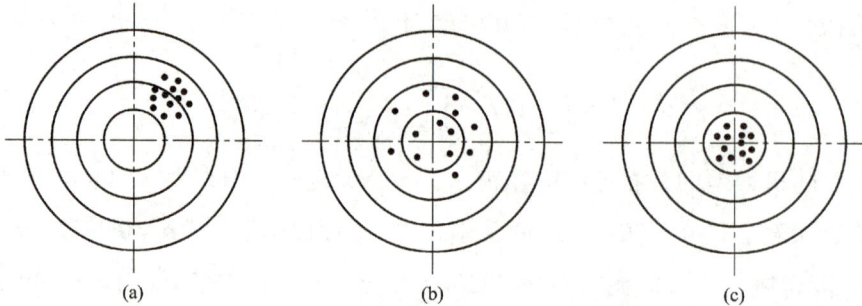

图 3-8   精密度、正确度和准确度

3.3.5   测量误差的数据处理

在相同的测量条件下，对同一被测几何量进行 n 次重复测量获得测量列 l_1, l_2, l_3, $\cdots$, l_n。在这个测量列中可能存在系统误差、随机误差和粗大误差。因此，为获得可靠的测量结果，必须对这些误差进行处理。

1. 随机误差的处理

随机误差的出现是不可避免和无法消除的。为了减小其对测量结果的影响，可以用概率和数理统计的方法对测量列数据进行处理进而评估和评定测量结果，其处理步骤如下：

(1) 计算测量列的算术平均值。

测量列的算术平均值表示为

$$\bar{x} = \frac{1}{n} \sum_{i=1}^{n} x_i \tag{3-8}$$

由概率论中的大数定律可知，当测量列中没有系统误差时，若测量次数无限增加，则测量列的算术平均值必然等于其真值。但实际上因测量次数有限，算术平均值不会等于真值，而只能近似地作为真值。

(2) 计算残余误差。

残余误差是指用算术平均值代替真值后计算的误差，简称残差，即

$$\upsilon_i = x_i - \bar{x} \tag{3-9}$$

(3) 计算测量列中任一测得值的标准偏差。

由于随机误差 δ_i 是未知量，而标准偏差 σ 无法准确计算，所以必须用一定的方法估算标准偏差。标准偏差估算的方法很多，常用贝塞尔 (Bessel) 公式进行估算，即

$$\sigma = \sqrt{\frac{\sum_{i=1}^{n} \upsilon_i^2}{n-1}} \tag{3-10}$$

由上式计算标准偏差后，便可确定任一测得值的测量结果，即

$$x_e = x_i \pm 3\sigma \qquad (3\text{-}11)$$

(4) 计算测量列算术平均值的标准偏差。

为了减小随机误差的影响，可以采用多次测量并取算术平均值作为测量结果。显然，算术平均值 $\bar{x}$ 比单次测量 x_i 更加接近被测量真值 x_0，但 $\bar{x}$ 也具有分散性，不过它的分散程度小，其估计值为

$$\sigma_{\bar{x}} = \frac{\sigma}{\sqrt{n}} \qquad (3\text{-}12)$$

(5) 确定测量结果。

多次测量结果可表示为

$$x_0 = \bar{x} \pm 3\sigma_{\bar{x}} \qquad (3\text{-}13)$$

2. 系统误差的处理

在实际测量中，系统误差的数值往往比较大，其对测量结果的影响往往是不容忽视的，而这种影响并非无规律可循，因此揭示系统误差出现的规律性，并消除或减小其对测量结果的影响，是提高测量精度的有效措施。

1) 系统误差的发现

发现系统误差必须针对具体测量过程和计量器具进行全面而仔细的分析。但这是一件困难而又复杂的工作，目前还没有能够适用于发现各种系统误差的普遍方法。下面针对定值系统误差和变值系统误差介绍两种发现系统误差的常用方法。

(1) 实验对比法。

实验对比法是指改变测量条件，进行不等精度测量的方法。这种方法适用于发现定值系统误差。例如，量块按标称尺寸使用时，在被测几何量的测量结果中存在由于量块的尺寸偏差而产生的大小和符号均不变的定值系统误差，重复测量也不能发现这一误差，此时，可用另一块高一级精度的量块进行对比测量来发现系统误差，或用更高精度仪器对量块的实际尺寸进行鉴定来发现系统误差。

(2) 残差观察法。

残差观察法是指根据测量列的各个残差大小和符号的变化规律，直接由残差数据或残差曲线图形来判断有无系统误差的方法。这种方法主要适用于发现大小和符号按一定规律变化的变值系统误差。如图 3-9 所示，根据测量先后次序，将测量列的残差作图，观察残差的变化规律，若残差大体上正、负相间，没有显著变化，则说明不存在变值系统误差，如图 (a) 所示；若各残差按近似的线性规律递增或递减，则可判断存在线性系统误差，如图 (b) 所示；若各残差的大小和符号有规律的周期性变化，则可判断存在周期性系统误差，如图 (c) 所示。

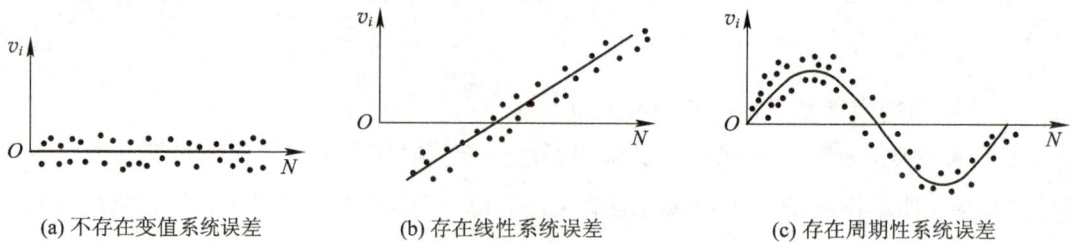

(a) 不存在变值系统误差   (b) 存在线性系统误差   (c) 存在周期性系统误差

图 3-9   系统误差的发现

2) 系统误差的消除

下面主要介绍几种消除系统误差的方法。

(1) 根除法。

根除法是指从产生误差的根源上消除误差，这是消除系统误差的最根本方法。例如，为了防止测量过程中仪器示值零位的变动，在测量开始和结束时都需检查仪器示值零位；正确选择测量基准，使测量基准和加工基准一致；保证被测工件和计量器具都处于标准温度条件等。

(2) 修正法。

修正法是指预先将计量器具的系统误差检定或者计算出来，然后取与系统误差绝对值相同而符号相反的值作为修正值，将测得值加上修正值，即可得到不包含系统误差的测量结果的方法。例如，一把 0 ~ 25 mm 的千分尺两测量面合拢时读数不对准零位，而是对准 +0.005 mm，用此千分尺测量零件时，可在每个测得值上加修正值 −0.005 mm 作为最后的测量结果。

(3) 抵消法。

抵消法是指在对称位置分别测量一次，以使这两次测量时出现的系统误差绝对值相等、符号相反，再取两次测得值的平均值作为测量结果的方法。例如，在工具显微镜上测量螺纹的螺距，如果零件安装后其轴线与仪器工作台移动方向不平行，则一侧螺距的测得值会大于其真值，而另一侧螺距的测得值会小于其真值，此时可取两侧螺距测得值的平均值作为最终的测量结果。

系统误差的消除除了以上几种方法外，还有对称法和半周期法等。消除和减小系统误差的关键是找出产生误差的根源和发现误差的规律。实际上，系统误差不可完全被消除，一般来说，系统误差若能减小到使其对测量结果的影响相当于随机误差对测量结果的影响，则可认为系统误差已被消除。

3. 粗大误差的处理

粗大误差的数值比较大，会明显歪曲测量结果，在测量中应尽可能避免。如果粗大误差已经产生，则应按一定准则加以判断和剔除，常用的准则有拉依达准则等。

拉依达准则又称 3σ 准则，主要用于判断服从正态分布规律的随机误差。从随机误差的特性可知，测量误差越大，出现误差的概率越小，误差的绝对值超过 3σ 的概率仅为

0.27%，故认为该误差是不可能出现的。因此，凡绝对值大于 3σ 的残差，即

$$|\upsilon_i|>3\sigma \tag{3-14}$$

则判断该残差所对应的测得值含有粗大误差，在误差处理时应予以剔除。

4. 数据处理

测量列的测得值中可能同时含有系统误差、随机误差和粗大误差，或者只含有其中某一类或某两类误差，因此应对各类误差分别处理，最后再综合分析，从而得出正确的测量结果。数据处理步骤如下：

(1) 判断测量列中是否存在定值系统误差，若存在，则应设法消除或减小。

(2) 计算测量列的算术平均值。

(3) 计算测量列的残余误差。

(4) 判断测量列中是否存在变值系统误差，若存在，则应设法消除或减小。

(5) 计算测量列中任一测得值的标准偏差。

(6) 判断测量列中是否存在粗大误差，若存在，则应剔除并重新组成测量列，重复上述步骤，直至无粗大误差为止。

(7) 计算测量列算术平均值的标准偏差。

(8) 确定测量结果。

例 3.1　用立式光学比较仪对同一被测量进行 10 次等精度测量，测量顺序和相应的测得值见表 3-2，试求测量结果。

表 3-2　数据处理计算表

序号	测得值 x_i/ mm	残差 υ/μm	残差的平方 υ_i^2 /μm^2
1	29.955	−2	4
2	29.958	+1	1
3	29.957	0	0
4	29.958	+1	1
5	29.956	−1	1
6	29.957	0	0
7	29.958	+1	1
8	29.955	−2	4
9	29.957	0	0
10	29.959	+2	4

解　(1) 判断定值系统误差。

根据发现定值系统误差的有关方法判断，表 3-2 所示测量列中无定值系统误差。

(2) 计算测量列的算术平均值：

$$\bar{x} = \frac{1}{n}\sum_{i=1}^{n}x_i = \frac{1}{10}\sum_{i=1}^{10}x_i = 29.975 \text{ mm}$$

(3) 计算测量列的残差：

$$\upsilon_i = x_i - \bar{x}$$

各残差值见表 3-2。

(4) 判断变值系统误差。

按照残差观察法，测量列中的残余误差大体正负相间，无明显变化规律，所以不存在变值系统误差。

(5) 计算测量列中任一测得值的标准偏差：

$$\sigma = \sqrt{\frac{\sum_{i=1}^{n}\upsilon_i^2}{n-1}} = \sqrt{\frac{16}{10-1}}\mu m \approx 1.3\mu m$$

(6) 判断粗大误差。

表 3-2 中残余误差的最大绝对值为

$$|\upsilon|_{max} = 2\,\mu m < 3\sigma = 3\times1.3\,\mu m = 3.9\,\mu m$$

所以测量列中不存在粗大误差。

(7) 计算测量列算术平均值的标准偏差：

$$\sigma_{\bar{x}} = \frac{\sigma}{\sqrt{n}} = \frac{1.3\,\mu m}{\sqrt{10}} \approx 0.41\,\mu m$$

(8) 确定测量结果：

$$x_0 = \bar{x} \pm 3\sigma_{\bar{x}} = (29.957 \pm 0.00123) \text{ mm}$$

知识拓展：三坐标测量机简介

三坐标测量机（简称为 CMM），具备高精度、高效率和多功能的特点，可实现对工件的尺寸公差和几何公差的精密检测，是测量和获得尺寸数据的有效测量仪器。它可以代替多种表面测量工具及昂贵的组合量规，在机械、电子、仪表、塑胶等行业中得到了广泛应用。

三坐标测量机（如图 3-10 所示），主要由主机机械系统（x、y、z 三轴或多轴）、测头系统、电气控制硬件系统和数据处理软件系统组成，三坐标测量机可将实物转变为 CAD 模型以及几何模型，在逆向工程领域具有优势。

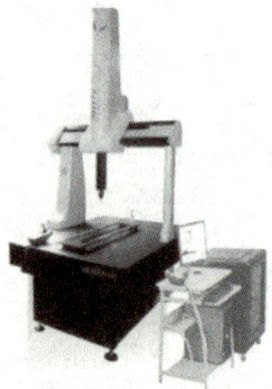

图 3-10　三坐标测量机

习　　题

一、填空题

1. 一个完整的测量过程应包括_____、_____、_____和_____4 个基本要素。

2. 量块按"级"使用时，以_____作为工作尺寸，该尺寸包含量块的_____；量块按"等"使用时，以_____作为工作尺寸，该尺寸不包含_____，故量块按"等"使用比按"级"使用精度_____。

3. 计量器具的刻度尺或刻度盘上相邻两刻线中心线之间的距离称为_____，计量器具的刻度尺或刻度盘上相邻两刻线所代表的量值称为_____。

4. 按测量中测量因素是否变化，测量方法分为_____和_____。

5. 用立式光学比较仪测量圆柱工件的直径，用中心长度为 30 mm 的量块调整量仪标尺示值零位，该标尺每格的分度值为 1 μm。测量时指针指在标尺的"−10 格"位置上，则该圆柱形工件的实际尺寸为_____mm，这种测量方法属于_____。

6. 设测量列中某单次测量值的测量结果表示为 (20.033±0.012) mm，则该测量列单次测量值的标准偏差 σ 的数值是_____mm。

二、选择题

1. 量块一个测量面上的任一点到另一测量面向研合的平晶平面的垂直距离称为（　　）。
A. 量块长度　　　　　　　　B. 量块标称长度
C. 量块中心长度　　　　　　D. 量块长度偏差

2. 用立式光学比较仪测量轴的直径，属于（　　）。
A. 间接测量　　　　　　　　B. 绝对测量
C. 相对测量　　　　　　　　D. 主动测量

3. 由于测量器具零位不准而出现的误差属于（　　）。
A. 随机误差　　　　　　　　B. 系统误差
C. 粗大误差　　　　　　　　D. 相对误差

4. 以下表述正确的是（　　）。
A. 无论哪种系统误差都可以从测量系列值中被发现
B. 准确度是系统误差和随机误差的综合反映
C. 精密度反映系统误差的影响
D. 正确度反映随机误差的影响

5. 在一定的测量条件下，对某一被测几何量的量值连续多次重复测量，所得的测得值之间相互接近的程度，称为 (   )。

A. 准确度   B. 正确度

C. 精确度   D. 精密度

6. 对某尺寸进行 9 次等精度测量，设粗大误差已剔除，也没有系统误差，9 次测得值的算术平均值为 50.006 mm，测量列单次测量的标准偏差为 0.003 mm，则测得结果是 (   ) mm。

A. 50.006±0.009   B. 50.006±0.001

C. 50.006±0.006   D. 50.006±0.003

三、简答题

1. 试说明下列术语的区别：

(1) 示值范围和测量范围；

(2) 直接测量和间接测量；

(3) 绝对测量和相对测量。

2. 测量误差按性质分为哪几类？

3. 如何表示单次测量的测量结果？

4. 如何判断测量列中是否含有粗大误差？

5. 定值系统误差的特征和消除方法是什么？

四、综合题

1. 试从一套量块 (含 83 块) 中组合下列尺寸：29.875 mm、56.790 mm 和 40.79 mm。

2. 仪器读数在 40 mm 处的示值误差为 +0.002 mm，当用它测工件时，仪器读数正好是 40 mm，则工件的实际尺寸是多少？

3. 用标称长度为 10 mm 的量块对百分表调零，用此百分表测量工件，读数为 +2 μm。若经检定，量块的实际尺寸为 9.995 mm，则被测工件的实际尺寸是多少？

4. 用两种方法分别测量两个尺寸，它们的真值分别为 20.002 mm 和 49.996 mm，若测得值分别为 20.004 mm 和 49.997 mm，试评定哪一种测量方法精度高。

5. 用某一测量方法进行了 4 次等精度测量，其测得值为 20.001 mm、20.002 mm、20.000 mm、19.999 mm。若已知任一测得值的标准偏差为 0.6 μm，求测量结果。

6. 用机械式光比较仪对轴某一部位的直径进行 10 次等精度测量，各测得值为 30.049 mm、30.040 mm、30.040 mm、30.046 mm、30.050 mm、30.051 mm、30.043 mm、30.052 mm、30.040 mm、30.049 mm，确定测量结果。

第4章 几何公差

学习目标

(1) 了解几何公差和几何要素的基本概念；
(2) 了解典型几何公差带的定义和特征；
(3) 掌握几何公差的识读和标注，掌握公差原则有关术语的定义、含义及应用；
(4) 了解几何公差的选用；
(5) 了解几何误差的评定及检测原则和检测方法。

课程思政

大国工匠刘湘宾将精度做到极致。陀螺仪是一种能够测量相对惯性空间角速度和角位移的装置，石英半球谐振子是世界上最先进的精密陀螺仪之一。石英玻璃易崩易裂，零件加工精度要求又高，将既硬又脆的石英玻璃加工成薄壁半球壳形极其困难。刘湘宾面对这一国际难题，他没有退缩，查资料、访同行、绘图、建模、自制特种工装夹具及刀具，做了无数次实验，最终攻克了这一难题。刘湘宾数控团队加工的石英半球谐振子，其几何公差精度小于 3 μm，这相当于头发丝直径的 1/21。他常说"做航天，尤其是精密仪器的，产品要百分之百没问题，东西是要上天的，容不得半点儿大意"。那么作为新一代的青年更要严格要求自己，做产品要做到"没有 99.9% 的产品，只有 100% 的产品"。

学习导航

零件在加工过程中，由于机床—夹具—刀具—工件所构成的工艺系统本身存在各种误差，以及受热变形、力变形、振动、刀具磨损等因素的影响，被加工零件的几何要素不可避免地产生误差。误差的表现形式有尺寸误差、几何误差和表面粗糙度等。

几何误差包括形状误差、方向误差、位置误差和跳动误差。它在很大程度上影响着零件的质量和互换性，是衡量产品质量的重要指标。例如：光滑工件的间隙配合中，形状误差使间隙分布不均匀，加速局部磨损，导致零件的工作寿命降低；在过盈配合中则造成各处过盈量不一致而影响连接强度。对于在精密、高速、重载或在高温、高压条件下工作的仪器或机器，几何误差的影响更为突出。因此，为保证零件的互换性和使用要求，有必要对零件规定几何公差，用以限制几何误差。

4.1　概　述

4.1.1　几何公差的研究对象——几何要素

几何公差的研究对象是构成零件几何特征的点、线、面。这些点、线、面统称为几何要素，简称要素。图 4-1 所示的零件就是由球面、圆锥面、端平面、圆柱面、球心、轴线等多种几何要素组成的。研究几何公差就是研究零件的几何要素本身的形状精度及相关要素之间相互的方向和位置的精度问题。

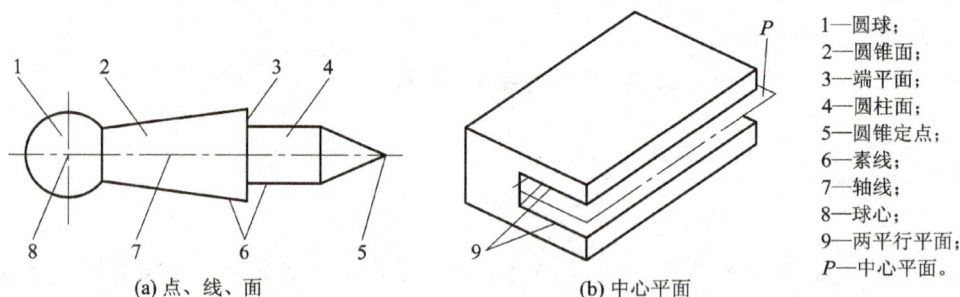

1—圆球；
2—圆锥面；
3—端平面；
4—圆柱面；
5—圆锥定点；
6—素线；
7—轴线；
8—球心；
9—两平行平面；
P—中心平面。

(a) 点、线、面　　　　(b) 中心平面

图 4-1　零件几何要素

为了研究几何公差和几何误差，有必要从不同角度对几何要素进行分类。

1. 按结构特征分

按结构特征分，几何要素分为组成要素和导出要素。

1) 组成要素

组成要素是指构成零件内外表面的几何要素。其特点是人们能直观感觉到，图 4-1 中的球面、圆锥面、端平面、素线和顶尖点等属于组成要素。现行国标将"轮廓要素"改成"组成要素"。

2) 导出要素

导出要素是指由一个或几个组成要素得到的中心点、中心线或中心面。其特点是人们不能直接感觉到，而是通过相应的组成要素才能体现出来，图 4-1 中的球心、轴线等属于导出要素。现行国标将"中心要素"改为"导出要素"。

2. 按存在状态分

按存在状态分，几何要素分为理想要素和实际要素。

1) 理想要素

理想要素是指具有几何学意义的要素，即几何的点、线、面。他们不存在任何误差，是绝对正确的几何要素。理想要素是评定实际要素几何误差的依据，在实际生产中是不可能得到的。

2) 实际要素

实际要素是指加工后零件上实际存在的要素。由于零件在加工时不可避免地存在加工误差，所以实际要素总是偏离其理想要素，即实际要素是具有几何误差的要素。在测量和评定几何误差时，通常以提取要素代替实际要素。

3. 按检测关系分

按检测关系分，几何要素分为被测要素和基准要素。

1) 被测要素

被测要素是指图样上给出了几何公差要求的要素，是研究和测量的对象。如图 4-2 中 ϕd_1 圆柱面和台阶面、ϕd_2 圆柱的中心线属于被测要素。

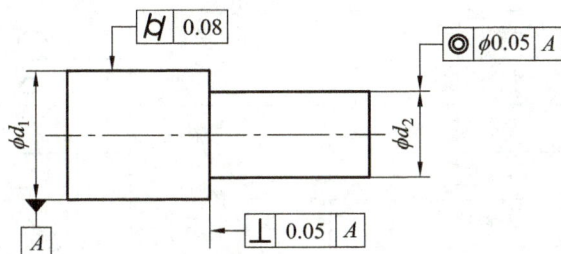

图 4-2　零件几何要素

2) 基准要素

基准要素是指图样上规定用来确定被测要素的方向和 (或) 位置关系的要素。基准要素在图样上都标有基准符号，图 4-2 中，标有基准符号的 ϕd_1 圆柱的中心线用来确定 ϕd_1 圆柱台阶面的方向和 ϕd_2 圆柱中心线的位置，属于基准要素。

4. 按功能关系分

按功能关系分，几何要素分为单一要素和关联要素。

1) 单一要素

单一要素是指仅对被测要素本身提出几何公差要求的要素，它与零件上其他要素没有功能关系。所谓功能关系，是指要素间具有某种确定的方向和 (或) 位置关系，如图 4-2 中 ϕd_1 圆柱面提出的圆柱度公差要求，与零件上其他要素无相对方向和位置要求，属于单一要素。

2) 关联要素

关联要素是指与零件上其他要素有功能关系的要素。图 4-2 中，ϕd_2 圆柱中心线相对于 ϕd_1 圆柱中心线有同轴度的功能要求，则 ϕd_2 是关联要素；同理，ϕd_1 圆柱台阶面对 ϕd_1 圆柱中心线有垂直度的功能要求，故 ϕd_1 圆柱台阶面也是关联要素。

4.1.2　几何公差的特征项目和符号

根据 GB/T 1182—2018《产品几何技术规范 (GPS) 几何公差 形状、方向、位置和跳动公差标注》的规定，几何公差分为形状公差、方向公差、位置公差和跳动公差四大类，共有 19 种特征项目，14 种特征符号。其中，形状公差特征项目有 6 种，它们是对单一要素提出的公差要求，因此不涉及基准；方向公差特征项目有 5 种，位置公差特征项目有 6 种，跳动公差特征项目有 2 种，它们都是对关联要素提出公差要求，因此在绝大多数情况下都有基准。几何公差特征项目和符号见表 4-1。

表 4-1   几何公差特征项目符号

公差类别	几何特征项目	被测要素	符号	有无基准
形状公差	直线度	单一要素	—	无
	平面度		▱	
	圆度		○	
	圆柱度		⌭	
	线轮廓度		⌒	
	面轮廓度		⌓	
方向公差	平行度	关联要素	//	有
	垂直度		⊥	
	倾斜度		∠	
	线轮廓度		⌒	
	面轮廓度		⌓	
位置公差	位置度	关联要素	⊕	有或无
	同心度(用于中心点)		◎	有
	同轴度(用于轴线)		◎	
	对称度		＝	
	线轮廓度		⌒	
	面轮廓度		⌓	
跳动公差	圆跳动	关联要素	↗	有
	全跳动		↗↗	

4.2   几何公差的标注

在零件图样上，几何公差一般采用代号标注，当无法采用代号标注时，可以在技术要求中用文字说明。几何公差代号包括：公差框格、指引线、几何公差特征项目符号、几何公差值及附加符号、基准及附加符号，如图 4-3 所示。几何公差标注的附加符号见表 4-2。

(a) 形状公差　　　　　　　　　　　　　　　　(b) 位置公差

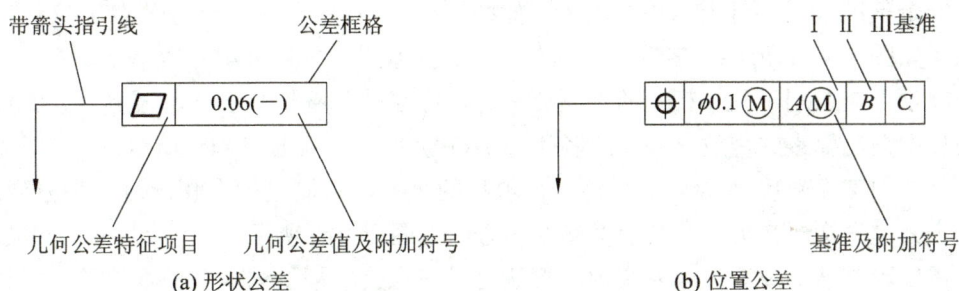

图 4-3　几何公差框格

表 4-2　附加符号

说　明	符　号	说　明	符　号
公差框格		全周 (轮廓)	
基准要素标识		理论正确尺寸	50
		组合公差带	CZ
基准目标标识	⌀2 / A1	联合要素	UF
延申公差带	Ⓟ	小径	LD
可逆要求	Ⓡ	大径	MD
最大实体要求	Ⓜ	中径、节径	PD
最小实体要求	Ⓛ	线要素	LE
包容要求	Ⓔ	不凸起	NC
自由状态 (非刚性零件)	Ⓕ	任意横截面	ACS

4.2.1　几何公差框格

标注几何公差时，公差要求标注在由两格或多格组成的矩形方框中。几何公差框格在图样上一般水平放置，如图 4-4 所示。框格自左至右标注内容如下。

第一格：注写几何特征项目符号。

第二格：注写几何公差值及附加符号。公差值用线性值，单位为 mm。公差带的形状是圆形或圆柱形时，在公差值前加注"⌀"，如图 4-4(c)、(e)、(f) 所示；公差带的形状是球形时，公差值前加注"S⌀"，如图 4-4(d) 所示。

第三格及以后各格：注写基准代号的字母及附加符号。基准的顺序在公差框格中是固定的，即从第三格起依次注写第一、第二和第三基准代号。基准的多少视被测要素的要求而定，一个基准代号字母表示单个基准，如图 4-4(b)、(g) 所示；几个基准代号字母表示基准体系，如图 4-4(d) 所示；"字母－字母"表示公共基准，如图 4-4(e) 所示。

当某项公差应用于几个相同的被测要素时，应在公差框格的上方、被测要素的尺寸之前注明相同被测要素的个数，并在两者间加上符号"×"，如图 4-4(f) 所示。

当需要对某个被测要素给出几种特征项目的公差，且测量方向相同时，为方便起见，可将一个公差框格放在另一个公差框格的下方，如图 4-4(g) 所示。

当需要限制被测要素在公差带内的形状时，应在公差框格内或公差框格的上方或下方注明，如图 4-4(h) 所示。

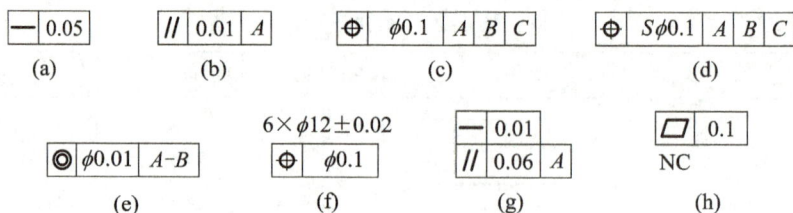

图 4-4　公差框格

4.2.2　被测要素的标注

被测要素与公差框格由一指引线连接。指引线从公差框格的任意一端引出，箭头指向被测要素，箭头的方向为公差带的宽度方向或直径方向，具体标注方法如下。

(1) 当被测要素为组成要素时，指引线的箭头指向被测要素的轮廓线或其延长线上，并应与尺寸线明显错开，如图 4-5(a)、(b) 所示；指引线的箭头也可以指向引出线的水平线，引出线引自被测面，如图 4-5(c) 所示。

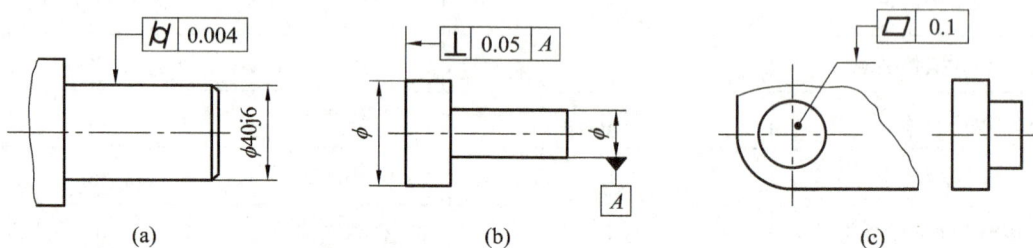

图 4-5　被测组成要素的标注

(2) 当被测要素为导出要素时，指引线的箭头应与相应的尺寸线对齐，即与尺寸线的延长线重合，如图 4-6(a) 所示；当指引线的箭头与尺寸线的箭头重叠时，可代替尺寸线的箭头，如图 4-6(b) 所示。指引线的箭头不允许直接指向导出要素，如图 4-6(c) 所示。

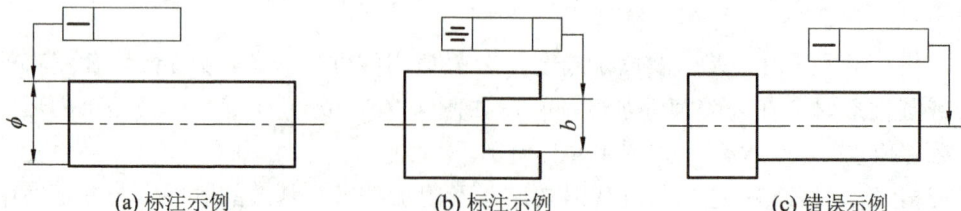

图 4-6　被测导出要素的标注

4.2.3 基准的标注

基准符号由基准三角形、方格、连线和基准字母组成。基准字母标注在基准方格内，与一个涂黑或空白的基准三角形相连以表示基准，涂黑和空白的基准三角形含义相同。无论基准三角形在图样上的方向如何，基准字母均应水平书写，如图 4-7 所示。表示基准的字母还应标注在公差框格内，为了避免混淆和误解，基准字母不得采用 E、F、I、J、L、M、O、P、R 等 9 个字母。

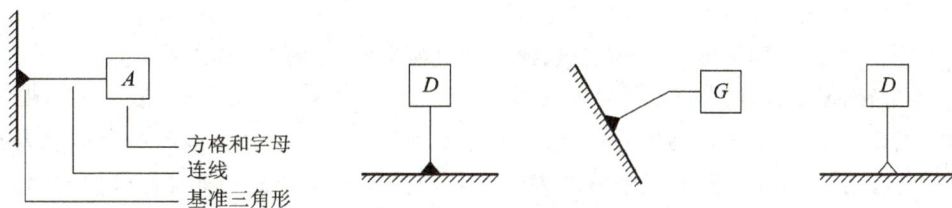

图 4-7　基准符号及放置

基准的主要标注方法如下。

(1) 当基准要素为组成要素时，基准三角形放置在要素的轮廓线或其延长线上，并应与尺寸线明显错开，如图 4-8(a)、(b) 所示；基准三角形也可以放置在轮廓面引出线的水平线上，如图 4-8(c) 所示。

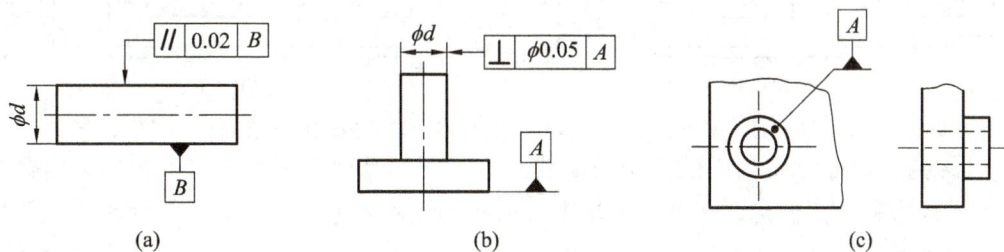

(a)　　　　　　　　　　(b)　　　　　　　　　　(c)

图 4-8　基准组成要素标注中基准三角形的放置

(2) 当基准要素为导出要素时，基准三角形连线应与该要素的尺寸线对齐，如图 4-9(a) 所示；当没有足够的位置标注基准要素尺寸的两个箭头时，可用基准三角形代替其中一个箭头，如图 4-9(b) 所示；基准三角形不允许直接标注在导出要素上，如图 4-9(c) 所示。

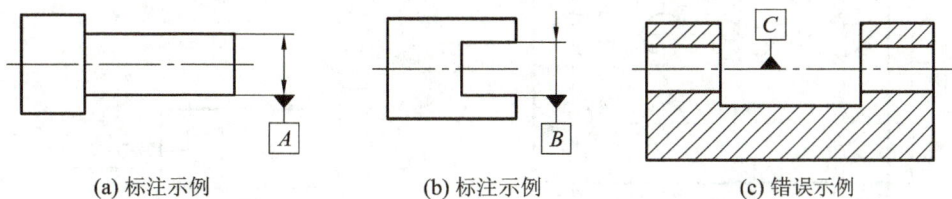

(a) 标注示例　　　　　　(b) 标注示例　　　　　　(c) 错误示例

图 4-9　基准导出要素标注中基准三角形的放置

4.2.4 简化标注方法

为了减少图样上几何公差框格或指引线的数量，简化绘图，在保证读图方便和不引起误解的前提下，可以简化几何公差的标注。常见的几何公差简化标注方法如下：

(1) 同一被测要素有多个几何公差要求时，可以将这几项要求的公差框格重叠绘出，只用一条指引线指向被测要素，如图 4-10 所示。

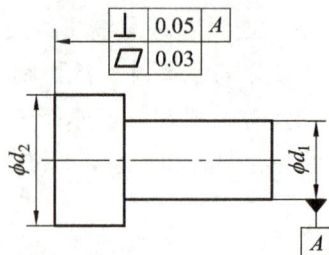

图 4-10　同一被测要素有多项几何公差要求的简化标注

(2) 多个被测要素有相同几何公差带要求时，可以只用一个公差框格，由该框格的一端引出一条指引线，在这条指引线上绘制几条带箭头的连线，分别指向各个被测要素，如图 4-11 所示。其中图 (a) 表示三个被测表面的几何公差要求相同，但有各自独立的公差带；图 (b) 表示三个被测表面的几何公差要求相同，而且具有单一的公共公差带，两者的含义是不同的。

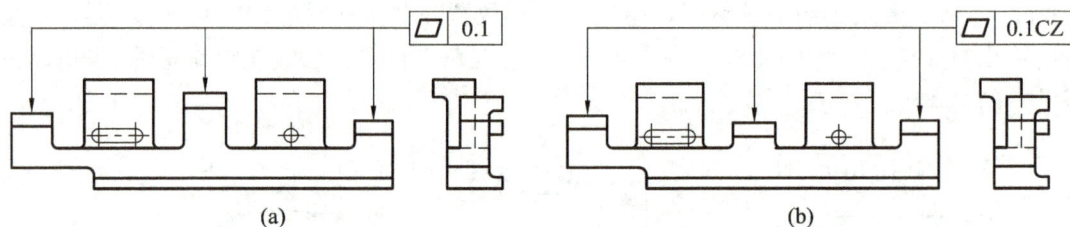

图 4-11　多个被测要素有相同的几何公差带要求的简化标注

(3) 结构和尺寸分别相同的多个被测要素有相同的几何公差要求时，可以只对其中一个被测要素绘制公差框格，在公差框格上方所标的被测要素的尺寸之前注明被测要素的个数，并在两者之间加上"×"，如图 4-12(a) 示。对于非尺寸要素，可以在公差框格的上方注明被测要素的个数和"×"，如图 4-12(b) 所示。

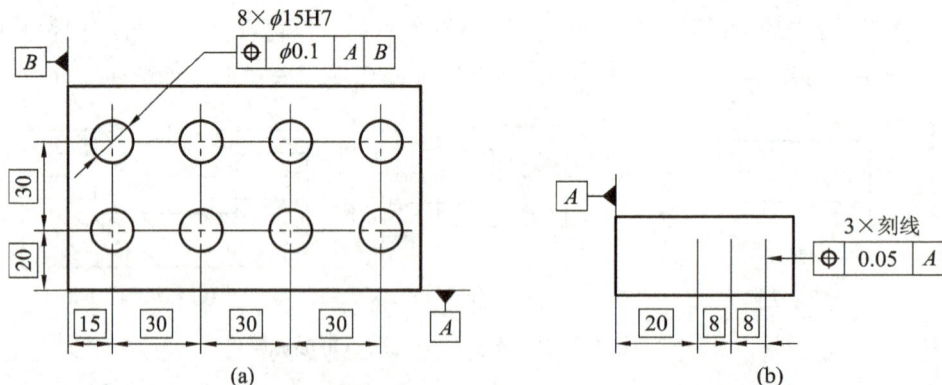

图 4-12　多个相同被测要素有相同的几何公差要求的简化标注

(4) 几个被测要素具有相同的多项几何公差要求时，可以将多项公差框格上下重叠在一起，然后从框格的一端引出一条指引线，在这条指引线上绘制几条带箭头的连线，分别指向各个被测要素，如图 4-13 所示。

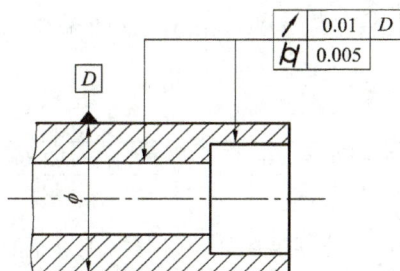

图 4-13　多个被测要素具有相同的多项几何公差要求的简化标注

4.2.5　特殊标注方法

1. 全周符号的标注

当轮廓度特征适用于横截面的整周轮廓或由该轮廓所示的整周表面时,应采用"全周"符号标注,如图 4-14 所示。

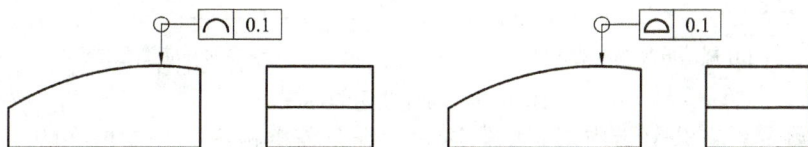

图 4-14　整周轮廓度的标注

2. 螺纹、齿轮和花键的标注

当以螺纹轴线为被测要素或基准要素时,螺纹轴线默认为螺纹中径圆柱的轴线,否则应另有说明,例如用"MD"表示大径,用"LD"表示小径,如图 4-15 所示。

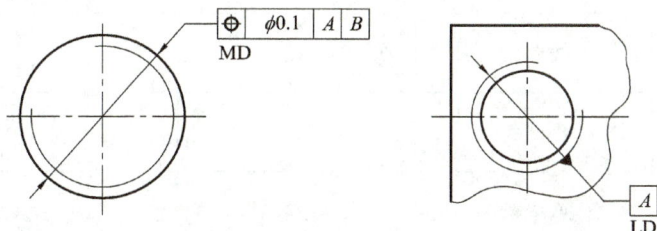

图 4-15　被测要素或基准要素为螺纹轴线的标注

当以齿轮和花键轴线为被测要素或基准要素时,需要说明所指的要素,如用"PD"表示"节径",用"MD"表示大径,用"LD"表示小径。

3. 限定性规定的标注

(1) 考虑功能要求,有时不仅需要限制被测要素在整个范围内的几何公差,还需要限定特定范围(长度或面积)上的几何公差,为此可在公差值的后面加注限定范围的线性尺寸值,并在两者之间用斜线隔开,如图 4-16(a) 所示,该标注表示在被测要素的整个范围内的任一 200 mm 长度上,直线度公差值为 0.05 mm,属于局部限制性要求。如果标注的是两项或两项以上同样几何特征的公差,则可在整个公差框格的下方放置另一个公差框格,如图 4-16(b) 所示,该标注表示在被测要素的整个范围内的直线度公差值为 0.1 mm,而在任一 200 mm 长度上的直线度公差值为 0.05 mm，这两个要求需同时满足，其属于进一步限制性要求。

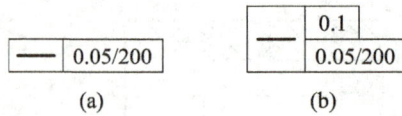

图 4-16　任意限定范围标注同样几何特征的公差

(2) 当被测要素或基准要素为某一指定局部要素时，应采用粗点画线标示出该局部的范围，并加注尺寸，如图 4-17 所示。

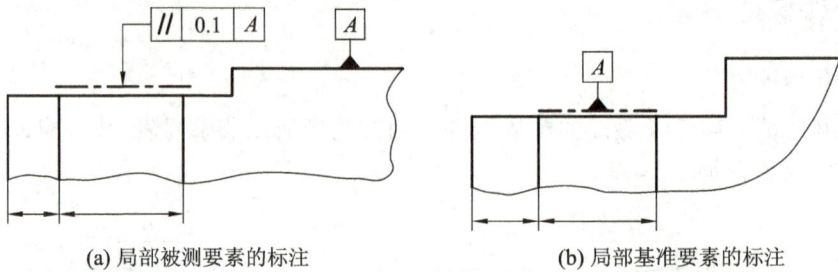

(a) 局部被测要素的标注　　　　　　　　(b) 局部基准要素的标注

图 4-17　局部要素的标注

(3) 对被测要素在公差带内形状的限制，应在公差框格内或公差框格的上方或下方注明，如表 4-3 所示，图 4-18 所示为平面中提取 (实际) 线几何特征的标注方法。

表 4-3　对被测要素在公差带内形状的限制

序　号	含　义	符　号	举　例
1	公共公差带	CZ	$\boxed{\ \ \ t\ \text{CZ}\ }$
2	线要素	LE	$\boxed{/\!/\ \ t\ \ A}$ LE
3	不凸起	NC	$\boxed{\square\ \ t\ }$ NC
4	任意横截面	ACS	ACS $\boxed{\odot\ \ \phi t\ \ A}$

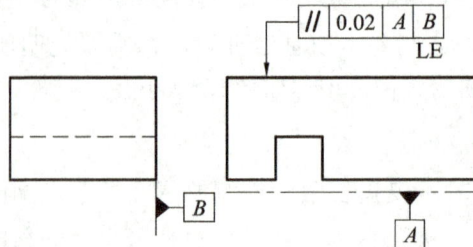

图 4-18　平面中提取 (实际) 线几何特征的标注

4. 理论正确尺寸 (TED) 的标注

对于位置度、倾斜度和轮廓度公差，用来确定其理论正确位置、角度和轮廓的尺寸称为理论正确尺寸。理论正确尺寸也用于确定基准体系中各基准之间的方向和位置关系。理论正确尺寸没有公差，它标注在一个方框中，如图 4-19 所示。

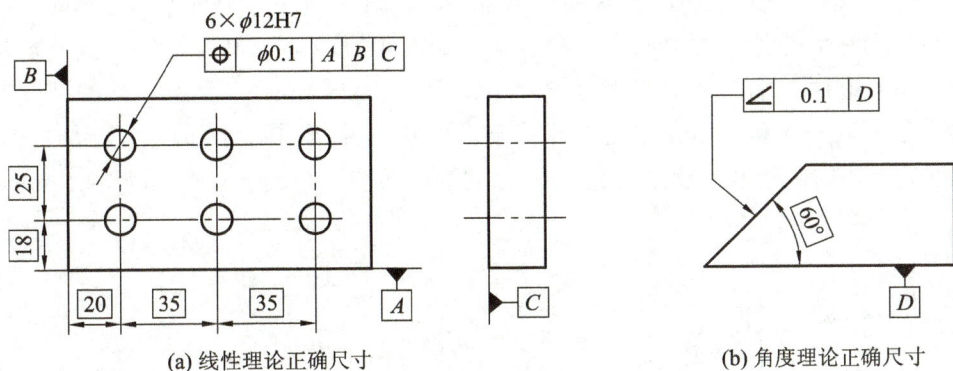

(a) 线性理论正确尺寸   (b) 角度理论正确尺寸

图 4-19   理论正确尺寸的标注

5. 延伸公差带的标注

延伸公差带是指将被测要素的公差带延伸到零件实体以外，控制零件外部的公差带，以保证相配零件与该零件配合时能顺利装入。采用延伸公差带时，应加注延伸公差带符号 ⓟ，如图 4-20(a) 所示。在图样上除了在几何公差框格中的公差值后面加注符号 ⓟ 外，还应用双点画线绘出延伸公差带的延伸范围和位置，注明相应延伸尺寸并在该尺寸前加注符号 ⓟ，如图 4-20(b) 所示。

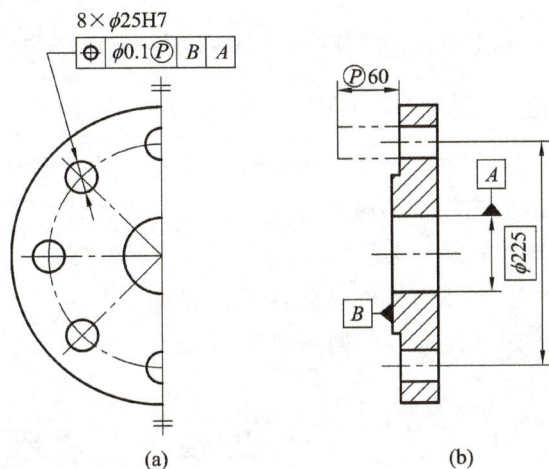

(a)   (b)

图 4-20   延伸公差带的标注

6. 自由状态下的非刚性零件的标注

在自由状态下相对于约束状态下会产生显著变形的零件称为非刚性零件。对于非刚性零件在自由状态下的公差要求，应在公差框格中的几何公差值后面加注符号 Ⓕ，如图 4-21 所示。

非刚性零件在自由状态下虽然摆脱了外力影响，但仍受自身重力的影响，仍会产生变形。此时零件的放置方向是影响其几何误差的重要因素。因此，非刚性零件在自由状态下给出几何公差时，应在图样上标注出造成零件变形的各种因素，如重力方向、支承状态等。非刚性零件在约束状态下给出几何公差要求时，应在标题栏附近注明"GB/T 16892—2022"，并在标题栏下面注明所要求的约束条件，此时，图样上所有不加注Ⓕ的几何公差要求，均认为它们是处于约束状态下的要求。如图 4-21 所示，其表达的设计要求是当零件处于约束状态时，端面 A 的平面度误差不得大于 0.025 mm，B 面和 C 面的圆度误差分别不得大于 0.05 mm 和 0.1 mm；当零件处于自由状态并按图示重力方向放置时，端面 A 的平面度误差不得大于 0.3 mm，B 面和 C 面的圆度误差不得大于 0.5 mm 和 0.1 mm。

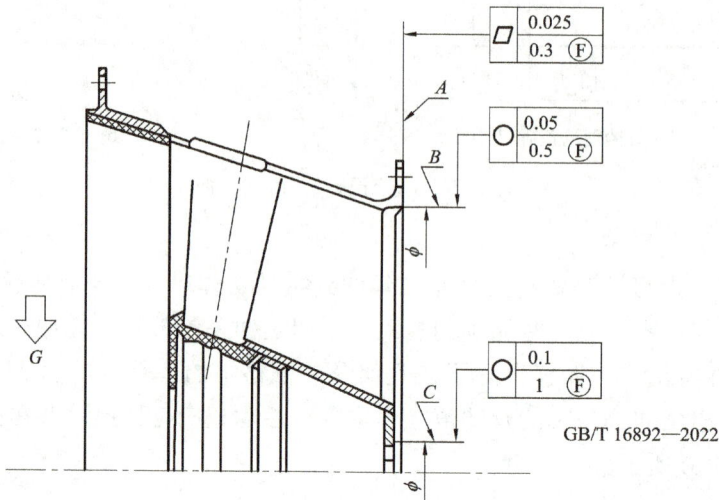

图 4-21　自由状态下的非刚性零件的几何特征标注

4.2.6　几何公差标注示例

图 4-22 所示为一根气门阀杆，在图中标出的几何公差中，当被测要素为轴或平面时，从框格引出的指引线的箭头应指在该被测要素的轮廓线或其延长线上，如杆身 $\phi16$ mm 的圆柱度公差标注和左右端面的跳动公差标注。当被测要素为轴线时，应将指引线的箭头与该被测要素的尺寸线对齐，如 M8 螺纹孔轴线的同轴度公差标注。当基准要素为轴线时，应将基准符号与该要素的尺寸线对齐，如基准 A 的标注。

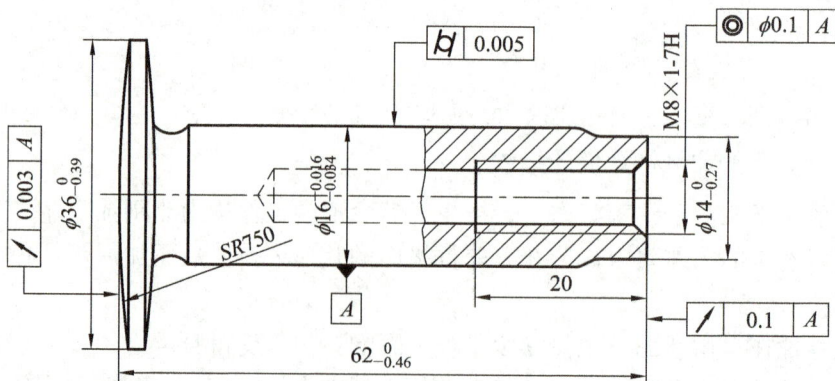

图 4-22　几何公差的标注示例

4.3　几何公差及其公差带

几何公差是用来限制零件本身几何误差的，是指实际被测要素在形状、方向和位置上允许的变动量。几何公差带是用来限制实际被测要素变动的区域。只要实际被测要素完全落在给定的公差带内，就表示其形状、方向和位置符合设计要求。

几何公差带具有形状、大小、方向和位置四个要素。

(1) 几何公差带的形状取决于被测要素的几何形状、给定的几何公差特征项目和标注形式。表 4-4 列出了九种主要形状的几何公差带：圆内区域、两同心圆之间的区域、两同轴圆柱面之间的区域、两等距曲线之间的区域、两平行线之间的区域、圆柱内的区域、两等距曲面之间的区域、两平行平面之间的区域、球内的区域。

表 4-4　九种主要形状的几何公差带

平面区域		空间区域	
两平行线		球	
两等距曲线		圆柱	
两同心圆		两同轴圆柱面	
圆		两平行平面	
		两等距曲面	

(2) 几何公差带的大小用几何公差带的宽度或直径表示，由给定的几何公差值决定。如果公差带是圆形或圆柱形的，则在公差值前加注"ϕ"；如果公差带是球形的，则加注"$S\phi$"。

(3) 几何公差带的方向是指公差带的宽度或直径方向，一般垂直于被测要素，即为指引线箭头所指的方向。公差带的方向由给定的几何公差项目和标注形式确定。

(4) 几何公差带的位置标注指明公差带的位置是固定的还是浮动的。固定意味着公差带不随实际尺寸的变动而变化；浮动意味着公差带的位置随实际尺寸的变化（上升或下降）而浮动。一般而言，形状公差的公差带的位置是浮动的，其余公差带的位置是固定的。如平面度，其公差带的位置随实际平面所处的位置不同而浮动；而同轴度，其公差带的位置与基准轴线同在一条直线上而且是固定的。

4.3.1　形状公差及其公差带

形状公差是指单一实际被测要素的形状所允许的变动量。形状公差带是单一实际被测要素所允许变动的区域，它不涉及基准，方向和位置均是浮动的，只能控制被测要素形状误差的大小。即形状公差带只有形状和大小的要求，没有方向和位置的要求。形状公差的特征项目有：直线度、平面度、圆度、圆柱度、线轮廓度（无基准）、面轮廓度（无基准）。

1. 直线度

直线度公差用于限制平面或空间内直线的形状误差。此处平面或空间内直线是指素线、刻线、交线、轴线、中心线等。根据零件的功能要求不同，直线度可分为给定平面内、给定方向上和任意方向上的直线度。

1) 给定平面内的直线度

给定平面一般是指垂直于被测表面的平面。在给定平面内，公差带是指间距为公差值 t 的两平行直线之间的区域。如图 4-23 所示，该直线度公差含义是：在任一平行于图示投影面的平面内，上平面的提取（实际）线应限定在间距为 0.1 mm 的两平行直线之间。

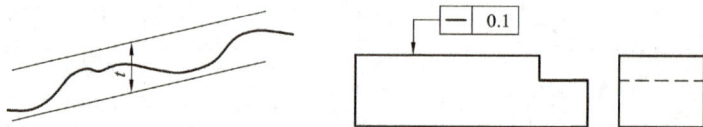

图 4-23　给定平面内的直线度

2) 给定方向上的直线度

给定方向一般是指 x（长度）、y（宽度）、z（高度）三个坐标方向。在给定方向上，公差带是指间距为公差值 t 的两平行平面之间的区域。如图 4-24 所示，该直线度公差含义是：提取（实际）被测棱线应限定在垂直于箭头方向、间距为 0.1 mm 的两平行平面之间。

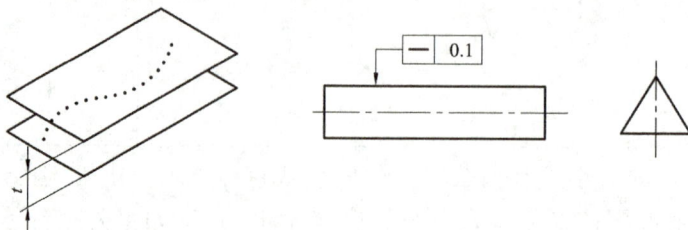

图 4-24　给定方向上的直线度

3) 任意方向上的直线度

任意方向是指围绕被测线的 360°方向。在任意方向上，公差带是指直径为 ϕt 的圆柱面所限定的区域。如图 4-25 所示，该直线度公差含义是：圆柱面的提取 (实际) 中心线应限定在直径为 $\phi 0.08$ mm 的圆柱面内。

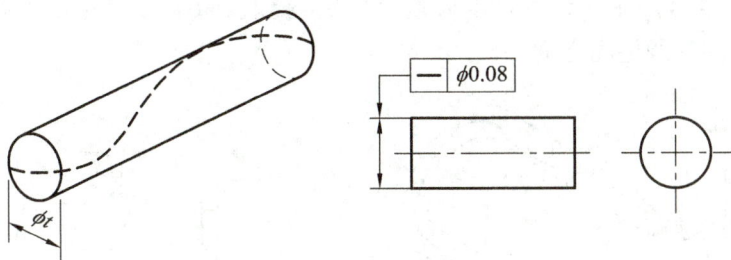

图 4-25　任意方向上的直线度

2. 平面度

平面度公差用来限制实际被测平面的形状误差，它是对平面要素提出的要求。平面度的公差带是指间距等于公差值 t 的两平行平面之间的区域。如图 4-26 所示，该平面度公差含义是：上表面应限定在间距为 0.08 mm 的两平行平面之间。

图 4-26　平面度

3. 圆度

圆度公差用来限制回转表面的径向截面 (垂直于轴线的截面) 的形状误差，它是对横截面为圆要素提出的要求。圆度的公差带是指在任一正截面上，半径差为公差值 t 的两同心圆之间的区域。由于圆度公差是对任一横截面为圆要素的限制，因此圆度公差框格的指引线箭头必须指向被测轮廓表面，且垂直于回转轴线，同时要与尺寸线错开。如图 4-27 所示，该圆度公差含义是：在圆柱面和圆锥面的任一横截面上，提取 (实际) 圆周应限定在半径差等于 0.03 mm 的两同心圆之间。

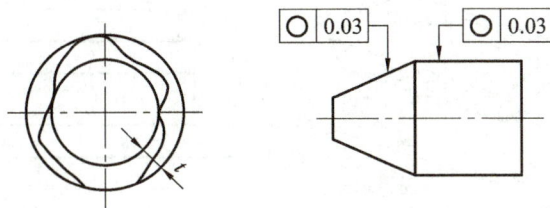

图 4-27　圆度

4. 圆柱度

圆柱度公差用来限制实际被测圆柱面的形状误差，它是对圆柱表面要素提出的要求，不能用于圆锥面或其他形状的表面。圆柱度公差能对圆柱面纵、横截面内各项形状误差（圆度、直线度等）进行综合控制。圆柱度的公差带是指半径差为公差值 t 的两同轴圆柱面之间的区域。如图 4-28 所示，该圆柱度公差含义是：提取（实际）圆柱面应限定在半径差等于 0.02 mm 的两同轴圆柱面之间。

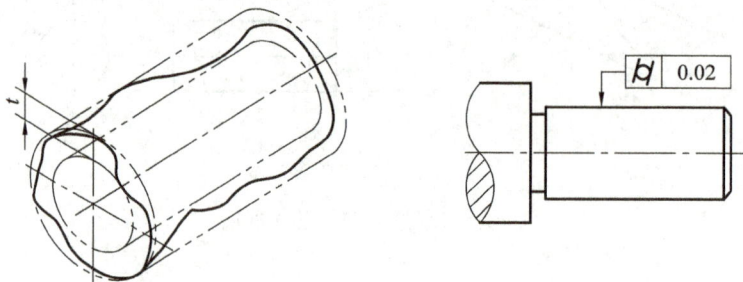

图 4-28　圆柱度

4.3.2　方向公差及其公差带

方向公差是指关联实际被测要素对基准在方向上允许的变动量。方向公差的特征项目有：平行度、垂直度、倾斜度、线轮廓度（有基准）、面轮廓度（有基准）。

方向公差带具有形状、大小和方向的要求，其位置是浮动的，具有综合控制被测要素的形状和方向的功能。在保证使用要求的前提下，对被测要素给出方向公差后，通常不再对该要素提出形状公差要求。若对被测要素的形状有进一步要求时，可再给出形状公差，且形状公差值小于方向公差值。

1. 平行度

平行度公差用于限制被测要素对基准要素在平行方向上的误差。根据平行度公差功能要求的不同，平行度可分为以下四种基本形式。

1) 面对基准面的平行度（面对面）

被测面对基准面的平行度公差带是指间距为公差值 t，且平行于基准面的两平行平面之间的区域。如图 4-29 所示，该平行度公差含义是：提取（实际）表面应限定在间距为 0.01 mm，且平行于基准面 A 的两平行平面之间。

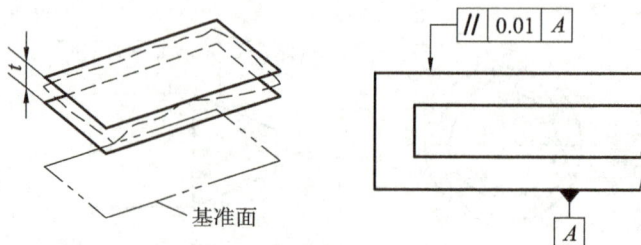

图 4-29　面对基准面的平行度

2) 线对基准面的平行度 (线对面)

被测线对基准面的平行度公差带是指间距为公差值 t，且平行于基准面的两平行平面之间的区域。如图 4-30 所示，该平行度公差含义是：提取 (实际) 中心线应限定在间距为 0.01 mm，且平行于基准面 B 的两平行平面之间。

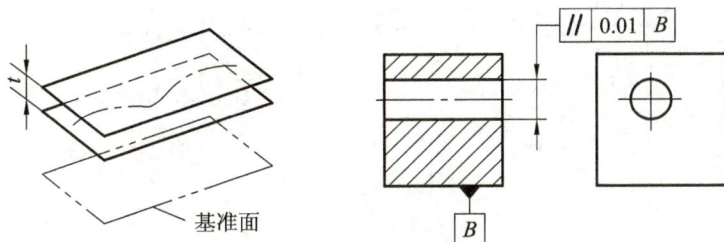

图 4-30　线对基准面的平行度

3) 面对基准线的平行度 (面对线)

被测面对基准线的平行度公差带是指间距为公差值 t，且平行于基准线的两平行平面之间的区域。如图 4-31 所示，该平行度公差含义是：提取 (实际) 表面应限定在间距为 0.1 mm，且平行于基准线 C 的两平行平面之间。

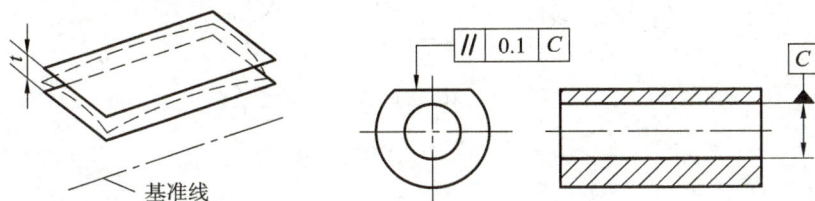

图 4-31　面对基准线的平行度

4) 线对基准线的平行度 (线对线)

被测线可以在给定一个方向、两个相互垂直方向或任意方向上。任意方向上的平行度公差带应在公差值前加注 "ϕ"。例如，图 4-32(a) 中平行度公差含义是：提取 (实际) 中心线应限定在间距为 0.1 mm，且平行于基准线 A 的两平行平面之间。图 4-32(b) 中平行度公差含义是：提取 (实际) 中心线应限定在间距分别为 0.2 mm 和 0.1 mm，且平行于基准线 A 的两组互相垂直的平行平面之间。图 4-32(c) 中平行度公差含义是：提取 (实际) 中心线应限定在直径为 ϕ0.1 mm 且平行于基准轴线 A 的圆柱面内。

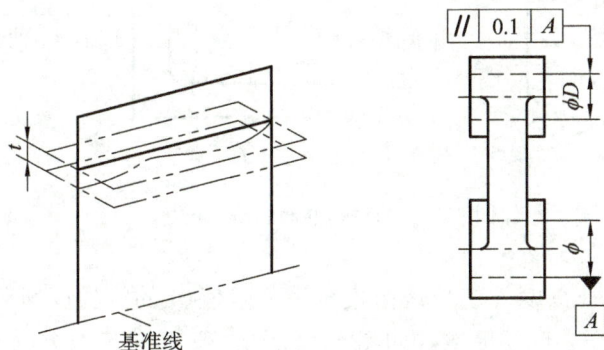

(a) 给定一个方向

(b) 给定两个方向

(c) 任意方向

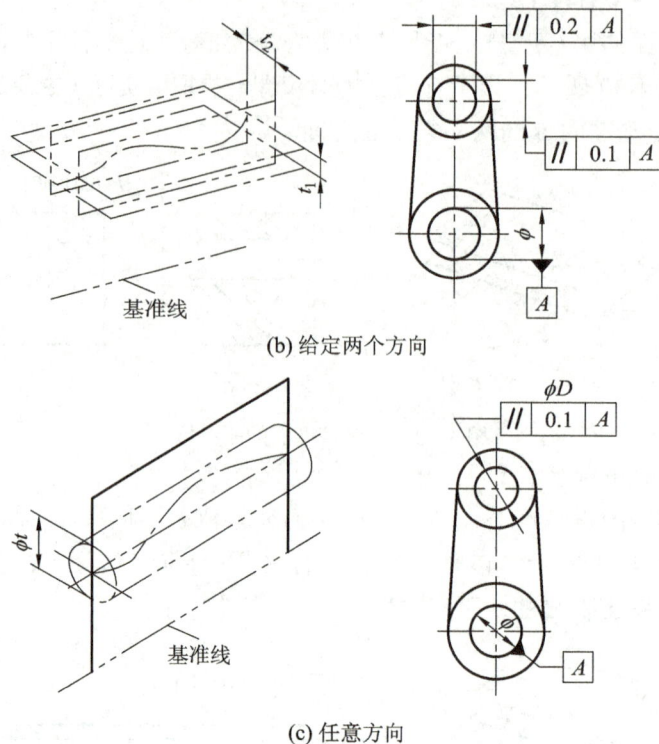

图 4-32　线对基准线的平行度

2. 垂直度

垂直度公差用于限制被测要素对基准要素在垂直方向上的误差。根据垂直度公差功能要求的不同,垂直度可分为以下四种基本形式。

1) 面对基准面的垂直度

被测面对基准面的垂直度公差带是指间距为公差值 t,且垂直于基准面的两平行平面之间的区域。如图 4-33 所示,该垂直度公差含义是:提取(实际)表面应限定在间距为 0.08 mm,且垂直于基准面 A 的两平行平面之间。

图 4-33　面对基准面的垂直度

2) 线对基准面的垂直度

被测线对基准面的垂直度公差带是指直径为公差值 ϕt 的圆柱面所限定的区域,且垂直于基准面的两平行平面之间的区域。如图 4-34 所示,该垂直度公差含义是:提取(实际)中心线应限定在直径为 $\phi 0.01$ mm,且垂直于基准面 A 的圆柱面内。

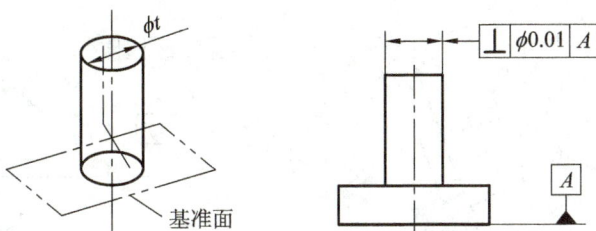

图 4-34　线对基准面的垂直度

3) 面对基准线的垂直度

被测面对基准线的垂直度公差带是指间距为公差值 t，且垂直于基准线的两平行平面之间的区域。如图 4-35 所示，该垂直度公差含义是：提取（实际）表面应限定在间距为 0.08 mm，且垂直于基准线 A 的两平行平面之间。

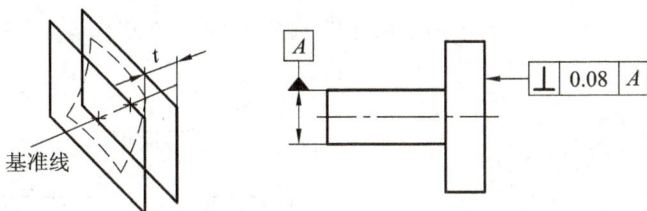

图 4-35　面对基准线的垂直度

4) 线对基准线的垂直度

被测线对基准线的垂直度公差带是指间距为公差值 t，且垂直于基准线的两平行平面之间的区域。如图 4-36 所示，该垂直度公差含义是：提取（实际）中心线应限定在间距为 0.05 mm，且垂直于基准线 A 的两平行平面之间。

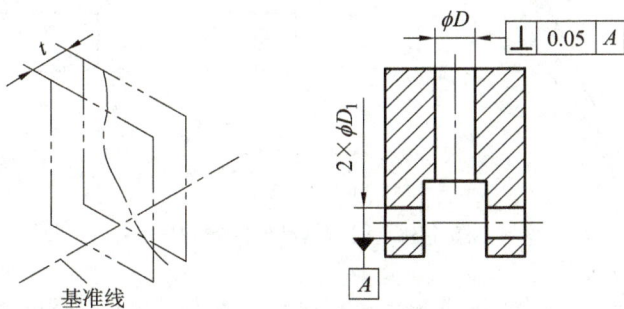

图 4-36　线对基准线的垂直度

3. 倾斜度

倾斜度公差用于限制被测要素对基准要素在倾斜方向上的误差。被测要素与基准要素倾斜的角度必须用理论正确角度表示。根据倾斜度公差功能要求的不同，倾斜度可分为以下四种基本形式。

1) 面对基准面的倾斜度

被测面对基准面的倾斜度公差带是指间距为公差值 t，且与基准面成给定角度的两平行平面之间的区域。如图 4-37 所示，该倾斜度公差含义是：提取（实际）表面应限定在间距为 0.08 mm，且与基准面 A 倾斜 40° 的两平行平面之间。

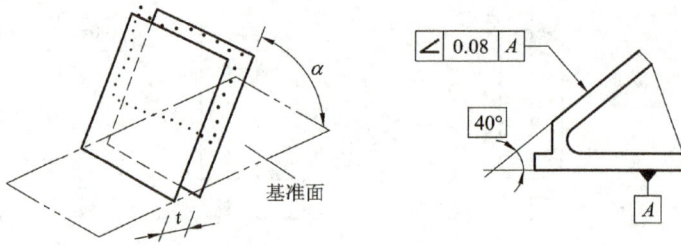

图 4-37　面对基准面的倾斜度

2) 线对基准面的倾斜度

被测线可以在给定一个方向或任意方向上。任意方向上的倾斜度公差带应在公差值前加注"ϕ"。例如，图 4-38(a) 中倾斜度公差含义是：提取 (实际) 中心线应限定在间距为 0.08 mm，且向基准面 A 倾斜 60°的两平行平面之间。图 4-38(b) 中倾斜度公差含义是：提取 (实际) 中心线应限定在直径为 ϕ0.1 mm 的圆柱面内，该圆柱面的轴线与基准面 A 的夹角为 60°，且与基准面 B 平行。

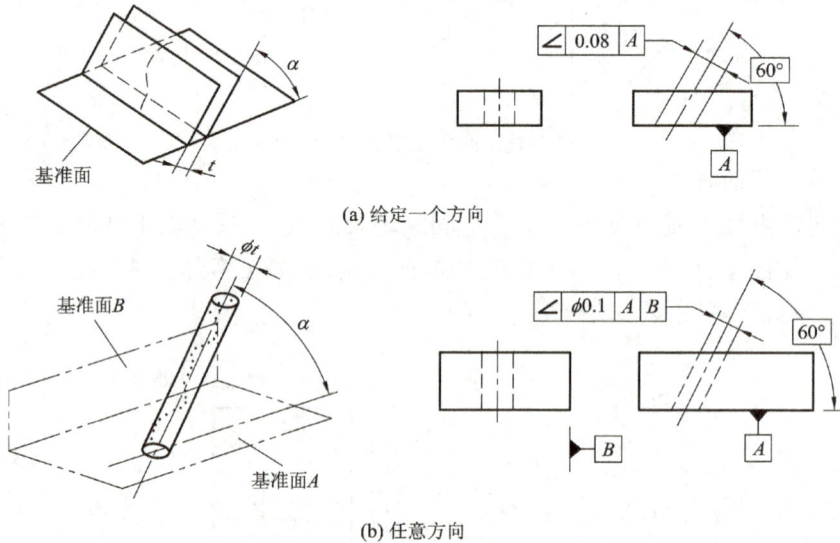

(a) 给定一个方向

(b) 任意方向

图 4-38　线对基准面的倾斜度

3) 面对基准线的倾斜度

被测面对基准线的倾斜度公差带是指间距为公差值 t，且与基准线成给定角度的两平行平面之间的区域。如图 4-39 所示，该倾斜度公差含义是：提取 (实际) 表面应限定在间距为 0.1 mm，且与基准线 A 成 75°角的两平行平面之间。

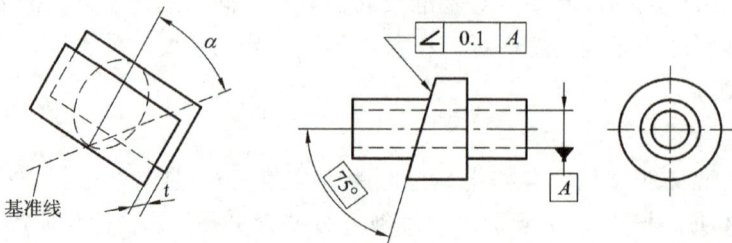

图 4-39　面对基准线的倾斜度

4) 线对基准线的倾斜度

被测线对基准线的倾斜度公差带是指间距为公差值 t，且与基准线成给定角度的两平行平面之间的区域。如图 4-40 所示，该倾斜度公差含义是：提取 (实际) 中心线应限定在间距为 0.08 mm，且与基准线 A–B 成 60°角的两平行平面之间。

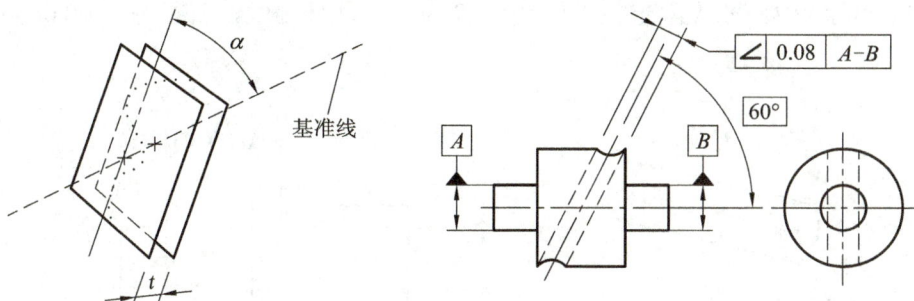

图 4-40　线对基准线的倾斜度

4.3.3　位置公差及其公差带

位置公差是指关联实际被测要素对基准在位置上允许的变动量。位置公差的特征项目有：同心度、同轴度、对称度、位置度、线轮廓度 (有基准)、面轮廓度 (有基准)。

位置公差带相对于基准具有确定的位置，即有固定的公差带，公差带相对于基准的尺寸由理论正确尺寸确定。位置公差带具有形状、大小、方向和位置的要求，能综合控制被测要素的形状、方向和位置精度。在保证使用要求的前提下，对被测要素给出位置公差后，通常不再对该要素提出形状和方向公差要求，只有在对被测要素的形状和方向精度有特殊的较高要求时，才另行给出其形状和方向公差，且此时形状公差的数值应该小于方向公差的数值，方向公差的数值应该小于位置公差的数值。

1. 同心度

同心度公差用于限制被测中心点偏离基准点的误差。它是指实际被测点对基准点 (被测点的理想位置) 的允许变动量。同心度公差带为直径等于公差值 ϕt 的圆周所限定的区域，该圆周的圆心与基准点重合。如图 4-41 所示，该同心度公差含义是：在任意横截面内，内圆的 (实际) 中心点应限定在以基准点 A 为圆心，直径等于 $\phi 0.1$ mm 的圆周内。

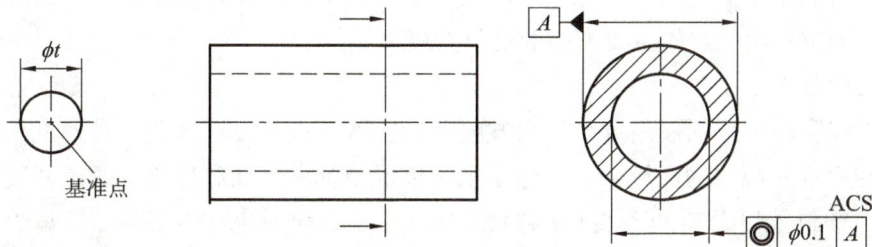

图 4-41　点的同心度

2. 同轴度

同轴度公差用于限制被测中心线偏离基准轴线的误差。它是指实际被测轴线对基准轴线（被测轴线的理想位置）的允许变动量。同轴度公差带为直径等于公差值 ϕt 的圆柱面所限定的区域，该圆柱面的轴线与基准轴线重合。如图 4-42 所示，该同轴度公差含义是：大圆柱面的（实际）中心线应限定在以轴线 A-B 为公共基准轴线，直径等于 $\phi 0.08$ mm 的圆柱面内。

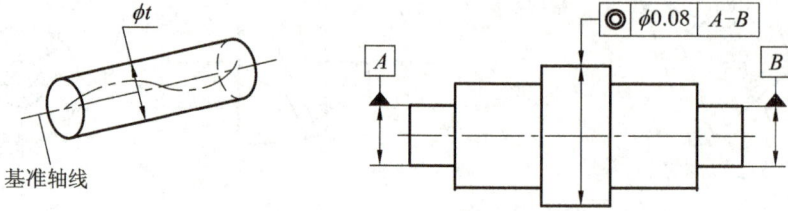

图 4-42　轴线的同轴度

3. 对称度

对称度公差用于限制被测要素（中心线或中心平面）偏离基准要素（中心线或中心面）的误差。它是指实际被测要素的中心位置对基准的允许变动量。对称度公差带是指间距等于公差值 t，且相对于基准对称配置的两平行平面之间的区域。如图 4-43 所示，该对称度公差含义是：被测（实际）中心平面应限定在间距为 0.08 mm，且相对于公共基准中心平面 A-B 对称配置的两平行平面之间的。

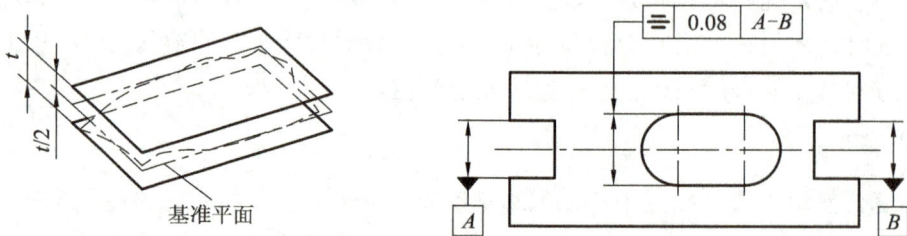

图 4-43　对称度

4. 位置度

位置度公差用于限制被测要素（点、线、面）的实际位置对其理想位置的变动量。位置度分为点的位置度、线的位置度和面的位置度。

1）点的位置度

点的位置度用于限制被测点在任意方向上的位置。点的位置度公差带为直径等于公差值 $S\phi t$ 的球面内所限定的区域。点的理论正确位置由基准平面和理论正确尺寸确定。如图 4-44 所示，该位置度公差的含义是：被测（实际）球心应限定在直径等于 $S\phi 0.3$ mm 的球面内，该球面的中心应位于由基准平面 A、B、C 和理论正确尺寸确定的球心的理论正确位置上。

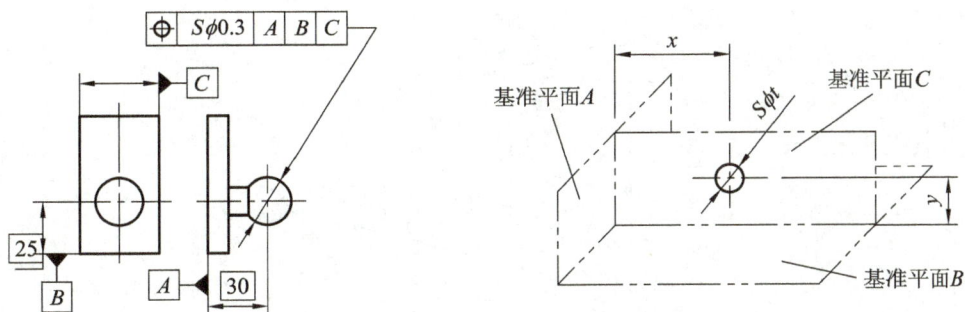

图 4-44　点的位置度

2) 线的位置度

线的位置度可以在给定一个方向上、两个方向上或者任意方向上提出公差要求。

给定一个方向时，公差带是指间距等于公差值 t，对称于线的理论正确位置的两平行平面所限定的区域。线的理论正确位置由基准平面和理论正确尺寸确定。如图 4-45 所示，该位置度公差的含义是：各条刻线的 (实际) 中心线应限定在间距为 0.1 mm，对称于基准平面 A、B 和理论正确尺寸 25 mm、10 mm 确定的理论正确位置的两平行平面之间。

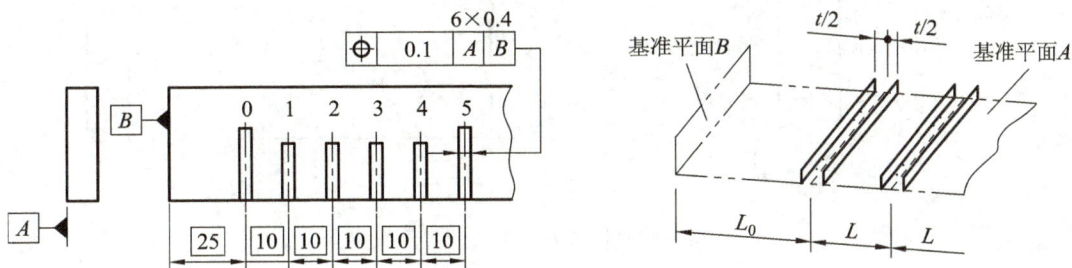

图 4-45　给定一个方向的线位置度

给定两个方向时，公差带是指间距分别等于公差值 t_1 和 t_2，对称于线的理论正确位置的两对相互垂直的平行平面所限定的区域。如图 4-46 所示，该位置度公差的含义是：各孔的 (实际) 中心线在给定方向上应各自限定在间距分别等于 0.05 mm 和 0.2 mm，且相互垂直的两对平行平面内，平行平面对称于基准平面 C、A、B 和理论正确尺寸 20 mm、15 mm、30 mm 确定的各孔轴线的理论正确位置上。

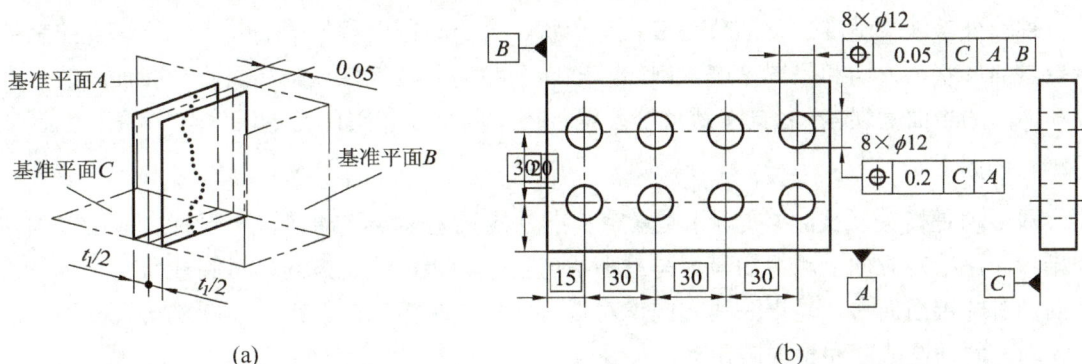

(a)　　　　　　(b)

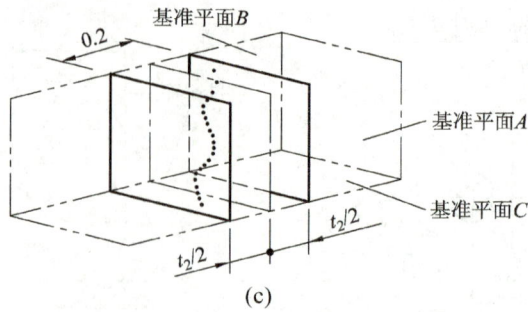

图 4-46　给定两个方向的线位置度

任意方向时，公差带是指直径等于公差值 ϕt 的圆柱面所限定的区域。该圆柱面的轴线位置由基准平面和理论正确尺寸确定。如图 4-47 所示，该位置度公差的含义是：被测（实际）中心线应限定在直径等于 $\phi 0.08$ mm 的圆柱面内，该圆柱面的轴线位置处于由基准平面 C、A、B 和理论正确尺寸 100 mm、68 mm 确定的理论正确位置上。

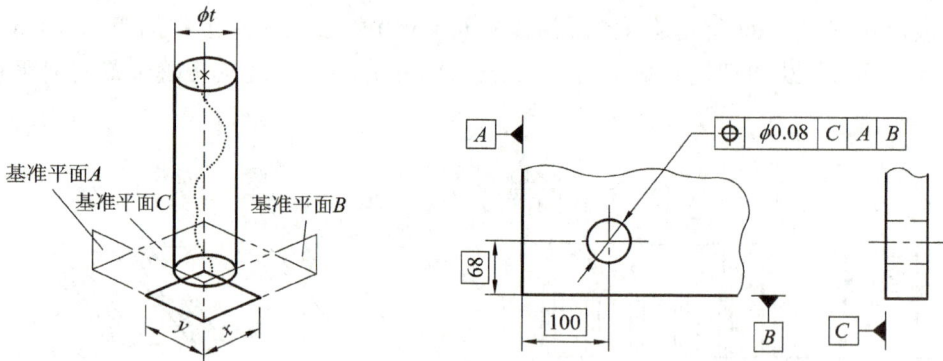

图 4-47　任意方向上的线位置度

4.3.4　跳动公差及其公差带

跳动公差是指关联被测（实际）要素绕基准轴线回转一周或连续回转时所允许的最大跳动量。跳动公差带是按特定的测量方法定义的公差项目。跳动误差测量方法简便，但仅限于回转表面。跳动误差是指被测（实际）要素在无轴向移动的条件下绕基准轴线回转的过程中（回转一周或连续回转），由指示计在给定的测量方向上测得的最大与最小示值之差。跳动公差的特征项目有圆跳动和全跳动。

跳动公差涉及基准。跳动公差带具有形状、大小、方向和位置的要求，能综合控制被测要素的形状、方向和位置精度。例如，轴向全跳动公差综合控制端面对基准轴线的垂直度和端面的平面度误差；径向全跳动公差综合控制同轴度和圆柱度等误差。

1. 圆跳动

圆跳动是指关联被测（实际）要素绕基准轴线做无轴向移动回转一周时，由位置固定的指示计在给定方向上测得的最大与最小示值之差。所谓给定方向，对圆柱面而言，是指径向，对圆锥面而言，是指法线方向，对端面而言，是指轴向。因此，圆跳动又分为径向圆跳动、斜向圆跳动和轴向圆跳动。

1) 径向圆跳动

径向圆跳动公差带为任一垂直于基准轴线的横截面内，半径差等于公差值 t，且圆心在基准轴线上的两同心圆所限定的区域。如图 4-48 所示，该径向圆跳动公差的含义是：在任一垂直于公共基准轴线 A-B 的横截面内，被测（实际）圆应限定在半径差等于 0.1 mm，且圆心在基准轴线 A-B 上的两同心圆之间。

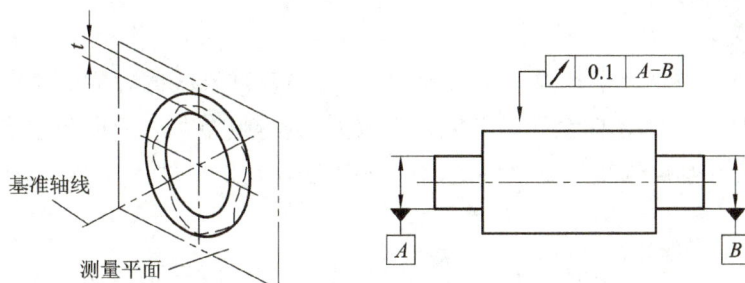

图 4-48   径向圆跳动

2) 斜向圆跳动

斜向圆跳动公差带为与基准轴线同轴的某一圆锥截面上，间距等于公差值 t 的两圆所限定的圆锥面区域。除非另有规定，测量方向应沿被测表面的法向。如图 4-49 所示，该斜向圆跳动公差的含义是：在与基准轴线 C 同轴的任一圆锥截面上，被测（实际）素线应限定在素线方向间距为 0.1 mm 的两不等圆之间。

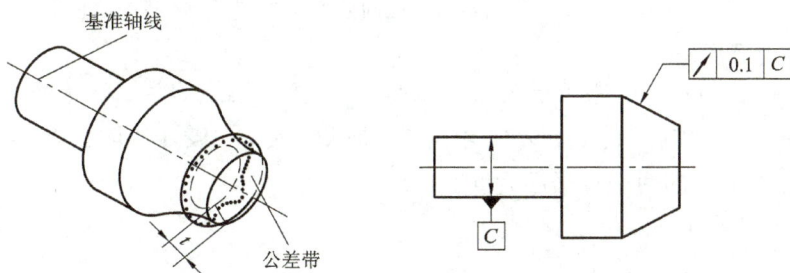

图 4-49   斜向圆跳动

3) 轴向圆跳动

轴向圆跳动公差带为与基准轴线同轴的任一半径的圆柱截面上，间距等于公差值 t 的两圆所限定的圆柱面区域。如图 4-50 所示，该轴向圆跳动公差的含义是：在与基准轴线 D 同轴的任一圆柱形截面上，被测（实际）圆应限定在轴向距离为 0.1 mm 的两个等圆之间。

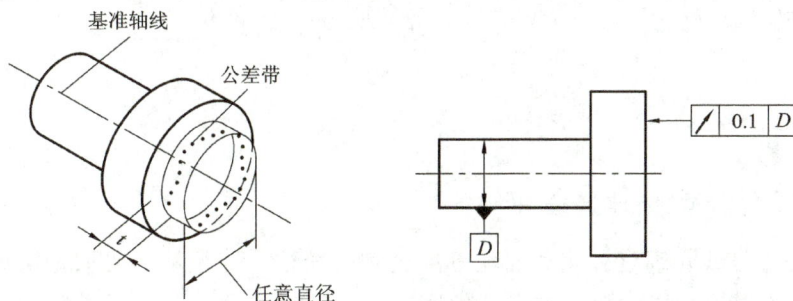

图 4-50   轴向圆跳动

2. 全跳动

全跳动是指关联被测（实际）要素绕基准轴线做无轴向移动的连续回转，同时指示计沿基准轴线平行或垂直地连续移动，由指示计在给定方向上测得的最大与最小示值之差。所谓给定方向，对圆柱面而言是指径向，对端面而言是指轴向。因此，全跳动又分为径向全跳动和轴向全跳动。

1) 径向全跳动

径向全跳动公差带为半径差等于公差值 t，且与基准轴线同轴的两圆柱面所限定的区域。如图 4-51 所示，该径向全跳动公差的含义是：被测（实际）表面应限定在半径差等于 0.1 mm，且与公共基准轴线 A-B 同轴的两圆柱面之间。

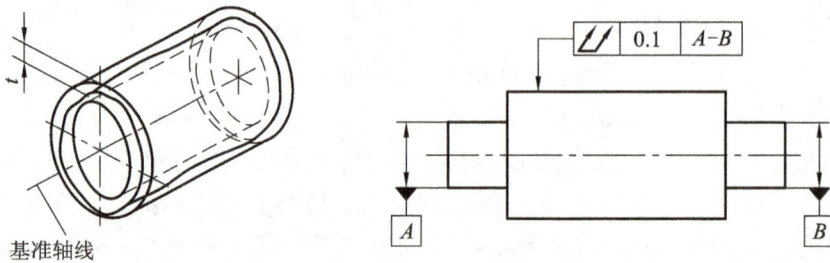

图 4-51　径向全跳动

2) 轴向全跳动

轴向全跳动公差带为间距等于公差值 t，垂直于基准轴线的两平行平面所限定的区域。如图 4-52 所示，该径向全跳动公差的含义是：被测（实际）表面应限定在间距为 0.1 mm，且垂直于基准轴线 D 的两平行平面之间。

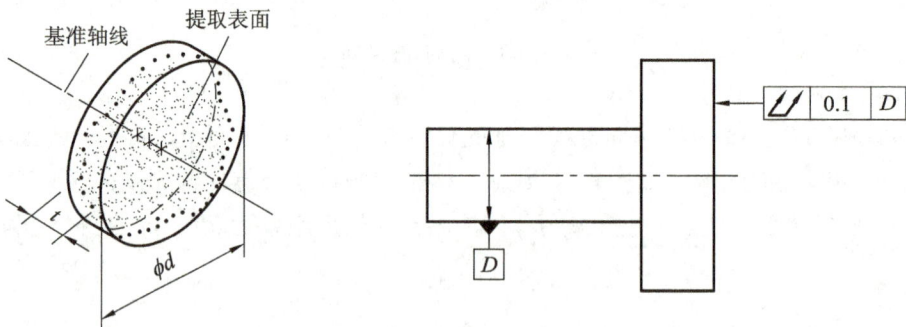

图 4-52　轴向全跳动

4.3.5　轮廓度公差及其公差带

轮廓度公差是线轮廓度公差和面轮廓度公差的统称。当无基准要求时轮廓度公差属于形状公差，当有基准要求时属于方向或位置公差。

1. 线轮廓度

线轮廓度是限制实际曲线 (不包括圆弧) 对理想曲线变动量的项目，用于控制非圆平面曲线或曲面截面轮廓的形状、方向或位置误差。无基准要求时的线轮廓度属于形状公差，有基准要求时属于方向或位置公差。

线轮廓度的公差带为直径等于公差值 t，圆心位于被测要素理论正确几何形状上的一系列圆的两包络线所限定的区域。例如，图 4-53 所示无基准要求时的线轮廓度，该线轮廓度公差的含义是：在任一平行于图示投影平面的截面内，被测 (实际) 轮廓线应限定在直径等于 0.04 mm，圆心位于被测要素理论正确几何形状上的理想轮廓线上的一系列圆的两等距包络线之间。图 4-54 所示有基准要求时的线轮廓度，该线轮廓度公差的含义是：在任一平行于图示投影平面的截面内，被测 (实际) 轮廓线应限定在直径等于 0.05 mm，圆心位于由基准平面 A、B 和理论正确尺寸 2.5 mm、20 mm 确定的被测要素理论正确几何形状的理想轮廓线上的一系列圆的两等距包络线之间。

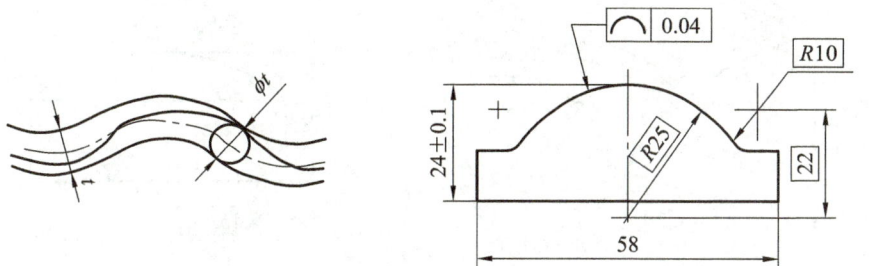

图 4-53　无基准要求时的线轮廓度

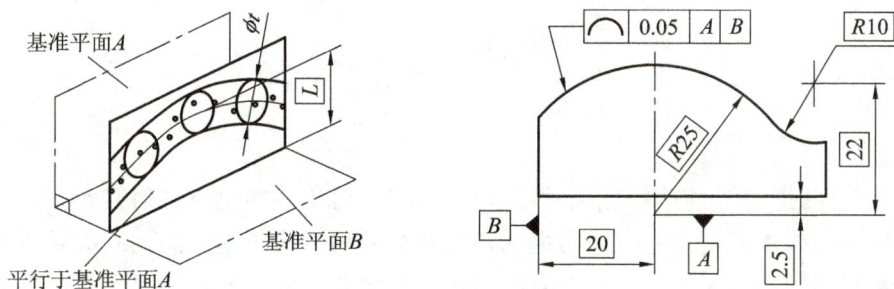

图 4-54　有基准要求时的线轮廓度

2. 面轮廓度

面轮廓度是限制实际曲面对理想曲面变动量的项目，用于控制空间曲面的形状、方向或位置误差。无基准要求时的面轮廓度属于形状公差，有基准要求时属于方向或位置公差。

面轮廓度的公差带为直径等于公差值 t，球心位于被测要素理论正确几何形状上的一系列圆球的两包络面所限定的区域。例如，图 4-55 所示无基准要求时的面轮廓度，该面轮廓度公差的含义是：被测 (实际) 轮廓面应限定在直径等于 0.02 mm，球心位于被测要素理论正确几何形状上的理想轮廓面上的一系列圆球的两等距包络面之间。图 4-56 所示有基准要求时的面轮廓度，该面轮廓度公差的含义是：被测（实际）轮廓面应限定在直径等于 0.02 mm，球心位于由基准平面 *A* 和理论正确尺寸 50 mm、*SR*85 mm 确定的被测要素理论正确几何形状的理想轮廓面上的一系列圆球的两等距包络面之间。

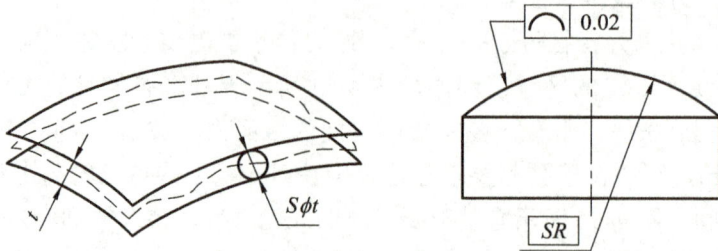

图 4-55　无基准要求时的面轮廓度

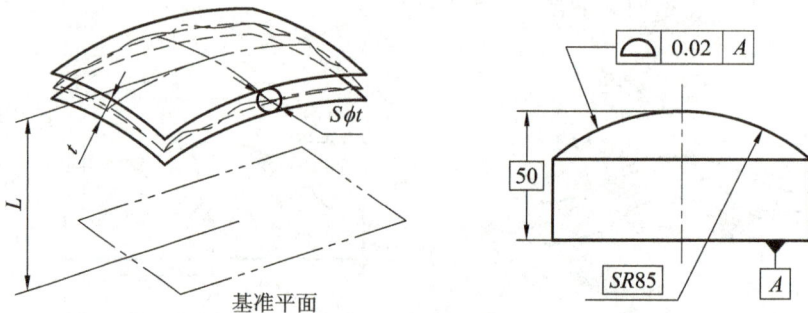

图 4-56　有基准要求时的面轮廓度

4.4　公 差 原 则

在设计零件时，常常需要根据零件的功能要求，对零件的重要几何要素给定必要的尺寸公差和几何公差来限定误差。通常把确定尺寸公差与几何公差之间相互关系所遵循的原则称为公差原则。公差原则分为独立原则和相关要求两大类，而相关要求又可分为包容要求、最大实体要求、最小实体要求和可逆要求。设计时，可从功能要求（配合性质、装配互换及其他要求等）出发，合理地选用独立原则或不同的相关要求。

4.4.1　基本术语

1. 作用尺寸

1）体外作用尺寸

体外作用尺寸：在被测要素的给定长度上，与实际内表面（孔）外接的最大理想面，或与实际外表面（轴）外接的最小理想面的直径或宽度。内、外表面的体外作用尺寸分别

用 D_{fe} 和 d_{fe} 表示，如图 4-57 所示。

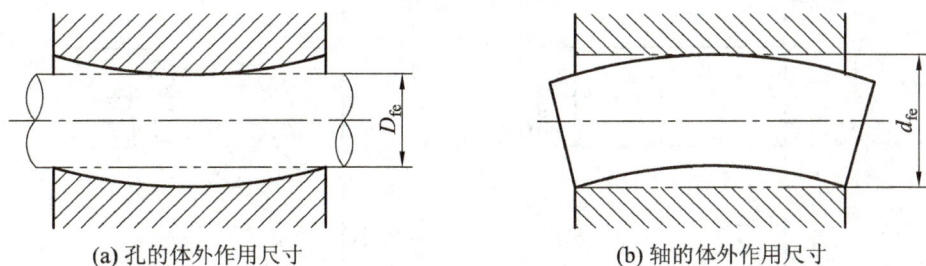

(a) 孔的体外作用尺寸　　　　　　　　(b) 轴的体外作用尺寸

图 4-57　体外作用尺寸

　　体外作用尺寸实际上为零件装配时起作用的尺寸，包含被测提取要素的局部尺寸和几何误差，即

$$D_{fe} = D_a - f_{几何} \qquad\qquad (4-1)$$

$$d_{fe} = d_a + f_{几何} \qquad\qquad (4-2)$$

2) 体内作用尺寸

　　体内作用尺寸：在被测要素的给定长度上，与实际内表面 (孔) 内接的最小理想面，或与实际外表面 (轴) 内接的最大理想面的直径或宽度。内、外表面的体内作用尺寸分别用 D_{fi} 和 d_{fi} 表示，如图 4-58 所示。

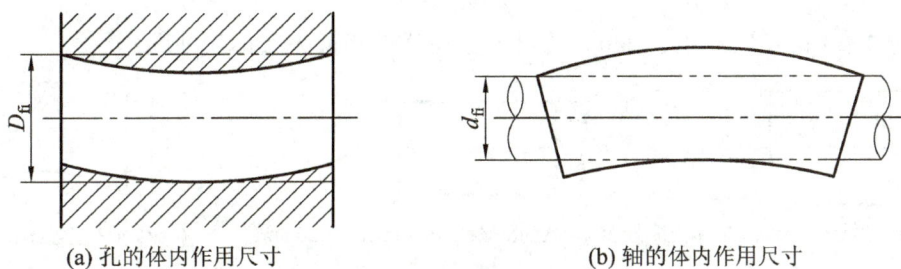

(a) 孔的体内作用尺寸　　　　　　　　(b) 轴的体内作用尺寸

图 4-58　体内作用尺寸

　　体内作用尺寸实际上为零件连接强度起作用的尺寸，包含被测提取要素的局部尺寸和几何误差，即

$$D_{fi} = D_a + f_{几何} \qquad\qquad (4-3)$$

$$d_{fi} = d_a - f_{几何} \qquad\qquad (4-4)$$

　　必须注意，作用尺寸包含实际尺寸和几何误差，对每个零件不尽相同。对于关联要素，无论是体外作用尺寸还是体内作用尺寸，其理想包容面的轴线或中心平面必须与基准保持图样给定的几何位置关系，如图 4-59 所示。

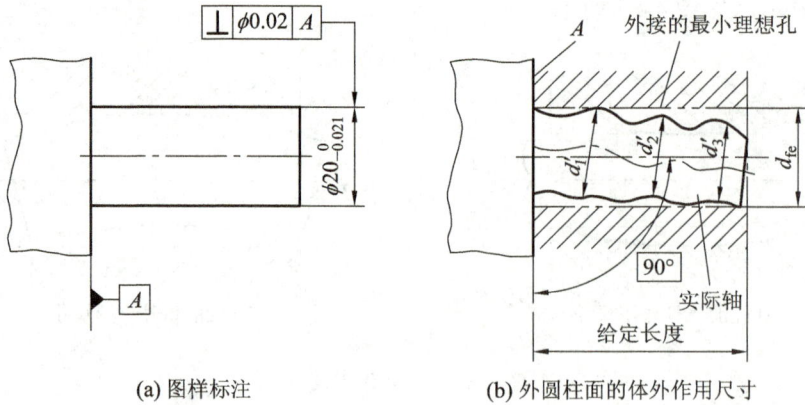

(a) 图样标注　　　　　　　　　(b) 外圆柱面的体外作用尺寸

图 4-59　关联要素的体外作用尺寸

2. 实体状态和实体尺寸

1) 最大实体状态和最大实体尺寸

最大实体状态 (MMC)：在给定长度上，实际要素处处位于尺寸极限内并具有实体最大（占有材料量最多）的状态。

最大实体尺寸 (MMS)：实际要素在最大实体状态下的极限尺寸。内表面 (孔) 和外表面 (轴) 的最大实体尺寸分别用 D_M 和 d_M 表示。对于内表面，最大实体尺寸是指其下极限尺寸 D_{min}；对于外表面，最大实体尺寸是指其上极限尺寸 d_{max}，即

$$D_M = D_{min} \tag{4-5}$$
$$d_M = d_{max} \tag{4-6}$$

图 4-60 和图 4-61 分别为轴和孔的最大实体状态和最大实体尺寸的示例。

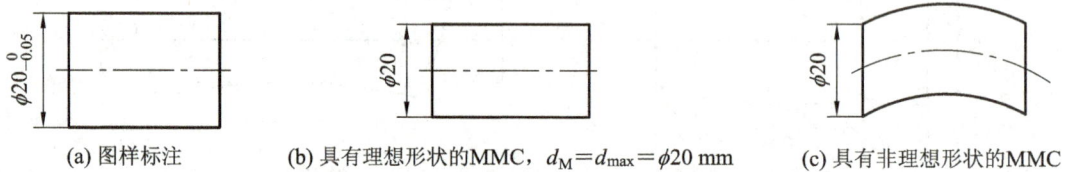

(a) 图样标注　　　　(b) 具有理想形状的MMC，$d_M = d_{max} = \phi 20$ mm　　　(c) 具有非理想形状的MMC

图 4-60　轴的最大实体状态和最大实体尺寸

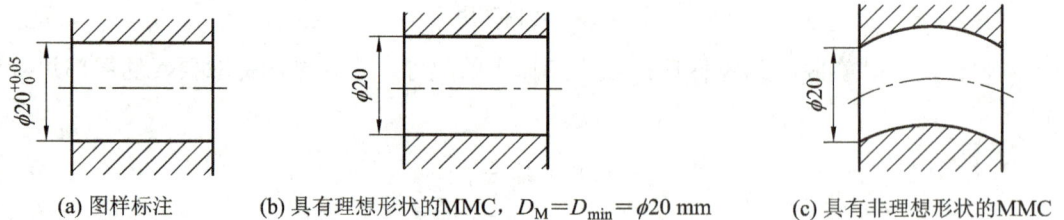

(a) 图样标注　　　　(b) 具有理想形状的MMC，$D_M = D_{min} = \phi 20$ mm　　　(c) 具有非理想形状的MMC

图 4-61　孔的最大实体状态和最大实体尺寸

2) 最小实体状态和最小实体尺寸

最小实体状态 (LMC)：在给定长度上，实际要素处处位于尺寸极限内并具有实体最小（占有材料量最少）的状态。

最小实体尺寸 (LMS)：实际要素在最小实体状态下的极限尺寸。内表面 (孔) 和外表

面 (轴) 的最小实体尺寸分别用 D_L 和 d_L 表示。对于内表面, 最小实体尺寸是指其上极限尺寸 D_{max}; 对于外表面, 最小实体尺寸是指其下极限尺 d_{min} , 即

$$D_L = D_{max} \tag{4-7}$$

$$d_L = d_{min} \tag{4-8}$$

图 4-62 和图 4-63 分别为轴和孔的最小实体状态和最小实体尺寸的示例。

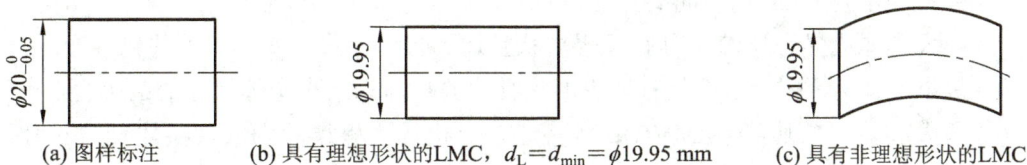

(a) 图样标注   (b) 具有理想形状的LMC, $d_L = d_{min} = \phi 19.95$ mm   (c) 具有非理想形状的LMC

图 4-62 轴的最小实体状态和最小实体尺寸

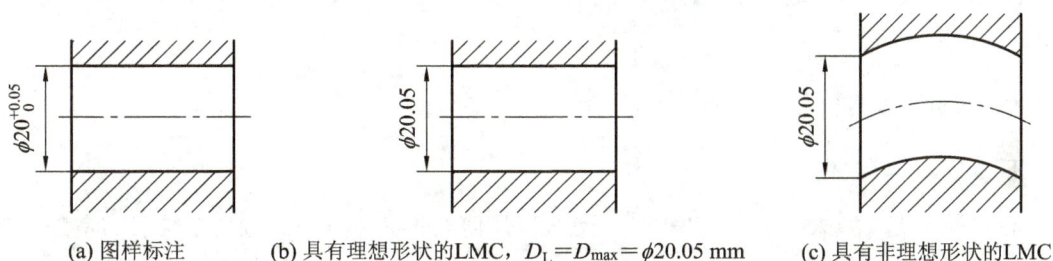

(a) 图样标注   (b) 具有理想形状的LMC, $D_L = D_{max} = \phi 20.05$ mm   (c) 具有非理想形状的LMC

图 4-63 孔的最小实体状态和最小实体尺寸

3. 实体实效状态和实体实效尺寸

1) 最大实体实效状态和最大实体实效尺寸

最大实体实效状态 (MMVC): 在给定长度上, 实际要素处于最大实体尺寸, 且其导出要素的几何误差达到给出的公差值时的综合极限状态。

最大实体实效尺寸 (MMVS): 最大实体实效状态下的体外作用尺寸。内表面 (孔) 和外表面 (轴) 的最大实体实效尺寸分别用 D_{MV} 和 d_{MV} 表示。对于内表面, 最大实体实效尺寸为最大实体尺寸减去其导出要素的几何公差值; 对于外表面, 最大实体实效尺寸为最大实体尺寸加上其导出要素的几何公差值, 即

$$D_{MV} = D_M - t = D_{min} - t \tag{4-9}$$

$$d_{MV} = d_M + t = d_{max} + t \tag{4-10}$$

2) 最小实体实效状态和最小实体实效尺寸

最小实体实效状态 (LMVC): 在给定长度上, 实际要素处于最小实体尺寸, 且其导出要素的几何误差达到给出的公差值时的综合极限状态。

最小实体实效尺寸 (LMVS): 最小实体实效状态下的体内作用尺寸。内表面 (孔) 和外表面 (轴) 的最小实体实效尺寸分别用 D_{LV} 和 d_{LV} 表示。对于内表面, 最小实体实效尺寸为最小实体尺寸加上其导出要素的几何公差值; 对于外表面, 最小实体实效尺寸为最小实体尺寸减去其导出要素的几何公差值, 即

$$D_{LV} = D_L + t = D_{max} + t \tag{4-11}$$

$$d_{LV} = d_L - t = d_{min} - t \tag{4-12}$$

4. 边界

边界是指由设计给定的具有理想形状的极限包容面 (极限圆柱或两个平行平面)，用于综合控制实际要素的尺寸误差和几何误差。

边界的尺寸是指极限包容面的直径或宽度。

(1) 最大实体边界 (MMB)：具有理想形状且边界尺寸为最大实体尺寸的包容面。

(2) 最小实体边界 (LMB)：具有理想形状且边界尺寸为最小实体尺寸的包容面。

(3) 最大实体实效边界 (MMVB)：具有理想形状且边界尺寸为最大实体实效尺寸的包容面。

(4) 最小实体实效边界 (LMVB)：具有理想形状且边界尺寸为最小实体实效尺寸的包容面。

4.4.2   独立原则

1. 含义和图样标注

独立原则是指图样上给定的每一个尺寸和几何 (形状、方向或位置) 要求均是独立的，应分别满足。此时，尺寸公差只控制提取组成要素的局部尺寸误差，几何公差控制形状、方向或位置误差。

遵守独立原则的尺寸公差和几何公差在图样上不加任何特定的关系符号，如图 4-64 所示。

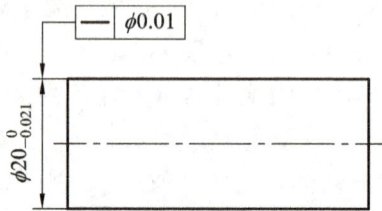

图 4-64   独立原则的标注示例

2. 被测要素的合格条件

当被测要素应用独立原则时，该要素的合格条件是：提取组成要素的局部尺寸应在其两个极限尺寸之间，同时提取组成要素的几何误差均应位于给定的几何公差带内，即

$$d_{min} \leqslant d_a \leqslant d_{max} \quad 或 \quad D_{min} \leqslant D_a \leqslant D_{max} \tag{4-13}$$

$$f_{几何} \leqslant t_{几何} \tag{4-14}$$

图 4-64 中，被测轴的合格条件是：零件加工后提取组成要素的局部尺寸应在 $\phi 19.979 \sim \phi 20$ mm 之间；轴线的直线度误差不得大于 $\phi 0.01$ mm。

3. 应用

独立原则的应用十分广泛，主要应用场合如下。

(1) 对几何精度要求严格，需单独加以控制而不允许受尺寸影响的要素。

(2) 几何精度和尺寸精度要求相差较大的要素，即几何精度要求高，尺寸精度要求低的要素；或尺寸精度要求高，几何精度要求低的要素。

(3) 几何精度和尺寸精度本身无必然联系的要素。

(4) 几何精度和尺寸精度均要求较低的非配合要素。

(5) 未注几何公差与未注尺寸公差的要素。

4.4.3　包容要求

1. 含义和图样标注

包容要求是指提取组成要素不得超越其最大实体边界，且其局部尺寸不得超出最小实体尺寸。当被测要素的提取组成要素偏离了最大实体状态时，可将尺寸公差的一部分或全部补偿给几何公差，被测要素所允许的几何误差完全取决于提取组成要素局部尺寸的大小。

采用包容要求时，应在其尺寸极限偏差或尺寸公差代号之后加注符号"Ⓔ"，如图 4-65所示。

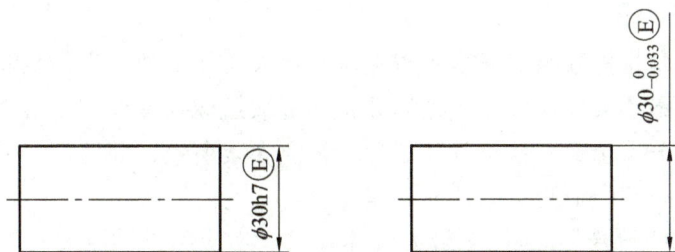

图 4-65　包容要求的标注示例

2. 被测要素的合格条件

当被测要素采用包容要求时，该要素的合格条件是：提取组成要素的体外作用尺寸不得超出最大实体尺寸，且其局部实际尺寸不得超出最小实体尺寸。即

对于外表面（轴）：　　$d_{fe} \leqslant d_M = d_{max}$ 且 $d_a \geqslant d_L = d_{min}$ 　　　　(4-15)

对于内表面（孔）：　　$D_{fe} \geqslant D_M = D_{min}$ 且 $D_a \leqslant D_L = D_{max}$ 　　　(4-16)

3. 应用

包容要求是将尺寸误差和几何误差同时控制在尺寸公差范围内的一种公差要求，主要用于必须保证配合性质的单一要素。例如，滚动轴承内圈与轴颈的配合，轴承外圈与箱体孔的配合部位尺寸采用包容要求。

4. 实例分析

例 4.1　图 4-66 所示的零件为普通车床尾顶尖的套筒，为保证其与尾座的配合关系，需按包容要求加工，加工后测得零件实际尺寸 $d_a = \phi 79.990$ mm，其轴线直线度误差 $f_{几何} = \phi 0.008$，判断该零件是否合格。

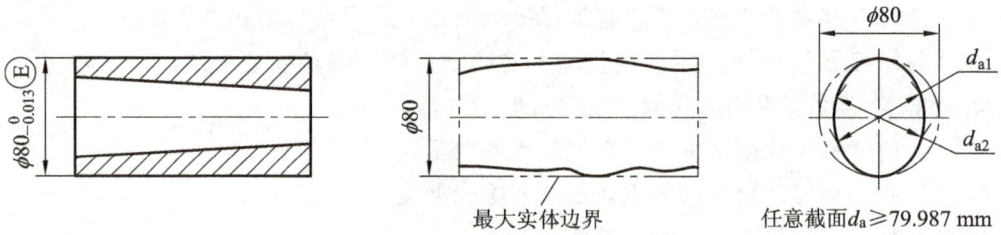

图 4-66　包容要求的实例

解　依题意可得

$$d_M = d_{max} = \phi 80 \text{ mm}$$

$$d_L = d_{min} = \phi 79.987 \text{ mm}$$

$$\begin{cases} d_{fe} = d_a + f_{几何} = \phi 79.990 \text{ mm} + \phi 0.008 \text{ mm} = \phi 79.998 \text{ mm} < d_M \\ d_a = \phi 79.990 \text{ mm} > d_L \end{cases}$$

满足包容要求条件，故零件合格。

4.4.4　最大实体要求

1. 含义和图样标注

最大实体要求是指提取组成要素不得超越其最大实体实效边界，且其局部尺寸不得超出最大实体尺寸和最小实体尺寸。当被测要素的提取组成要素偏离了最大实体状态时，可将尺寸公差的一部分或全部补偿给几何公差，被测要素所允许的几何误差取决于提取组成要素局部尺寸的大小和图中给定的几何公差。

最大实体要求的符号为"Ⓜ"。最大实体要求，当应用于被测要素时，应在被测要素几何公差框格中的公差值后标注符号"Ⓜ"，如图 4-67(a) 所示；当应用于基准要素时，应在几何公差框格内的基准字母代号后标注符号"Ⓜ"，如图 4-67(b) 所示。

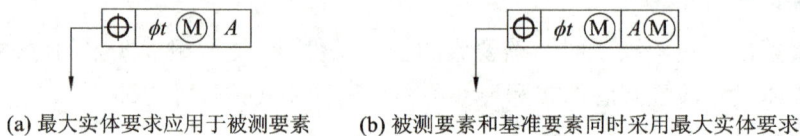

(a) 最大实体要求应用于被测要素　　　(b) 被测要素和基准要素同时采用最大实体要求

图 4-67　应用最大实体要求的标注方法

2. 被测要素的合格条件

当被测要素采用最大实体要求时，该要素的合格条件是：提取组成要素的体外作用尺寸不得超出最大实体实效尺寸，且其局部实际尺寸不得超出最大实体尺寸和最小实体尺寸，即

对于外表面（轴）：$d_{fe} \le d_{MV} = d_M + t = d_{max} + t$ 且 $d_{min} = d_L \le d_a \le d_M = d_{max}$　　(4-17)

对于内表面（孔）：$D_{fe} \ge D_{MV} = D_M - t = D_{min} - t$ 且 $D_{min} = D_M \le D_a \le D_L = D_{max}$　(4-18)

3. 应用

最大实体要求既可用于被测要素（包括单一要素和关联要素），又可用于基准要素。这些要素都是导出要素，不能是组成要素。最大实体要求主要用于对机械零件配合性质要

求不高，但要求顺利装配，即保证零件可装配性的场合。例如，图 4-68 所示某减速器输出轴的轴端端盖的螺栓孔部位，这些孔轴线的位置度公差可应用最大实体要求，这样能保证 4 个螺栓顺利装配。

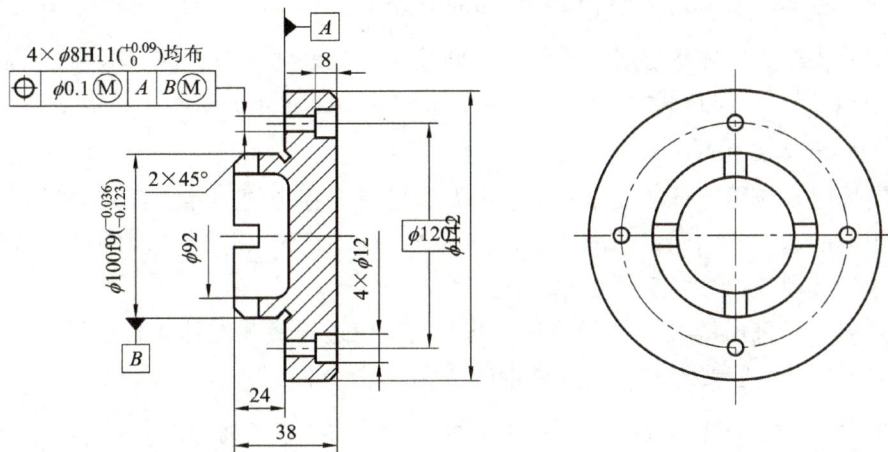

图 4-68　端盖零件示意图

4. 实例分析

1) 最大实体要求应用于被测要素

最大实体要求应用于被测要素时，被测要素的几何公差值是在该要素处于最大实体状态时给出的。当被测要素的实际轮廓偏离其最大实体状态，即其实际尺寸偏离最大实体尺寸时，几何误差值可超出在最大实体状态下给出的几何公差值，此时的几何公差值可以增大。

例 4.2　图 4-69(a) 表示轴 $\phi20_{-0.3}^{0}$ mm 的轴线直线度公差采用最大实体要求。当被测要素处于最大实体状态时，其轴线直线度公差为 $\phi0.1$ mm，如图 4-69(b) 所示，图 4-69(c) 给出了表达上述关系的动态公差图，试解释其含义。

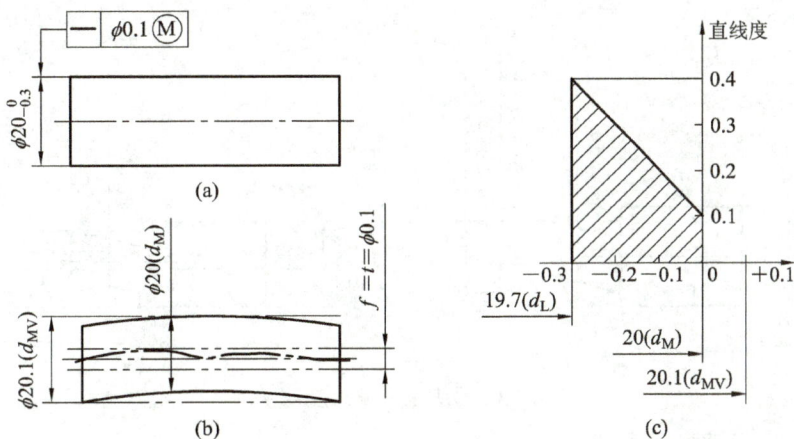

图 4-69　轴线直线度采用最大实体要求的示例

解　被测轴应满足下列要求：

(1) 实际尺寸在 $\phi19.7 \sim \phi20$ mm 之内。

(2) 实际轮廓不得超出最大实体实效边界，即实际轮廓体外作用尺寸不得大于最大实体实效尺寸，$d_{fe} \leqslant d_{MV} = d_M + t = (20 + 0.1)\text{mm} = 20.1$ mm。

当该轴处于最小实体状态时，其轴线直线度误差允许达到最大值，即等于图样给出的直线度公差 ($\phi0.1$ mm) 与轴的尺寸公差 ($\phi0.3$ mm) 之和 ($\phi0.4$ mm)。

2) 最大实体要求应用于基准要素

最大实体要求应用于基准要素时，基准要素应遵守相应的边界。若基准要素的实际轮廓偏离其相应的边界，则允许基准要素在一定范围内浮动，其浮动范围等于基准要素的实际轮廓尺寸与其相应的边界尺寸之差。

基准要素本身采用最大实体要求时，基准要素应遵守最大实体实效边界；基准要素本身采用独立原则或包容要求时，基准要素应遵守最大实体边界。

例 4.3　图 4-70(a) 所示的零件，最大实体要求应用于轴 $\phi12_{-0.05}^{\ 0}$ mm 的轴线对轴 $\phi25_{-0.05}^{\ 0}$ mm 的轴线的同轴度公差，并同时应用于基准要素。图中被测要素的同轴度公差值 $\phi0.04$ mm 是在被测要素处于最大实体状态，基准要素也处于最大实体状态时给出的，试解释其含义。

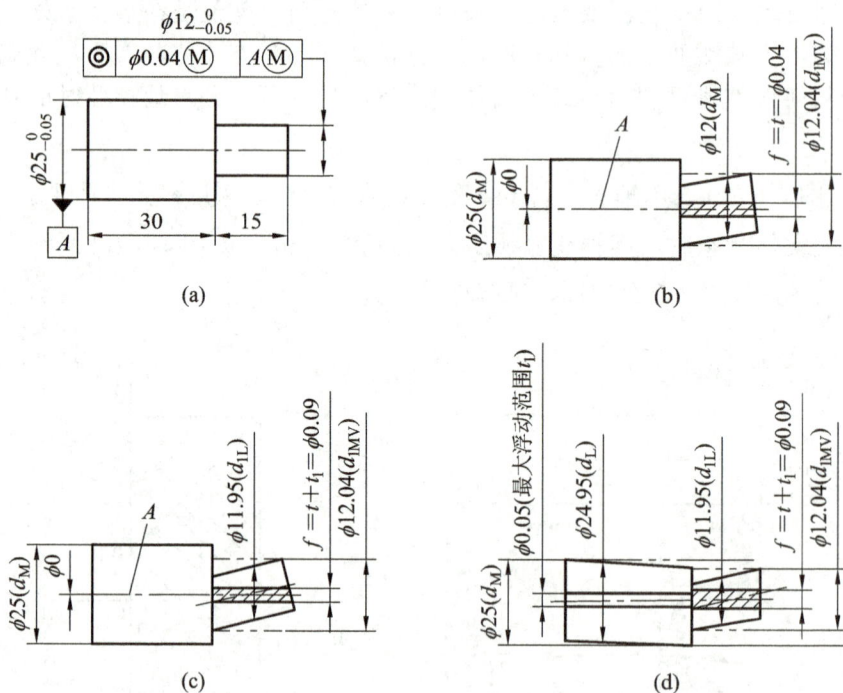

图 4-70　最大实体要求应用举例

解　被测轴应满足下列要求：

① 实际尺寸在 $\phi11.95 \sim \phi12$ mm 之内。

② 实际轮廓不得超出关联最大实体实效边界，即实际轮廓体外作用尺寸不得大于最大实体实效尺寸，$d_{fe} \leq d_{MV} = d_M + t = (12 + 0.04) \text{mm} = 12.04 \text{ mm}$。

当被测轴处于最小实体状态时，其轴线对基准 A 轴线的同轴度误差允许达到最大值，即等于图样给定的同轴度公差 ($\phi 0.04 \text{ mm}$) 与轴的尺寸公差 ($\phi 0.05 \text{ mm}$) 之和 ($\phi 0.09 \text{ mm}$)，如图 4-70(c) 所示。

当基准 A 的实际轮廓处于最大实体边界上，即其实际轮廓尺寸等于最大实体尺寸 $d_M = \phi 25 \text{ mm}$ 时，基准轴线不能浮动，如图 4-70(b)、(c) 所示。当基准 A 的实际轮廓偏离最大实体边界，即其实际轮廓尺寸偏离最大实体尺寸 $d_M = \phi 25 \text{ mm}$ 时，基准轴线可以浮动。当其实际轮廓尺寸等于最小实体尺寸 $d_L = \phi 24.95 \text{ mm}$ 时，其浮动范围达到最大值 $\phi 0.05 \text{ mm}$，如图 4-70(d) 所示。

4.4.5 最小实体要求

1. 含义和图样标注

最小实体要求是指提取组成要素不得超越其最小实体实效边界，且其局部尺寸不得超出最大实体尺寸和最小实体尺寸。当被测要素的提取组成要素偏离了最小实体实效状态时，可将尺寸公差的一部分或全部补偿给几何公差，被测要素所允许的几何误差取决于提取组成要素局部尺寸的大小和图中给定的几何公差。

最小实体要求的符号为 "Ⓛ"。最小实体要求，当应用于被测要素时，应在被测要素几何公差框格中的公差值后标注符号 "Ⓛ"，如图 4-71(a) 所示；当应用于基准要素时，应在几何公差框格内的基准字母代号后标注符号 "Ⓛ"，如图 4-71(b) 所示。

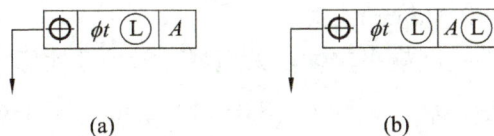

(a)   (b)

图 4-71 最小实体要求的标注方法

2. 被测要素的合格条件

当被测要素采用最小实体要求时，该要素的合格条件是：提取组成要素的体内作用尺寸不得超出最小实体实效尺寸，且其局部实际尺寸不得超出最大实体尺寸和最小实体尺寸，即

对于外表面 (轴)：$d_{fi} \geq d_{LV} = d_L - t = d_{min} - t$ 且 $d_{min} = d_L \leq d_a \leq d_M = d_{max}$ (4-19)

对于内表面 (孔)：$D_{fi} \leq D_{LV} = D_L + t = D_{max} + t$ 且 $D_{min} = D_M \leq D_a \leq D_L = D_{max}$ (4-20)

3. 应用

最小实体要求既可用于被测要素又可用于基准要素。这些要素都是导出要素，不能是组成要素。最小实体要求一般用于标有位置度、同轴度、对称度等项目的关联要素，很少用于单一要素，主要用在需要保证零件的强度和最小壁厚的场合，例如，大型减速器箱体的吊耳孔中心相对箱体外 (或内) 壁的位置度要求、空心圆柱凸台或带孔小垫圈的同轴度项目等，如图 4-72 所示。

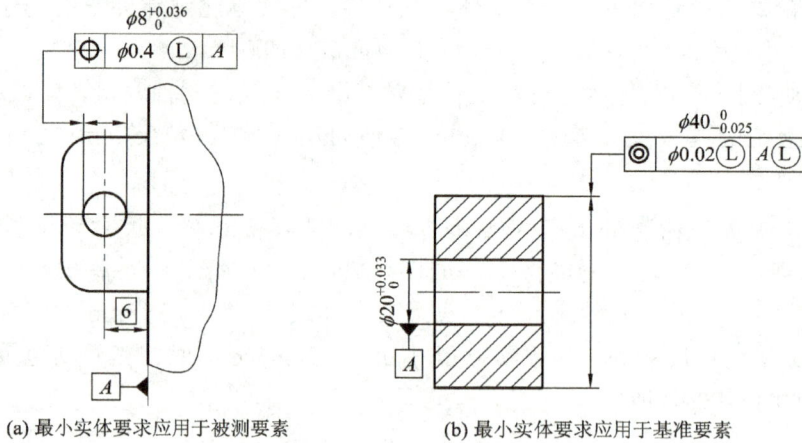

(a) 最小实体要求应用于被测要素　　　　　　(b) 最小实体要求应用于基准要素

图 4-72　最小实体要求的应用

4. 实例分析

1) 最小实体要求应用于被测要素

最小实体要求应用于被测要素时，被测要素的几何公差值是在该要素处于最小实体状态时给出的。当被测要素的实际轮廓偏离其最小实体状态，即其实际尺寸偏离最小实体尺寸时，几何误差值可超出在最小实体状态下给出的几何公差值，此时的几何公差值可以增大。

例 4.4　图 4-72(a) 表示最小实体要求应用于孔 $\phi 8^{+0.036}_{0}$ mm 的轴线对基准要素 A 的位置度公差，解释其含义。

解　被测孔应满足下列要求：

(1) 实际尺寸在 $\phi 8 \sim \phi 8.036$ mm 之内。

(2) 实际轮廓不得超出关联最小实体实效边界，即关联实际轮廓体内作用尺寸不得大于最小实体实效尺寸，$D_{fi} \leqslant D_{LV} = d_{L} + t = (8.036 + 0.4)\,\text{mm} = 8.436\,\text{mm}$。

当该孔处于最大实体状态时，其轴线对基准 A 的位置度误差允许达到最大值，即等于图样给出的位置度公差 ($\phi 0.4$ mm) 与孔的尺寸公差 ($\phi 0.036$ mm) 之和 ($\phi 0.436$ mm)。

2) 最小实体要求应用于基准要素

最小实体要求应用于基准要素时，基准要素应遵守相应的边界。若基准要素的实际轮廓偏离其相应的边界，则允许基准要素在一定范围内浮动，其浮动范围等于基准要素的实际轮廓尺寸与其相应的边界尺寸之差。

基准要素本身采用最小实体要求时，基准要素应遵守最小实体实效边界；基准要素本身采用独立原则或包容要求时，基准要素应遵守最小实体边界。

例 4.5　图 4-72(b) 表示最小实体要求应用于轴 $\phi 40^{0}_{-0.025}$ mm 的轴线对孔 $\phi 20^{+0.033}_{0}$ mm 的轴线的同轴度公差，并同时应用于基准要素，解释其含义。

解　被测轴应满足下列要求：

① 实际尺寸在 $\phi 39.975 \sim \phi 40$ mm 之内。

② 实际轮廓不得超出关联最小实体实效边界，即实际轮廓体内作用尺寸不得小于最

小实体实效尺寸，$d_{fi} \geq d_{LV} = d_L - t = (39.975 - 0.02)\text{mm} = 39.955\ \text{mm}$。

当被测轴处于最大实体状态时，其轴线对基准 A 轴线的同轴度误差允许达到最大值，即等于图样给定的同轴度公差 $(\phi 0.02\ \text{mm})$ 与轴的尺寸公差 $(\phi 0.025\ \text{mm})$ 之和 $(\phi 0.045\ \text{mm})$。

当基准 A 的实际轮廓处于最小实体边界上，即其实际轮廓尺寸等于最小实体尺寸 $D_L = \phi 20.033\ \text{mm}$ 时，基准轴线不能浮动；当基准 A 的实际轮廓偏离最小实体边界，即其实际轮廓尺寸偏离最小实体尺寸 $D_L = \phi 20.033\ \text{mm}$ 时，基准轴线可以浮动。当其实际轮廓尺寸等于最大实体尺寸 $D_M = \phi 20\ \text{mm}$ 时，其浮动范围达到最大值 $\phi 0.033\ \text{mm}$。

4.4.6　可逆要求

采用最大实体要求和最小实体要求时，只允许将尺寸公差补偿给几何公差。那么尺寸公差与几何公差是否可以相互补偿呢？针对这一问题，国家标准定义了可逆要求。

1. 含义和图样标注

可逆要求是指当导出要素的几何误差小于图样给出的几何公差时，在满足零件功能要求的前提下，允许其相应的尺寸公差增大的一种公差要求。它是最大实体要求和最小实体要求的附加要求，不能单独使用，必须与最大实体要求或最小实体要求一起使用。

当被测要素同时应用最大实体要求和可逆要求时，被测要素遵守的边界仍是最大实体实效边界，该边界与被测要素只应用最大实体要求时所遵守的边界相同。同理，当被测要素同时应用最小实体要求和可逆要求时，被测要素遵守的理想边界是最小实体实效边界。

可逆要求的符号为"Ⓡ"，与最大实体要求合用时，应将符号"Ⓡ"标注在最大实体要求符号"Ⓜ"的后面；与最小实体要求合用时，应将符号"Ⓡ"标注在最小实体要求符号"Ⓛ"的后面，如图 4-73 所示。

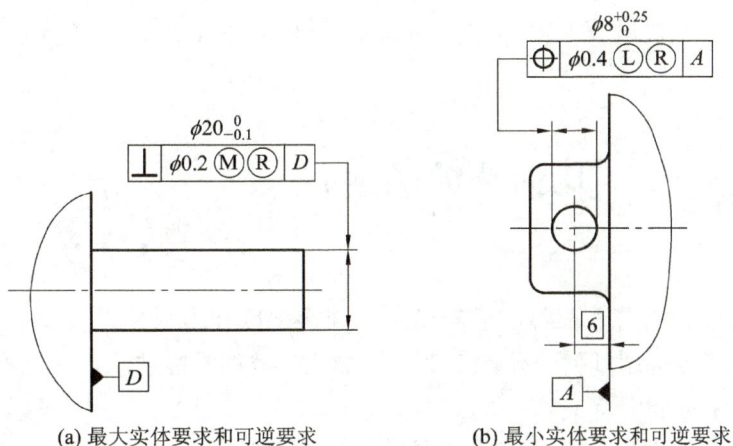

(a) 最大实体要求和可逆要求　　　　(b) 最小实体要求和可逆要求

图 4-73　可逆要求的标注示例

2. 尺寸公差与几何公差的关系

若最大 (小) 实体要求应用于被测要素，则其尺寸公差与几何公差的关系如下：当被测要素的实体状态偏离了最大 (小) 实体状态时，可将尺寸公差的一部分或全部补偿给几何公差。

可逆要求与最大 (小) 实体要求同时应用时，不仅具有上述的尺寸公差补偿给几何公差的关系，还具有当被测轴线或中心面的几何误差值小于给出的几何公差值时，允许相应的尺寸公差增大的关系。

3. 实例分析

例 4.6 图 4-73(a) 表示最大实体要求和可逆要求同时应用于轴 $\phi 20_{-0.1}^{\ 0}$ mm 的轴线对基准平面 D 的垂直度公差，解释其含义。

解 被测轴应满足下列要求：

(1) 轴的实际尺寸不得小于最小实体尺寸，即 $d_a \geqslant \phi 19.9$ mm。

(2) 被测轴不得超出最大实体实效边界，即其体外作用尺寸不得大于最大实体实效尺寸，$d_{fe} \leqslant d_{MV} = d_M + t = (20 + 0.2)$mm $= 20.2$ mm。

(3) 当轴的实际尺寸偏离最大实体尺寸 $\phi 20$ mm 时，允许轴线的垂直度误差增大，最大可增大到 $\phi 0.3$ mm。

(4) 当轴线的垂直度误差小于 $\phi 0.2$ mm 时，也允许轴的直径增大，最大可增大到 $\phi 20.2$ mm。

例 4.7 图 4-73(b) 表示最小实体要求和可逆要求同时应用于孔 $\phi 8_{0}^{+0.25}$ mm 的轴线对基准平面 A 任意方向的位置度公差，解释其含义。

解 被测孔应满足下列要求：

(1) 孔的实际尺寸不得小于最大实体尺寸，即 $D_a \geqslant \phi 8$ mm。

(2) 被测孔不得超出最小实体实效边界，即其体内作用尺寸不得大于最小实体实效尺寸，$D_{fi} \leqslant D_{LV} = D_L + t = (8.25 + 0.4)$mm $= 8.65$ mm。

(3) 当孔的实际尺寸偏离最小实体尺寸 $\phi 8.25$ mm 时，允许轴线的位置度误差增大，最大可增大到 0.65 mm。

(4) 当轴线的位置度误差小于 $\phi 0.4$ mm 时，也允许孔的直径增大，最大可增大到 $\phi 8.65$ mm。

4.5 几何公差的选择

几何公差直接影响着零部件的旋转精度、连接强度和密封性以及荷载分布均匀性等，因此，正确、合理地选用几何公差，对保证机器或仪器的功能要求、提高产品质量、降低制造成本具有非常重要的意义。

几何公差的选择主要包括几何公差项目、公差原则、几何公差值（或公差等级）以及基准要素等四项内容的选择。

4.5.1 几何公差项目的选择

几何公差项目的选择主要从被测要素的几何特征、功能要求、测量的方便性和公差项目本身的特点等方面综合考虑。在几何公差所有公差项目中，有单项控制的公差项目，如直线度、平面度等；也有综合控制的公差项目，如圆柱度、位置公差的各个项目。应该充分发挥综合控制公差项目的作用，以减少图样上给出的几何公差项目及相应的误差检测项目。

在满足功能要求的前提下，应该尽量使几何公差项目减少、检测方法简单，以获得较好的经济效益。例如，同轴度公差常常可以用径向圆跳动公差或径向全跳动公差代替，这样可使测量简便。但需注意，径向全跳动是同轴度误差与圆柱面形状误差的综合结果，故当同轴度由径向全跳动代替时，给出的全跳动公差应略大于同轴度公差值，否则就会要求过严。

4.5.2　公差原则的选择

选择公差原则时，应根据被测要素的功能要求，充分发挥几何公差的作用和采取该种公差原则的可行性、经济性。表 4-5 列出了五种公差原则的应用场合和示例或说明，可供选择时参考。

表 4-5　公差原则选择参考表

公差原则	应 用 场 合	示 例 或 说 明
独立原则	尺寸精度与几何精度需要分别满足的场合	齿轮箱体孔的尺寸精度与两孔轴线的平行度，连杆活塞销孔的尺寸精度与圆柱度，滚动轴承内、外圈滚道的尺寸精度与几何精度
	尺寸精度与几何精度要求相差较大的场合	滚筒类零件尺寸精度要求很低，几何精度要求较高；平板的尺寸精度要求不高，但几何精度要求很高；通油孔的尺寸有一定精度要求，几何精度无要求
	尺寸精度与几何精度无关联的场合	滚子链条的套筒或滚子内外圆柱面的轴线同轴度与尺寸精度，发动机连杆上的尺寸精度与孔轴线间的位置精度
	保证运动精度的场合	导轨的几何精度要求严格，尺寸精度要求一般
	保证密封性的场合	气缸的几何精度要求严格，尺寸精度要求一般
	未注公差的场合	凡未注尺寸公差与未注几何公差都采用独立原则，如退刀槽、倒角、圆角等非功能要素
包容要求	保证国家标准规定的配合性质的场合	$\phi30H7$ 孔与 $\phi30h6$ 轴的配合，可以保证配合的最小间隙等于零
	尺寸精度与几何精度间无严格比例要求的场合	一般的孔与轴配合，只要求提取组成要素不超出最大实体尺寸，提取局部尺寸不超出最小实体尺寸
最大实体要求	保证关联要素的孔和轴配合性质的场合	采用零几何公差的最大实体要求
	保证提取导出要素的可装配性的场合	轴承端盖、法兰盘上用于穿越螺栓（钉）的通孔轴线位置度
最小实体要求	保证零件连接强度和最小壁厚的场合	一组孔轴线的任意方向位置度公差，采用最小实体要求可保证孔与孔间的最小壁厚
可逆要求	与最大（小）实体要求一起使用的场合	能充分利用公差带，扩大尺寸要素的尺寸公差。在不影响使用性能要求的前提下可以选用

4.5.3　几何公差值（或公差等级）的选择

1. 几何公差值的规定

除线轮廓度和面轮廓度外，其他 12 项几何特征符号都规定了公差数值。其中，除位置度外，其他 11 项又都有公差等级，公差等级一般划分为 12 级，即 1 ~ 12 级，精度依次降低。但圆度和圆柱度的公差等级划分为 13 级，即 0 ~ 12 级。各几何公差等级的公差值见表 4-6 ~ 表 4-9。位置度公差值只规定了公差数系，见表 4-10。

表 4-6　直线度、平面度部分公差值（参考 GB/T 1184—1996)

主参数 L 图例

主参数 L/ mm	公差等级											
	1	2	3	4	5	6	7	8	9	10	11	12
	公差值 /μm											
≤ 10	0.2	0.4	0.8	1.2	2	3	5	8	12	20	30	60
> 10 ~ 16	0.25	0.5	1	1.5	2.5	4	6	10	15	25	40	80
> 16 ~ 25	0.3	0.6	1.2	2	3	5	8	12	20	30	50	100
> 25 ~ 40	0.4	0.8	1.5	2.5	4	6	10	15	25	40	60	120
> 40 ~ 63	0.5	1	2	3	5	8	12	20	30	50	80	150
> 63 ~ 100	0.6	1.2	2.5	4	6	10	15	25	40	60	100	200
> 100 ~ 160	0.8	1.5	3	5	8	12	20	30	50	80	120	250
> 160 ~ 250	1	2	4	6	10	15	25	40	60	100	150	300
> 250 ~ 400	1.2	2.5	5	8	12	20	30	50	80	120	200	400
> 400 ~ 630	1.5	3	6	10	15	25	40	60	100	150	250	500

表 4-7 圆度、圆柱度部分公差值（参考 GB/T 1184—1996)

主参数 *d(D)* 图例

主参数 *d(D)*/ mm	公差等级												
	0	1	2	3	4	5	6	7	8	9	10	11	12
	公差值 /μm												
≤ 3	0.1	0.2	0.3	0.5	0.8	1.2	2	3	4	6	10	14	25
> 3 ～ 6	0.1	0.2	0.4	0.6	1	1.5	2.5	4	5	8	12	18	30
> 6 ～ 10	0.12	0.25	0.4	0.6	1	1.5	2.5	4	6	9	15	22	36
> 10 ～ 18	0.15	0.25	0.5	0.8	1.2	2	3	5	8	11	18	27	43
> 18 ～ 30	0.2	0.3	0.6	1	1.5	2.5	4	6	9	13	21	33	52
> 30 ～ 50	0.25	0.4	0.6	1	1.5	2.5	4	7	11	16	25	39	62
> 50 ～ 80	0.3	0.5	0.8	1.2	2	3	5	8	13	19	30	46	74
> 80 ～ 120	0.4	0.6	1	1.5	2.5	4	6	10	15	22	35	54	87
> 120 ～ 180	0.6	1	1.2	2	3.5	5	8	12	18	25	40	63	100
> 180 ～ 250	0.8	1.2	2	3	4.5	7	10	14	20	29	46	72	115
> 250 ～ 315	1	1.6	2.5	4	6	8	12	16	23	32	52	81	130
> 315 ～ 400	1.2	2	3	5	7	9	13	18	25	36	57	89	140
> 400 ～ 500	1.5	2.5	4	6	8	10	15	20	27	40	63	97	155

表 4-8 平行度、垂直度、倾斜度部分公差值（参考 GB/T 1184—1996)

主参数 *d(D)*，*L* 图例

主参数 $d(D)$, L/ mm	公差等级											
	1	2	3	4	5	6	7	8	9	10	11	12
	公差值 / μm											
≤ 10	0.4	0.8	1.5	3	5	8	12	20	30	50	80	120
> 10 ~ 16	0.5	1	2	4	6	10	15	25	40	60	100	150
> 16 ~ 25	0.6	1.2	2.5	5	8	12	20	30	50	80	120	200
> 25 ~ 40	0.8	1.5	3	6	10	15	25	40	60	100	150	250
> 40 ~ 63	1	2	4	8	12	20	30	50	80	120	200	300
> 63 ~ 100	1.2	2.5	5	10	15	25	40	60	100	150	250	400
> 100 ~ 160	1.5	3	6	12	20	30	50	80	120	200	300	500
> 160 ~ 250	2	4	8	15	25	40	60	100	150	250	400	600
> 250 ~ 400	2.5	5	10	20	30	50	80	120	200	300	500	800
> 400 ~ 630	3	6	12	25	40	60	100	150	250	400	600	1000

表 4-9　同轴度、对称度、圆跳动和全跳动部分公差值 (参考 GB/T 1184—1996)

主参数 $d(D)$, B, L 图例

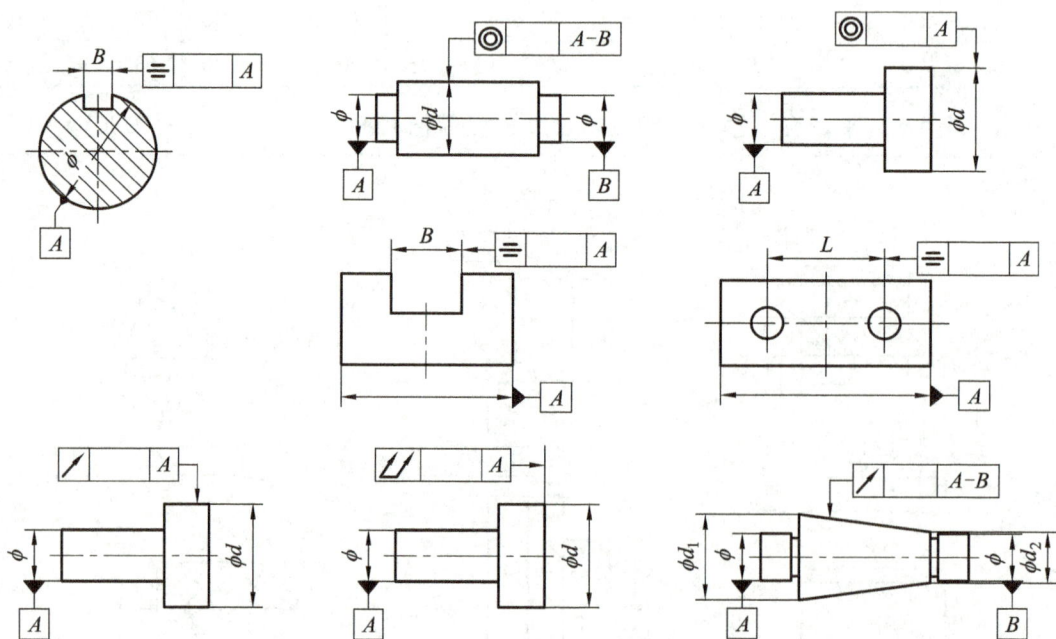

续表

主参数 $d(D)$, B，L/ mm	公差等级											
	1	2	3	4	5	6	7	8	9	10	11	12
	公差值 /μm											
≤ 1	0.4	0.3	1	1.5	2.5	4	6	10	15	25	40	60
> 1 ~ 3	0.4	0.6	1	1.5	2.5	4	6	10	20	40	60	120
> 3 ~ 6	0.5	0.8	1.2	2	3	5	8	12	25	50	80	150
> 6 ~ 10	0.6	1	1.5	2.5	4	6	10	15	30	60	100	200
> 10 ~ 18	0.8	1.2	2	3	5	8	12	20	40	80	120	250
> 18 ~ 30	1	1.5	2.5	4	6	10	15	25	50	100	150	300
> 30 ~ 50	1.2	2	3	5	8	12	20	30	60	120	200	400
> 50 ~ 120	1.5	2.5	4	6	10	15	25	40	80	150	250	500
> 120 ~ 250	2	3	5	8	12	20	30	50	100	200	300	600
> 250 ~ 500	2.5	4	6	10	15	25	40	60	120	250	400	800

注：1. 当被测要素为圆锥面时，取 $d = (d_1 + d_2)/2$。

　　2. 使用同轴度公差值时，应在表中查的数值前加注 "ϕ"。

表 4-10　位置度公差值数系（摘自 GB/T 1184—1996)　　　　μm

1	1.2	1.5	2	2.5	3	4	5	6	8
1×10^n	1.2×10^n	1.5×10^n	2×10^n	2.5×10^n	3×10^n	4×10^n	5×10^n	6×10^n	8×10^n

注：1. n 为正整数。

　　2. 表中第1行为系数，第2行是公差值。

2. 几何公差值的选用

几何公差值的选用主要根据零件的使用性能、结构特征、加工性和经济性等因素综合考虑。几何公差值的选用原则是：在满足零件功能要求的前提下，尽可能选用较大的公差值（较低的公差等级）。

实际生产中常采用类比法确定几何公差值，即参考现有的手册和资料。参考经过验证的类似几何公差值时，应考虑下列情况：

(1) 各公差值之间应注意协调，对同一要素给出多项几何公差要求时，各公差值之间一般遵循以下原则：

　　　　　　形状公差值<方向公差值<位置公差值<跳动公差值<尺寸公差值

同时应注意以下特殊情况：细长轴轴线的直线度公差值远大于尺寸公差值；位置度和对称度公差值往往与尺寸公差值相当；当几何公差值与尺寸公差值相等时，对同一要素按包容要求处理。

(2) 综合公差值大于单项公差值，如圆柱度公差值大于圆度公差值和直线度公差值。

(3) 对于结构复杂、刚性较差或不易加工和测量的零件，可适当降低公差等级 1 ～ 2 级。例如，细长轴、宽度较大（一般大于 1/2 长度）的零件表面等。

(4) 通常情况下，被测要素的表面粗糙度评价参数值 Ra 应小于其形状公差值，一般为形状公差值的 20% ～ 25%，对于高精度的小尺寸零件，Ra 可达到形状公差值的 50% ～ 70%。

(5) 有关国家标准已对几何公差值作出规定的，应按相应的国家标准确定。例如，与滚动轴承相配合的轴和箱体孔的圆柱度公差值、机床导轨的直线度公差值等。

表 4-11 至表 4-14 列出了各种几何公差等级的应用举例，供选用时参考。

表 4-11　直线度、平面度公差等级应用举例

公差等级	应 用 举 例
1、2	用于精密量具、测量仪器以及精度要求较高的精密机械零件，如 0 级平板和平尺以及宽平尺的工作面，工具显微镜等精密测量仪器的导轨面，喷油嘴针阀体端面，液压泵柱塞套端面等的平面度
3	用于 0 级及 1 级宽平尺工作面，1 级样板平尺的工作面，测量仪器圆弧导轨的直线度，测量仪器的测杆，等等
4	用于量具、测量仪器和机床导轨，如 1 级宽平尺的工作面、0 级平板的工作面，测量仪器的 V 形导轨面，高精度平面磨床的 V 形导轨面和滚动导轨面，轴承磨床及平面磨床床身直线度，等等
5	用于 1 级平板、2 级宽平尺的工作面，平面磨床纵导轨、垂直导轨、立柱导轨和工作台面，液压龙门刨床导轨面，转塔车床床身导轨面，柴油机进气门导杆直线度，等等
6	用于 1 级平板的工作面，卧式车床床身导轨面，龙门刨床导轨面，滚齿机立柱导轨、床身导轨及工作台面，自动车床床身导轨、平面磨床垂直导轨、卧式镗床和铣床工作台以及机床主轴箱导轨等工作面，柴油机进气门导杆直线度，柴油机机体上部结合面，等等
7	用于 2 级平板的工作面，分度值为 0.02 mm 游标卡尺尺身的直线度，机床主轴箱体、柴油机气门导杆、滚齿机床身导轨的直线度，镗床工作台面，摇臂钻底座工作台面，液压泵盖的平面度，压力机导轨及滑块的工作面
8	用于 2 级平板的工作面，车床溜板箱体、机床主轴箱体、机床传动箱体、自动车床底座的直线度，汽缸盖结合面，内燃机连杆分离面的平面度，减速器壳体的结合面
9	用于 3 级平板的工作面，机床溜板箱、立钻的工作台，螺纹磨床的挂轮架、金相显微镜的载物台，柴油机汽缸体连杆的分离面，缸盖的结合面，阀片的平面度，空气压缩机汽缸体、柴油机缸孔环面的平面度以及辅助机构及手动机械的支承面
10	用于 3 级平板的工作面，自动车床床身底面的平面度，车床挂轮架的平面度，柴油机汽缸体、摩托车的曲轴箱体、汽车变速箱的壳体与汽车发动机缸盖的结合面，阀片的平面度以及液压管件和法兰的连接面，等等
11、12	用于易变形的薄片零件，如离合器的摩擦片、汽车发动机缸盖的结合面等

表 4-12 圆度、圆柱度公差等级应用举例

公差等级	应 用 举 例
1	高精度量仪主轴、高精度机床主轴、滚动轴承滚珠和滚柱面等
2	精密量仪主轴、外套、阀套,高压油泵柱塞及套,纺锭轴承,高速柴油机进、排气阀门,精密机床主轴轴颈,针阀圆柱塞及柱塞套
3	工具显微镜套管外圆,高精度外圆磨床轴承,磨床砂轮主轴套筒,喷油嘴针阀体,精密微型轴承内、外圈
4	较精密机床主轴,精密机床主轴箱孔,高压阀门活塞、活塞销、阀体孔,工具显微镜顶针,高压液压泵柱塞,较高精度滚动轴承配合轴,铣削动力头箱体孔
5	一般量仪主轴,测杆外圆,陀螺仪轴颈,一般机床主轴,较精密机床主轴及主轴箱孔,柴油机、汽油机活塞及活塞销孔,铣削动力头轴承箱座孔,高压空气压缩机十字头销、活塞,较低精度滚动轴承配合轴
6	仪表端盖外圆,一般机床主轴及箱体孔,中等压力下液压装置工作面(包括泵、压缩机的活塞和汽缸),汽车发动机凸轮轴,纺机锭子,通用减速器轴颈,高速船用发动机曲轴,拖拉机曲轴主轴颈, 与 0 级滚动轴承配合的轴颈
7	大功率低速柴油机曲轴、活塞、活塞销、连杆、汽缸,高速柴油机箱体孔,千斤顶或压力液压缸活塞,液压传动系统的分配机构,机车传动轴,水泵及一般减速器轴颈
8	低速发动机、减速器、大功率曲轴轴颈,气压机连杆盖、体,拖拉机汽缸体、活塞,炼胶机冷铸轴辊,印刷机传墨辊,内燃机曲轴,柴油机体孔、凸轮轴,拖拉机、小型船用柴油机汽缸套
9	空气压缩机缸体,液压传动筒,通用机械杠杆与拉杆用套筒销,拖拉机活塞环、套筒孔
10	印染机导布辊、绞车、吊车、起重机滑动轴承轴颈等

表 4-13 同轴度、对称度、径向跳动公差等级应用举例

公差等级	应 用 举 例
1、2	旋转精度要求很高、尺寸公差高于1级的零件,如精密测量仪器的主轴和顶尖,柴油机喷油嘴针阀体
3、4	机床主轴轴颈,砂轮轴轴颈,汽轮机主轴,测量仪器的小齿轮轴,安装高精度齿轮的轴颈
5	机床主轴轴颈,机床主轴箱孔,计量仪器的测杆,涡轮机主轴,柱塞油泵转子,高精度滚动轴承外圈,一般精度轴承内圈
6、7	内燃机曲轴,凸轮轴轴颈,柴油机机体主轴承孔,水泵轴,油泵柱塞,汽车后桥输出轴,安装一般精度齿轮的轴颈,涡轮盘,普通滚动轴承内圈,印刷机传墨辊的轴颈,键槽
8、9	内燃机凸轮轴孔,水泵叶轮,离心泵体,汽缸套外径配合面对工作面,运输机机械滚筒表面,棉花精梳机前、后滚子,自行车中轴,与9级精度以下齿轮相配的轴

表 4-14　平行度、垂直度、倾斜度、轴向跳动公差等级应用举例

公差等级	应 用 举 例
1	高精度机床、测量仪器、量具等主要工作面和基准面
2、3	精密机床、测量仪器、量具、夹具的工作面和基准面，精密机床的导轨面，精密机床主轴轴向定位面，滚动轴承座圈端面，普通机床的主要导轨、精密刀具、量具的工作面和基准面，光学分度头心轴端面
4、5	普通机床导轨重要支承面，机床主轴孔对基准的平行度，精密机床重要零件、计量仪器、量具、模具的工作面和基准面，床头箱体重要孔、通用减速器壳体孔、齿轮泵的油孔端面，发动机轴和离合器的凸缘，汽缸支承端面，安装精密滚动轴承壳体孔的凸肩
6、7、8	一般机床的工作面和基准面，压力机和锻锤的工作面，中等精度钻模的工作面，一般轴承孔对基准的平行度；变速箱箱体孔、主轴花键对定心直径部位表面轴线的平行度；一般导轨、主轴箱体孔、刀架、砂轮架、汽缸的配合面对基准线、活塞销孔对活塞中心线的垂直度，滚动轴承内、外圈端面对轴线的垂直度
9、10	低精度零件、重型器械滚动轴承端盖的平行度；柴油机、曲轴颈、花键轴和轴肩的端面、带式运输机法兰盘等端面对轴线的垂直度；减速器壳体平面的垂直度

3. 未注几何公差的规定

为简化图样，对一般机床加工就能保证的几何精度，就不必在图样上注出几何公差值。图样上未标明几何公差值的要素，其几何精度由未注几何公差控制。

国家标准 (GB/T 1184—1996) 对直线度、平面度、垂直度、对称度和圆跳动的未注几何公差进行了规定，将其分为 H、K、L 三个公差等级，H 级最高，L 级最低。它们的数值分别见表 4-15～表 4-18。其他项目如线轮廓度、面轮廓度、倾斜度、位置度和全跳动，均由各要素的注出或未注几何公差、线性尺寸公差或角度公差控制。

表 4-15　直线度、平面度的未注公差值（GB/T 1184—1996） mm

公差等级	公称长度范围					
	≤ 10	> 10 ~ 30	> 30 ~ 100	> 100 ~ 300	> 300 ~ 1000	> 1000 ~ 3000
H	0.02	0.05	0.1	0.2	0.3	0.4
K	0.05	0.1	0.2	0.4	0.6	0.8
L	0.1	0.2	0.4	0.8	1.2	1.6

表 4-16　垂直度的未注公差值（GB/T 1184—1996） mm

公差等级	公称长度范围			
	≤ 100	> 100 ~ 300	> 300 ~ 1000	> 1000 ~ 3000
H	0.2	0.3	0.4	0.5
K	0.4	0.6	0.8	1
L	0.6	1	1.5	2

表 4-17　对称度的未注公差值（GB/T 1184—1996）　　mm

公差等级	公称长度范围			
	≤ 100	> 100 ～ 300	> 300 ～ 1000	> 1000 ～ 3000
H	0.5			
K	0.6		0.8	1
L	0.6	1	1.5	2

表 4-18　圆跳动的未注公差值（GB/T 1184—1996）　　mm

公差等级	圆跳动公差值
H	0.1
K	0.2
L	0.5

采用国标规定的未注公差值时，应在标题栏附近或在技术要求、技术文件 (如企业标准) 中注出标准号及公差等级代号。例如，采用 K 级未注公差时，标注为"未注几何公差按 GB/T 1184-K"。

关于未注几何公差的几点说明如下：

(1) 圆度的未注公差值等于工作直径公差值，但不能大于表 4-18 中的径向圆跳动的未注公差值。

(2) 国际 GB/T 1184—1996 对圆柱度的未注公差值未作规定。原因是圆柱度误差是由圆度、直线度和相对素线的平行度误差综合形成的，而这三项误差均分别由它们的注出公差或未注公差控制。如果对圆度误差有较高的要求，则可以采用包容要求或注出圆柱度公差值。

(3) 平行度的未注公差值等于给定的尺寸公差值或直线度和平面度未注公差值中的较大者。应取两要素中较长者作为基准，若两要素长度相等，则可任选其一为基准。

(4) 国际 GB/T 1184—1996 对同轴度的未注公差值未作规定。在极限状况下，同轴度的未注公差值可以和表 4-18 中规定的径向圆跳动的公差值相等。

4.5.4　基准要素的选择

基准是确定关联要素之间方向或位置的依据。选择基准时，主要应根据零件的功能要求和设计要求，并兼顾基准统一原则和零件结构特征进行选择。基准要素的选择包括基准部位的选择、基准数量的确定和基准顺序的安排等。

1. 基准部位的选择

根据设计和使用要求、零件的结构特点，并综合考虑基准统一原则，力求使设计基准和工艺基准重合，以消除基准不统一产生的误差，同时简化夹具、量具的设计与制造。在满足功能要求的前提下，一般选用加工或装配中精度要求较高的表面作为基准，而且基准要素应具有足够的刚度和尺寸，确保定位稳定可靠。

2. 基准数量的确定

一般根据公差项目的方向、位置及几何功能要求来确定基准的数量。定向公差大多只需要一个基准，而定位公差则需要一个或多个基准。

3. 基准顺序的安排

若选择两个及以上基准要素时，就必须确定基准要素的顺序，并按此顺序填入公差框格中。基准顺序的安排主要考虑零件的结构特点以及装配和使用要求。

4.5.5 几何公差选用实例

例 4.8 图 4-74 所示为某齿轮减速器的输出轴，两轴颈 $\phi55k6$ 处与 0 级滚动轴承配合，$\phi58r6$ 位置安装大齿轮，$\phi45n7$ 位置安装链轮。根据减速器对该轴的功能要求、几何特征和装配要求等选用几何公差。

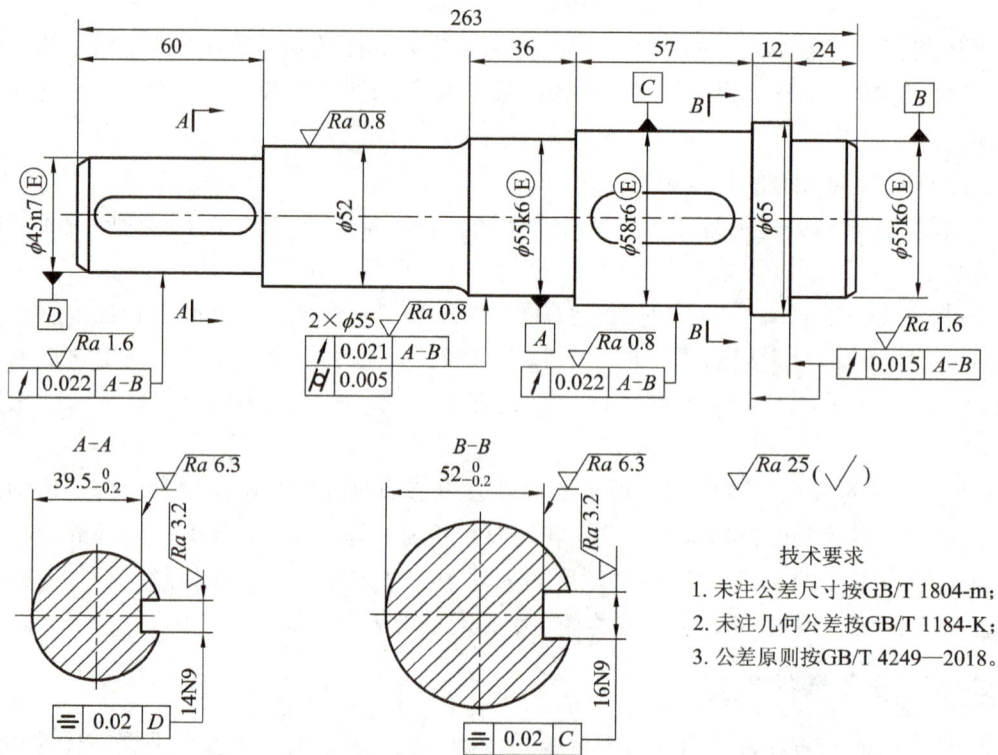

图 4-74　齿轮减速器输出轴

解　(1) 确定基准。

输出轴工作时由两轴颈处的轴承支承。就输出轴而言，轴上各要素的回转中心为两轴颈确定的公共轴线，因此轴颈公共轴线为输出轴的主要基准。实际加工中往往以轴两端的中心线作为基准，设计时也可采用由两端中心线确定的公共轴线为基准。轴上键槽的基准采用键槽所处位置的圆柱的中心轴线。

(2) 确定公差项目、公差值及公差原则。

① 两轴颈 ϕ55k6 处、ϕ58r6 齿轮安装处、ϕ45n7 链轮安装处，配合要求严格，采用包容要求。

② 两轴颈处为了防止轴承装配后内圈变形，提出圆柱度要求，查表 4-12，与 0 级滚动轴承配合，取 6 级精度，查表 4-7，公差值为 0.005 mm；为保证两轴颈装上轴承后与减速器箱体孔配合，需限制两轴颈的同轴度，为检测方便，提出相对于公共轴线的径向圆跳动公差要求，查表 4-13，确定 7 级精度，对应公差值可取 0.021 mm。

③ ϕ58r6 齿轮安装处圆柱面和 ϕ45n7 链轮安装处圆柱面，为保证齿轮、链轮的正确啮合，需提出相对于公共轴线的径向圆跳动公差要求，对应公差值可取 0.022 mm。

④ ϕ65 两轴肩分别为轴承和齿轮定位，要求轴肩与轴线垂直。因此，根据 GB/T 275—2015《滚动轴承 配合》，提出轴肩的轴向圆跳动公差为 0.015 mm。

⑤ 为保证键的装配质量，键槽相对轴线有对称度要求，对照表 4-13，确定 8 级精度，对应公差值为 0.020 mm。

4.6 几何误差的检测

几何误差的检测是评定零件合格性的重要方面，零件的几何误差对零件的使用性能影响极大。GB/T 1958—2017《产品几何技术规范 (GPS) 几何公差 检测与验证》对几何误差的定义、评定方法、检测原则、基准的建立和体现等都作了具体规定。

4.6.1 几何误差的评定

1. 形状误差的评定

1) 形状误差

形状误差是指被测要素的提取要素对其理想要素的变动量。

将被测要素的提取要素与其理想要素比较，如果被测要素的提取要素与理想要素完全重合，则形状误差为零；如果被测要素的提取要素对其理想要素有偏离，其偏离 (变动) 量即为形状误差。但对同一被测要素的提取要素，若理想要素处于不同的位置，则会得到大小不同的变动量。因此，在评定形状误差时，理想要素相对于被测要素的提取要素的位置应遵循形状误差评定原则——最小条件。

2) 形状误差评定原则——最小条件

最小条件是指被测要素的提取要素相对于理想要素的最大变动量为最小。最小条件分为以下两种情况。

(1) 对于提取组成要素 (线、面轮廓度除外)。

对于提取组成要素，其拟合要素位于实体之外且与被取组成要素相接触，如图 4-75(a)

所示的理想直线 A_1B_1、A_2B_2 和 A_3B_3。理想要素 A_1B_1、A_2B_2 和 A_3B_3 处于不同的位置，提取要素相对于理想要素的最大变动量分别为 h_1、h_2 和 h_3。图中 $h_1 < h_2 < h_3$，h_1 值最小，则符合最小条件的拟合要素为 A_1B_1。

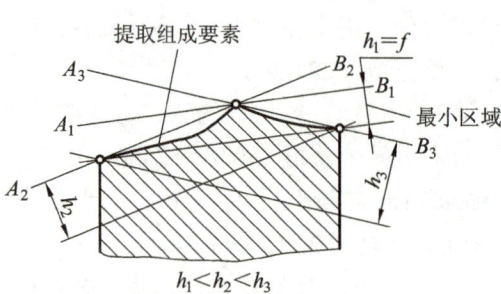

(a) 提取组成要素的理想要素和最小区域　　(b) 提取导出要素的理想要素和最小区域

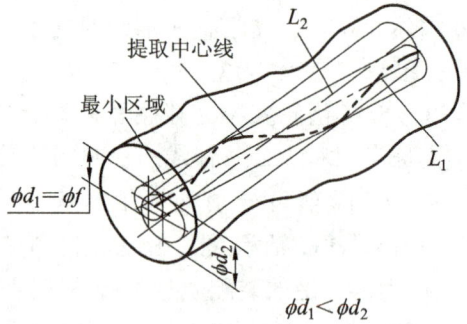

图 4-75　提取要素的理想要素和最小区域

(2) 对于提取导出要素。

对于提取导出要素（中心线、中心面等），其理想要素位于提取导出要素中，如图 4-75(b) 所示的理想轴线。理想要素 L_1 和 L_2 处于不同的位置，提取导出要素相对于理想要素的最大变动量分别为 ϕd_1 和 ϕd_2。图中 $\phi d_1 < \phi d_2$，且 ϕd_1 最小，则符合最小条件的理想要素为 L_1。

3) 形状误差评定方法——最小区域法

评定形状误差时，形状误差数值可用最小包容区域的宽度或直径表示。所谓最小包容区域是指包容被测要素的提取要素时，具有最小宽度 f 或直径 ϕf 的包容区域，如图 4-75(b) 所示。各误差项目最小区域的形状与各自的公差带形状一致，但宽度（或直径）由提取要素本身决定。

最小区域法是指按最小包容区域来评定形状误差值的方法。显然，按最小区域法评定的形状误差值是唯一的、最小的，可以最大限度地保证合格件通过。最小区域法是评定形状的一种基本方法，因这时的理想要素是符合最小条件的。在实际测量中，只要能满足零件功能要求，就允许采用近似的评定方法。例如，可用两端点连线法评定直线度误差，用三点法评定平面度误差等。当采用不同的评定方法所获得的测量结果有争议时，应将按最小区域法评定的结果作为仲裁的依据。

2. 方向误差的评定

方向误差是指被测要素的提取要素对具有确定方向的理想要素的变动量，理想要素的方向由基准确定。

方向误差值用定向最小包容区域（简称定向最小区域）的宽度或直径表示。定向最小包容区域是指按理想要素的方向来包容被测要素的提取要素时，具有最小宽度 f 或直径 ϕf 的包容区域，如图 4-76 所示。各方向误差项目定向最小包容区域的形状分别和各自公差带的形状一致，但宽度或直径由被测要素的提取要素本身来决定。

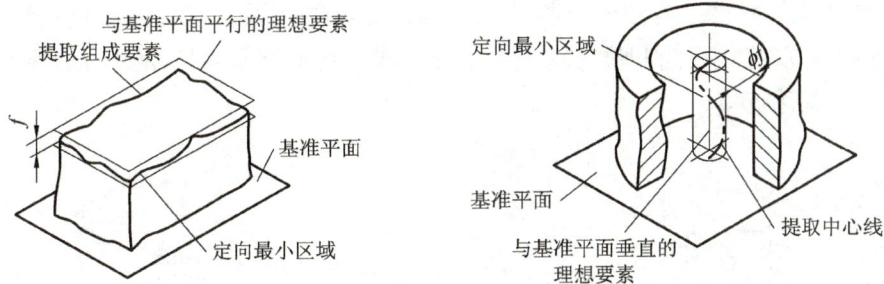

图 4-76 方向误差和定向最小区域

3. 位置误差的评定

位置误差是指被测要素的提取要素对具有确定位置的理想要素的变动量，理想要素的位置由基准和理论正确尺寸确定。对于同轴度和对称度，理论正确尺寸为零。

位置误差值用定位最小包容区域（简称定位最小区域）的宽度或直径表示。定位最小包容区域是指以理想要素定位包容被测要素的提取要素时，具有最小宽度 f 或直径 ϕf 的包容区域，如图 4-77 所示。各误差项目定位最小包容区域的形状分别与各自公差带的形状一致，但宽度或直径由被测要素的提取要素本身决定。

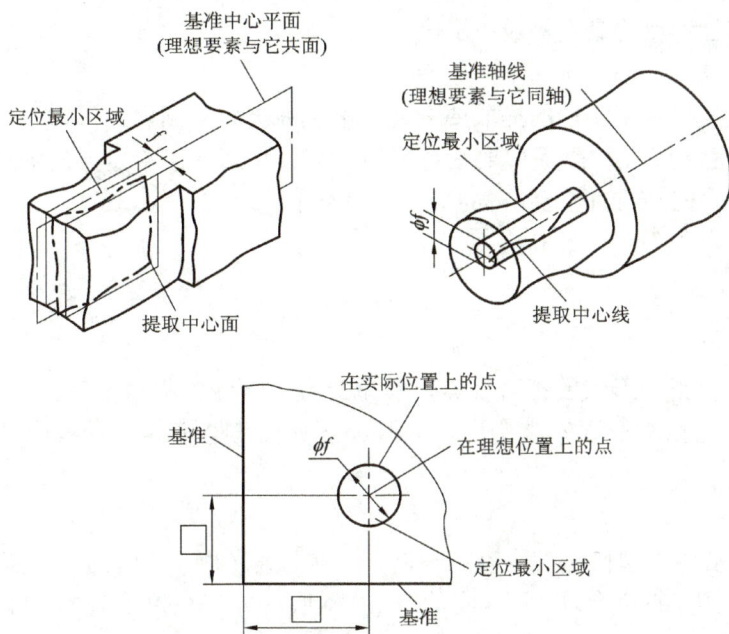

图 4-77 位置误差和定位最小区域

应注意最小包容区域、定向最小包容区域和定位最小包容区域三者之间的差异。最小包容区域的方向、位置一般可随提取要素的状态变动，定向最小包容区域的方向是固定不变的（由基准确定），而其位置则可随提取要素的状态变动；定位最小包容区域，除个别情况外，其位置是固定不变的（由基准和理论正确尺寸确定）。故评定形状、方向和位置误差的最小包容区域的大小一般是有区别的，如图 4-78 所示，其关系为

$$f_{形状} < f_{定向} < f_{定位} \tag{4-21}$$

即位置误差包含了形状误差和同一基准的方向误差，方向误差包含了形状误差。当零件上某要素同时有形状、方向和位置精度要求时，设计中对该要素所给定的三种公差 ($t_{形状}$、$t_{方向}$和 $t_{位置}$) 的关系为

$$t_{形状} < t_{方向} < t_{位置} \tag{4-22}$$

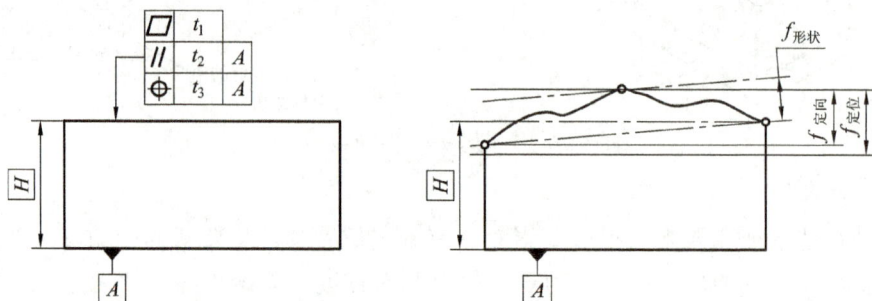

图 4-78　评定形状、方向和位置误差的区别

4. 跳动误差的评定

1) 圆跳动误差

圆跳动误差是指被测要素的提取要素绕基准轴线无轴向回转一周时，由位置固定的指示计在给定方向上测得的最大与最小示值之差。

2) 全跳动误差

全跳动误差是指被测要素的提取要素绕基准轴线无轴向回转，同时指示计沿给定方向的理想直线连续移动 (或被测提取要素每回转一周，指示计沿给定方向的理想直线做间断移动)，由指示计在给定方向上测得的最大与最小示值之差。

4.6.2　基准

1. 基准的建立

基准是指具有正确形状的拟合要素，是确定被测要素的提取要素方向和位置的依据。在实际应用时，它由基准要素来确定，为基准要素的拟合要素，而拟合要素的位置应符合最小条件。

1) 基准点

当由提取球心或提取圆心建立基准点时，该提取球 (圆) 心即为基准点。提取球 (圆) 心为该提取球 (圆) 的拟合球 (圆) 面的球 (圆) 心，即提取球 (圆) 心与其拟合球 (圆) 心重合。

2) 基准直线

当由提取线或其投影建立基准直线时，基准直线为该提取线的拟合直线，如图 4-79 所示。

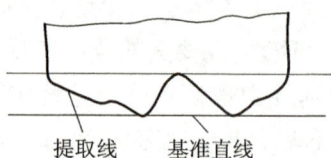

图 4-79　提取线和基准直线

3) 基准轴线

当由提取中心线建立基准轴线时，基准轴线为该提取中心线的拟合轴线，如图 4-80 如示。

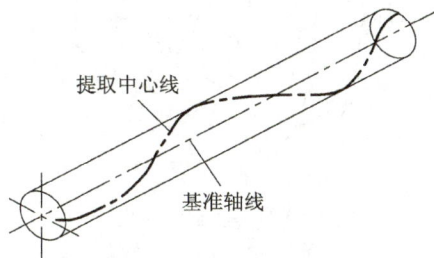

图 4-80　基准轴线

4) 公共基准轴线

当由两条或两条以上提取中心线（组合基准要素）建立公共基准轴线时，公共基准轴线为这些提取中心线所共有的拟合轴线，如图 4-81 所示。

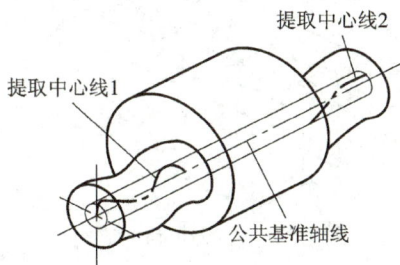

图 4-81　公共基准轴线

5) 基准平面

当由提取表面建立基准平面时，基准平面为该提取表面的拟合平面，如图 4-82 所示。

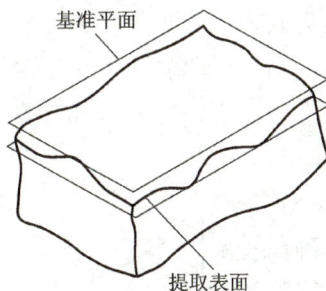

图 4-82　基准平面

6) 公共基准平面

当由两个或两个以上提取表面（组合基准要素）建立公共基准平面时，公共基准平面为这些提取表面所共有的拟合平面。

7) 基准中心平面

当由提取中心面建立基准中心平面时，基准中心平面为该提取中心面的拟合平面，如图 4-83 所示。

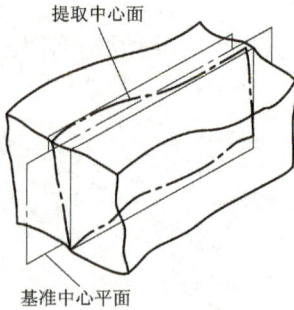

图 4-83　基准中心平面

8) 公共基准中心平面

当由两个或两个以上提取中心面(组合基准要素)建立公共基准中心平面时，公共基准中心平面为这些提取中心面所共有的拟合平面，如图 4-84 所示。

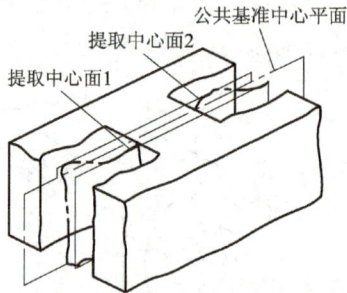

图 4-84　公共基准中心平面

9) 三基面体系

三基面体系是指由三个互相垂直的平面所构成的一个基准体系。这三个平面按功能要求分别称为第一、第二、第三基准平面。三基面体系可通过以下方式建立。

(1) 由提取表面建立基准体系。

第一基准平面是由第一基准提取表面建立的，为该提取表面的拟合平面。第二基准平面是由第二基准提取表面建立的，为该提取表面垂直于第一基准平面的拟合平面。第三基准平面是由第三基准提取表面建立的，为该提取表面垂直于第一和第二基准平面的拟合平面，如图 4-85 所示。

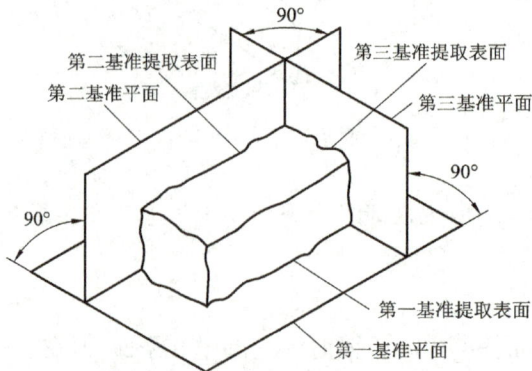

图 4-85　由提取表面建立基准体系

(2) 由提取中心线建立基准体系。

由提取中心线建立的基准轴线作为两基准平面的交线。当基准轴线为第一基准时，则该轴线作为第一和第二基准平面的交线，如图 4-86(a) 所示。当基准轴线为第二基准时，则该轴线垂直于第一基准平面并作为第二和第三基准平面的交线，如图 4-86(b) 所示。

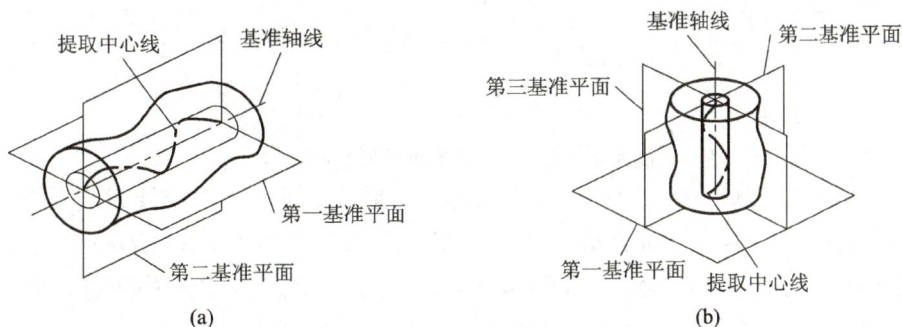

(a)　　　　　　　　　　　　　　(b)

图 4-86　由提取中心线建立基准体系

(3) 由提取中心面建立基准体系。

由提取中心面建立基准体系时，该提取中心面的拟合平面构成某一基准平面。

2. 基准的体现

基准建立的基本原则应符合最小条件，但为了方便起见，允许在测量时用近似的方法体现基准，常用的方法有模拟法、直接法、分析法和目标法四种，其中使用最广的是模拟法。

1) 模拟法

模拟法是指采用形状精度足够高的精密表面来体现基准的方法。例如：用精密平板的工作面模拟基准平面，如图 4-87 所示；将精密芯轴装入基准孔内，用其轴线模拟基准轴线，如图 4-88 所示；以 V 形架表面体现基准轴线，如图 4-89 所示。

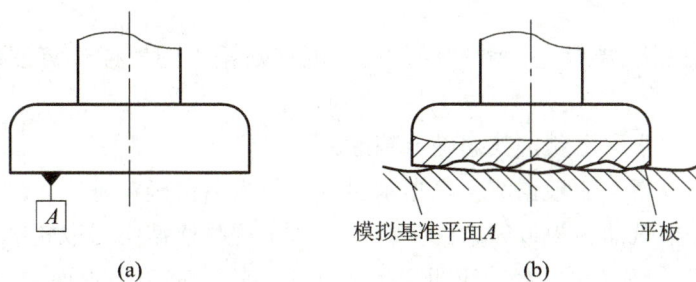

(a)　　　　　　　　　　　　　　(b)

图 4-87　用平板工作面模拟基准平面

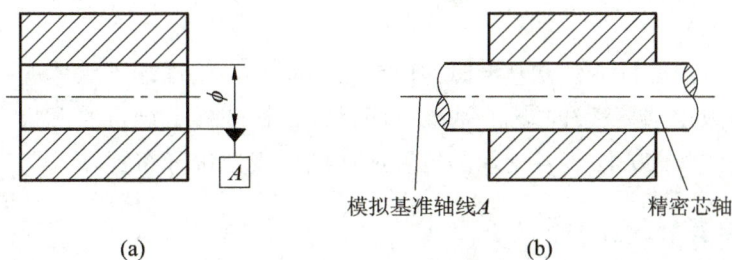

(a)　　　　　　　　　　　　　　(b)

图 4-88　用芯轴轴线模拟基准轴线

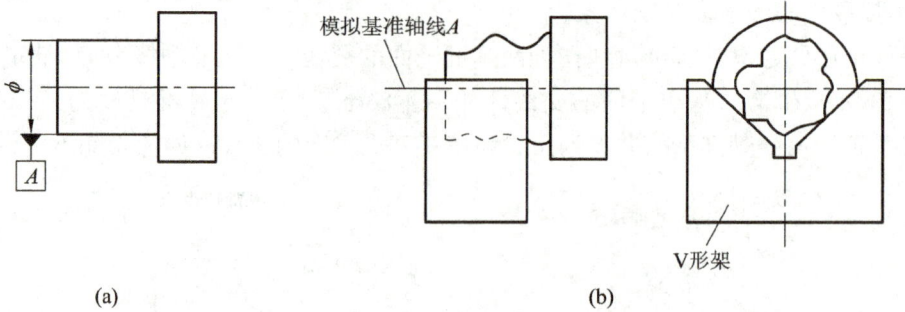

图 4-89　用 V 形架表面模拟基准轴线

采用模拟法体现基准时，应符合最小条件。一般情况下，当基准要素与模拟基准要素之间稳定接触时，自然形成符合最小条件的相对关系，如图 4-87(b) 所示；当基准要素与模拟基准要素之间非稳定接触时，如图 4-90(a) 所示，一般不符合最小条件，此时应调整基准要素，使之与模拟基准之间尽可能符合最小条件，如图 4-90(b) 所示。

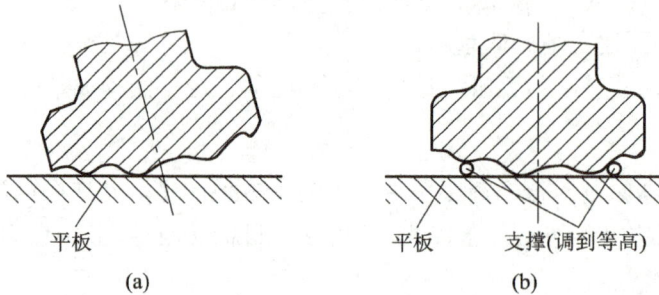

图 4-90　非稳定接触

2) 直接法

直接法是指当基准实际要素具有足够高的精度时，直接以基准要素为基准的方法。

3) 分析法

分析法是指对基准要素进行测量后，根据测得数据用图解或计算法确定基准位置的方法。

对于提取组成要素，由测得数据确定基准。

对于提取导出要素，应根据测得数据求出基准要素后再确定基准。例如，对于基准轴线，在回转体若干横截面内提取轮廓的坐标值，求出这些横截面提取轮廓的中心并提取中心线后，按最小条件确定的拟合轴线即为基准轴线；或在其轴向截面内提取两对应线的坐标值的平均值，以求得提取中心线，再按最小条件确定的拟合轴线即为基准轴线。

4) 目标法

目标法是指由基准目标建立基准时，基准"点目标"可用球端支承体现；基准"线目标"可用刀口状支承或由圆棒素线体现；基准"面目标"按图样上规定的形状，用具有相应形状的平面支承来体现的方法。各支承的位置应按图样规定进行布置。

4.6.3　几何误差的检测原则

国家标准归纳、总结并规定了五种几何误差的检测原则。

1. 与拟合要素比较原则

与拟合要素比较原则是指将被测要素的提取要素与拟合要素进行比较，从而测出该提取要素的误差值。误差值可由直接法或间接法得出。拟合要素多采用模拟法获得，如用刀口尺的刃口或光束模拟理想直线，用精密平板模拟理想平面，用精密回转轴系和偏心安置的测头模拟理想圆，等等。这一原则在生产中应用极为广泛。

2. 测量坐标值原则

测量坐标值原则是指利用坐标测量仪器如工具显微镜、坐标测量机等，测量被测要素的提取要素的坐标值（如直角坐标值、极坐标值、圆柱面坐标值等），并经过数据处理获得几何误差值。该检测原则在轮廓度、位置度测量中应用较为广泛，往往需要借助坐标测量设备及计算机数据处理等手段。

3. 测量特征参数原则

测量特征参数原则是指测量被测要素的提取要素上具有代表性的参数（即特征参数）来表示几何误差值。如以平面上任意方向的最大直线度误差来近似表示该平面的平面度误差；用两点法测量圆度误差，即在同一个横截面内的几个方向上测量，取相互垂直的两直径差值的最大值的一半作为圆度误差。该原则的使用可简化测量过程及设备，在不影响使用功能前提下，可获得良好的经济效果，常用于生产现场。

4. 测量跳动原则

测量跳动原则是指被测要素的提取要素绕基准轴线回转过程中，沿给定方向（径向、轴向、斜向）测量其对某参考点或线的变动量（指示表最大与最小示值之差）。该检测原则用于回转体零件的跳动检测，适合在车间使用。

5. 控制实效边界原则

控制实效边界原则是指检验被测要素的提取要素是否超过实效边界，以判断零件合格与否。如被测关联要素遵守最大实体要求，则用综合量规模拟实效边界，检验被测要素的提取要素是否超过最大实体实效边界，以判断零件合格与否。又如包容要求，其被测要素的提取要素的检验也是采用控制边界的检验方式，不同的是所控制的边界是最大实体边界。

需指出的是，测量几何误差的温度条件是标准参考温度为 20℃和测量力为 0 N。当环境条件偏离较大时，应考虑对测量结果进行适当的修正。

4.6.4 几何误差的检测方法

几何误差是指被测要素的提取要素对其理想要素的变动量。检测获得的几何误差值是判断零件合格与否的依据。GB/T 1958—2017 附录中规定了几何公差的多种检测方法，人们可以根据被测对象的特点和客观条件，选择最合理的方法。下面仅介绍实际生产中常用的几种检测方法。

1. 直线度误差的检测

1) 间隙法

间隙法是指用刀口尺或平尺来体现被测直线的测量基线，将被测直线与测量基线间形成的光隙与标准光隙相比较的检测方法。间隙法是一种直接评定直线度误差值的方法，适用于尺寸在 500 mm 以内、精密加工平面或圆柱 (圆锥) 的素线直线度误差的测量。

检测时将刀口尺或平尺置于被测表面上，调整刀口尺或平尺，使其工作棱边与被测直线之间的最大光隙尽可能小，此时的最大间隙就是被测直线的直线度误差，如图 4-91(a)、(b) 所示。误差大小应根据光隙测定。当光隙较小时，可按标准光隙估读间隙大小；当光隙较大 (大于 30 μm) 时，可借助塞尺进行测量。

标准光隙是由刀口尺、研合在平晶上的两等高量块以及与等高量块形成不同间隙的不同尺寸量块构成的，如图 4-91(c) 所示。

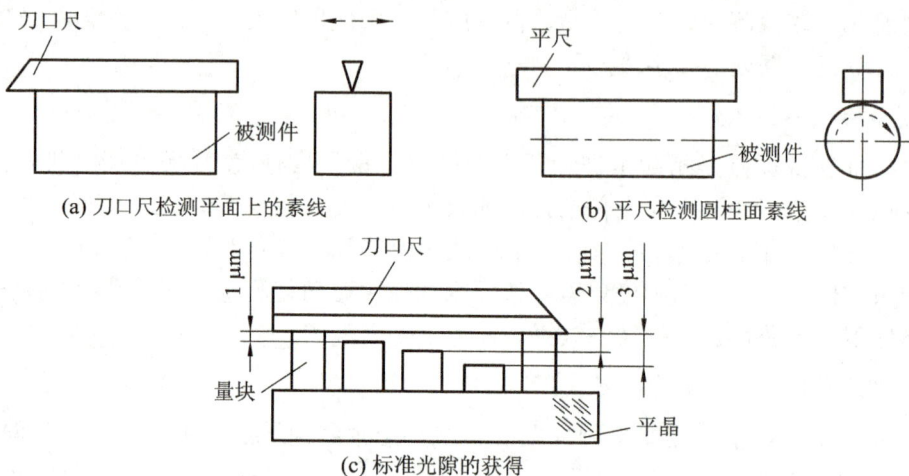

(a) 刀口尺检测平面上的素线　　　　　　(b) 平尺检测圆柱面素线

(c) 标准光隙的获得

图 4-91　间隙法检测直线度误差

2) 指示计法

指示计法是指用带有指示计的装置，测出在给定截面上被测直线相对于模拟理想直线 (精密导轨或平板) 的偏差量，从而评定直线度误差的方法。此方法简便易行，特别适用于中低精度的中、短被测直线的测量，故广泛应用于现场测量中。

如图 4-92 所示，以水平放置的两顶尖顶住被测零件，在被测零件的上、下母线处分别放置一个指示计，在通过被测零件轴线的铅垂面内同步移动指示计，沿圆柱的母线进行测量，记录两指示计在各测点处的对应读数 M_a 和 M_b，转动被测零件进行多次测量，取截面上的 $|M_a - M_b|/2$ 中的最大值作为该轴截面轴线的直线度误差。

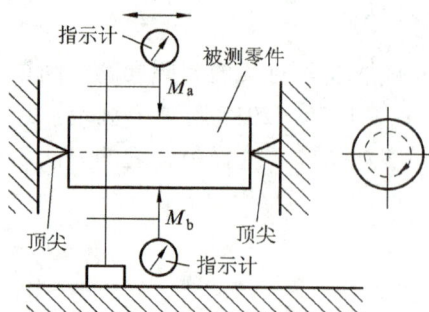

图 4-92　指示计法测量直线度误差

3) 节距法

节距法主要用来测量精度要求较高而被测直线尺寸又较长的研磨或刮研表面,如测量长导轨面等。如图 4-93 所示,它是通过将被测组成要素 (长度) 分成若干小段,用仪器 (水平仪、自准直仪等) 测量每一段的相对读数,最后通过数据处理的方法求得总体的直线度误差。节距法是一种间接测量方法。

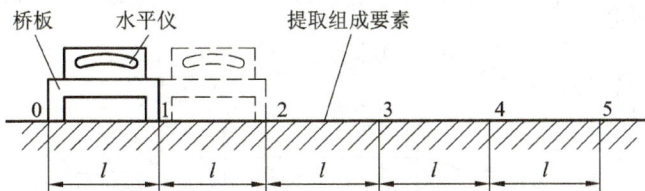

图 4-93　节距法测量直线度误差

数据处理如表 4-19 和图 4-94 所示。表 4-19 中的相对高度 a_i 是由原始读数经换算得出的。假设仪器的分度值为 c (如 0.005 mm/1000 mm),测量时的节距为 l,从仪器读取的相对刻度数为 n_i(以格为单位),则

$$a_i = cln_i \tag{4-23}$$

根据表 4-19 作出误差曲线,如图 4-94 所示,按最小包容区域法求得直线度误差 $f = 5\ \mu m$。

表 4-19　直线度误差的数据处理

节距序号	0	1	2	3	4	5	6	7
相对高度 a_i /μm		−3	0	−4	−4	+1	+1	−5
依次累积值 $\sum a_i$ /μm	0	−3	−3	−7	−11	−10	−9	−14

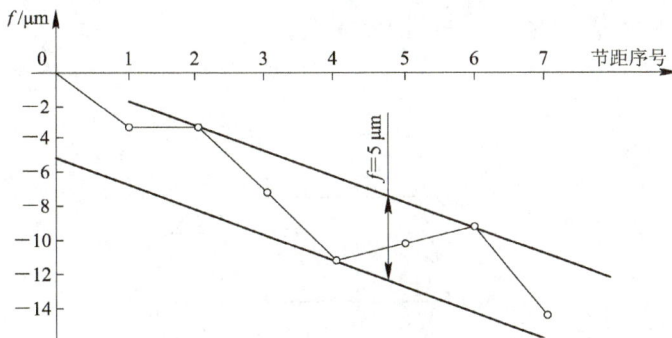

图 4-94　直线度误差曲线

2. 平面度误差的检测

1) 指示计法

如图 4-95(a) 所示,将工件放在平板上,调整被测表面最远三点,使其与平板等高,按一定的布点规律测量被测表面,同时记录示值。一般可用指示计最大与最小示值的差值近似作为平面度误差。必要时可根据记录的示值用计算或图解法按最小条件计算平面度误差。

2) 平晶法

如图 4-95(b) 所示 , 将平晶贴在被测表面,观察干涉条纹。对于封闭干涉条纹,被测表面的平面度误差为封闭的干涉条纹数乘以半波波长;对于不封闭的干涉条纹,被测表面

的平面度误差为条纹的弯曲度与相邻两条纹间距之比再乘以半波波长。此法适用于测量高精度的小平面。

3) 水平仪法

如图 4-95(c) 所示，将被测表面调水平，用水平仪按一定的布点规律和方向逐点测量被测表面，同时记录示值，并换算成线值。根据线值用计算或图解法按最小条件 (也可按对角线法) 计算平面度误差。

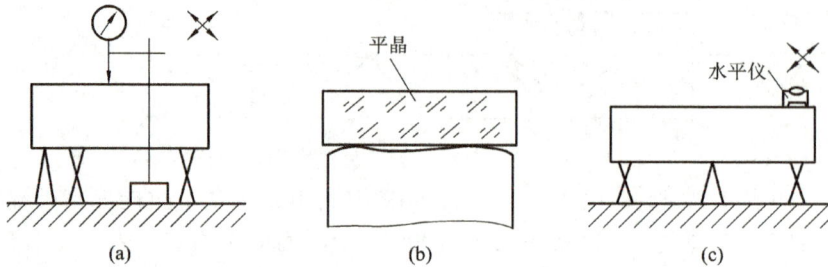

图 4-95　平面度误差的测量方法

3. 圆度误差的检测

圆度误差可用游标卡尺、千分尺、V 形块和带指示表的表架、圆度仪、光学分度头、三坐标测量机等测量。其中最合理、用得最多的是用圆度仪。

圆度仪测量圆度误差的示意图如图 4-96 所示，将被测零件放置在圆度仪上，同时调整被测零件的轴线，使之与圆度仪的回转轴线同轴。记录被测零件在回转一周过程中测量截面上各点的半径差。在极坐标图中按最小条件计算截面圆度误差。采用同样方法，再测若干截面，取最大误差值作为该零件的圆度误差。

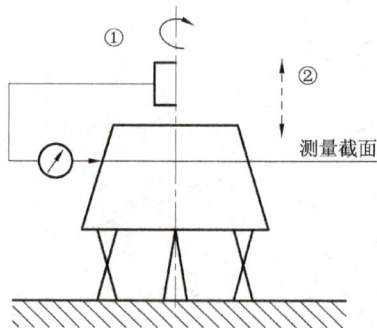

图 4-96　圆度仪测量圆度误差的示意图

4. 平行度误差的检测

1) 面对面平行度误差的检测

如图 4-97 所示，测量时将被测零件放在平板上，以平板的工作面模拟被测零件的基准平面，将其作为测量基准。测量实际表面上的各点，将指示计读数的最大值和最小值之差作为实际平面对基准平面的平行度误差。此方法适用于测量表面形状误差 (相对平行度公差) 较小的工件。

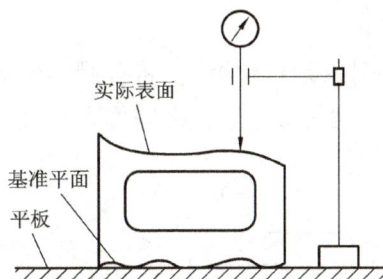

图 4-97　面对面平行度误差的测量

2) 线对线平行度误差的检测

如图 4-98 所示，基准轴线和被测轴线均由芯轴模拟，将模拟基准轴线的芯轴放在等高的支架上，在测量距离为 L_2 的两个位置上测得的读数分别为 M_1 和 M_2，则平行度误差为

$$f = \frac{L_1}{L_2}|M_1 - M_2| \tag{4-24}$$

式中：L_1 为被测轴线的长度。

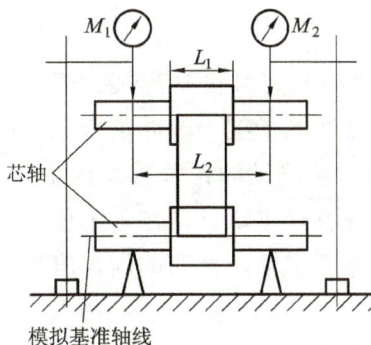

图 4-98　线对线平行度误差的测量

5. 垂直度误差的检测

1) 面对面垂直度误差的检测

如图 4-99 所示，先用直角尺调整指示计，当直角尺与固定支撑接触时，将指示计的指针调零，然后对零件进行测量，使固定支撑与被测实际表面接触，指示计的读数为该测点相对于理论位置的偏差。改变指示计在表架上的高度位置，对被测表面的不同点进行测量，取指示计读数的最大与最小示值之差作为被测表面对其基准平面的垂直度误差。

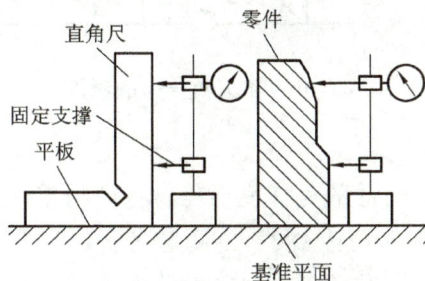

图 4-99　面对面垂直度误差的测量

2) 面对线垂直度误差的检测

如图 4-100 所示，用导向块模拟基准轴线，将被测零件放置在导向块内，然后测量整个被测表面，取指示计读数的最大与最小示值之差作为垂直度误差。

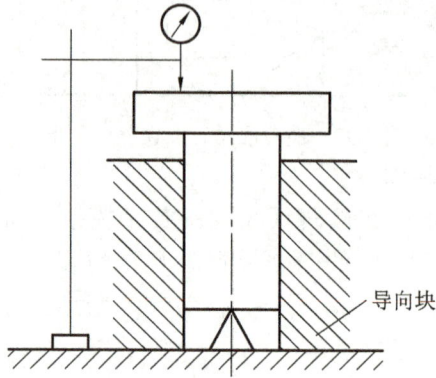

图 4-100   面对线垂直度误差的测量

6. 同轴度误差的检测

如图 4-101 所示，用两个等高的刀口状 V 形架体现公共基准轴线，使基准轴线平行于平板工作面。两个指示计安装在测量架上，并使指示计的测杆处在同一直线上，且垂直于平板。将两个指示计分别与被测轴的铅垂截面内上、下素线接触，并在一端调零。在被测轴向截面内，沿轴线方向移动指示计，在若干位置上测量，得到两指示计读数的最大差值。转动被测零件，测量若干轴向截面的同轴度误差，取其中的最大值作为被测件的同轴度误差。

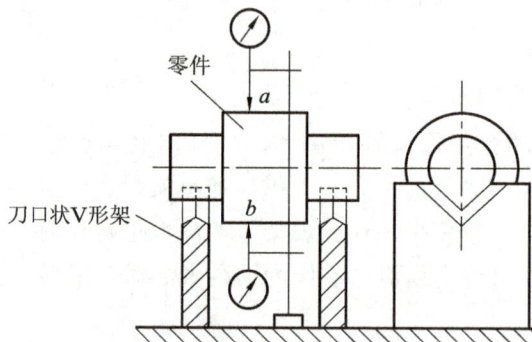

图 4-101   同轴度误差的测量

7. 对称度误差的检测

如图 4-102 所示，测量面对面的对称度误差，将被测零件放在平板上，测量被测表面与平板之间的距离；将被测零件翻转 180°，测量另一被测表面与平板之间的距离，取测量截面内对应两测点的最大差值作为该零件的对称度误差。

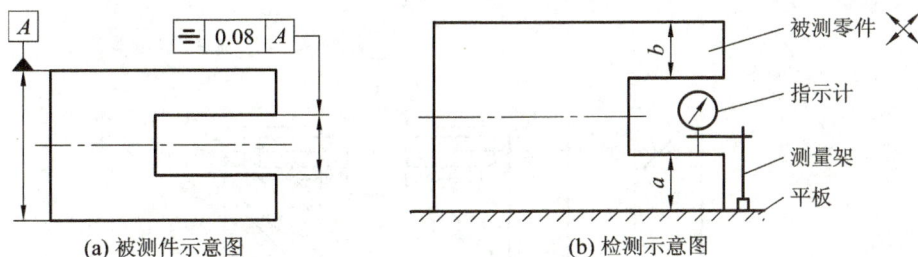

图 4-102　面对面的对称度误差检测

8. 位置度误差的检测

位置度误差可以用坐标测量装置或专用测量设备等测量。图 4-103 所示为用坐标测量装置测量孔的位置度误差。按基准调整被测零件，使其与测量装置的坐标方向一致。将

芯轴放置在孔中，在靠近被测零件的板面处，测量 x_1、x_2、y_1、y_2，则孔中心坐标为（ $\dfrac{x_1 + x_2}{2}$，

$\dfrac{y_1 + y_2}{2}$ ）。将孔中心坐标分别与相应的理论正确尺寸比较，得到偏差值 f_x 和 f_y，相应的位

置度误差为 $2\sqrt{f_x^2 + f_y^2}$ 。将被测零件翻转，对其背面按上述方法重复测量，取其中位置度误差较大的作为零件上该孔中心的位置度误差。

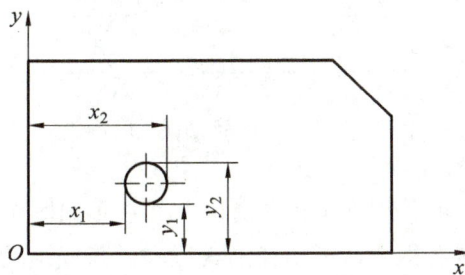

图 4-103　测量孔的位置度误差

9. 跳动误差的检测

1) 圆跳动误差的检测

径向圆跳动误差的测量如图 4-104 所示。基准轴线由 V 形架模拟，被测零件放在 V 形架上，并在轴向定位。在被测零件回转一周的过程中指示计最大与最小示值之差即为单个测量平面上的径向跳动。按同样方法，测量若干截面，取其中最大的跳动量作为该零件的径向跳动误差。

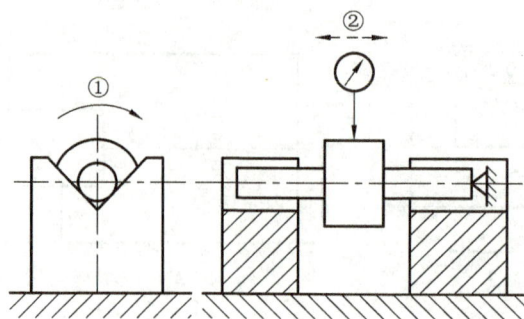

图 4-104　径向圆跳动误差的测量

2) 全跳动误差的检测

(1) 径向全跳动误差的检测。

如图 4-105 所示,将被测零件固定在两同轴导向套筒内,同时在轴向上固定并调整该对套筒,使其同轴并与平板平行。在被测零件连续回转的同时,指示计沿基准轴线方向做直线运动。整个测量过程中指示计最大与最小示值之差即为径向全跳动误差。基准轴线也可以用一对 V 形块或一对顶尖的简单方法来体现。

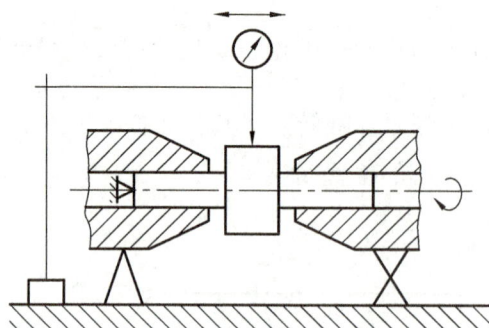

图 4-105　径向全跳动误差的测量

(2) 端面全跳动误差的检测。

如图 4-106 所示,将被测零件放在导向套内,并在轴向固定。导向套的轴线应与平板垂直。在被测零件连续回转过程中,指示计沿其径向做直线运动。整个测量过程中指示计最大与最小示值之差即为端面全跳动误差。

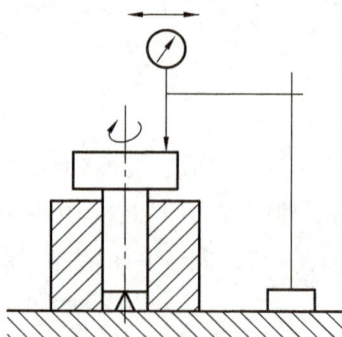

图 4-106　端面全跳动误差的测量

习　题

一、填空题

1. 几何公差可分为_____、_____、_____和_____。国标规定有_____特征项目。

2. 轴的最大实体尺寸为_____尺寸，孔的最大实体尺寸为_____尺寸。

3. 公差原则是用来处理_____和_____系的原则。

4. 独立原则是指图样上被测要素给出的尺寸公差与_____各自独立，彼此无关，应分别满足要求的公差原则。

5. 最大实体要求应用于被测要素时，其实际轮廓不得超越_____边界，其实际尺寸不得超出_____尺寸。

6. 公差原则中，_____要求通常用于保证孔、轴配合性质的场合；_____要求通常用于只要求装配互换的几何要素。

7. 在直线度公差中，给定平面内的公差带形状为_____；给定方向上的公差带形状为_____；任意方向上的公差带形状为_____。

8. 形状误差应按_____评定，这时用_____的宽度或直径表示形状误差值。

二、选择题

1. 几何公差中的方向公差可以综合控制被测要素的（　　）。
   - A. 形状和位置误差
   - B. 形状和方向误差
   - C. 方向和位置误差
   - D. 形状和跳动误差

2. 某被测平面的平面度误差为 0.04 mm，则它对基准平面的平行度误差一定（　　）。
   - A. 不小于 0.04 mm
   - B. 不大于 0.04 mm
   - C. 大于 0.04 mm
   - D. 小于 0.04 mm

3. 在图样上标注被测要素的几何公差时，若几何公差值前面加"ϕ"，则几何公差带的形状为（　　）。
   - A. 两同心圆
   - B. 两同轴圆柱
   - C. 圆形或圆柱形
   - D. 圆形或圆柱形或球

4. 几何未注公差标准中没有规定（　　）的未注公差，是因为它可以由该要素的尺寸公差来控制。
   - A. 圆度
   - B. 直线度
   - C. 对称度
   - D. 平面度

5. 对于孔，其体外作用尺寸一般（　　）其实际尺寸；对于轴，其体外作用尺寸一般（　　）其实际尺寸。
   - A. 大于
   - B. 小于
   - C. 等于
   - D. 无法比较

6. 某轴线对基准中心平面的对称度公差为 0.1 mm，则允许该轴线对基准中心平面的

偏离量为 (   )。

    A. 0.1 mm   B. 0.2 mm   C. 0.4 mm   D. 0.05 mm

三、简答题

1. 几何公差的公差带有哪几种主要形式?

2. 几何公差带由哪几个要素组成?形状公差带、方向公差带、位置公差带和跳动公差带的特点各是什么?

3. 国家标准规定了哪些公差原则或要求?它们主要用在什么场合?

4. 最大实体状态和最大实体实效状态的区别是什么?

5. 几何公差项目选择时应考虑哪些内容?

6. 何谓最小条件?何谓最小包容区域?

四、综合题

1. 指出图 4-107 中几何公差的标注错误,并加以改正(不改变几何公差特征符号)。

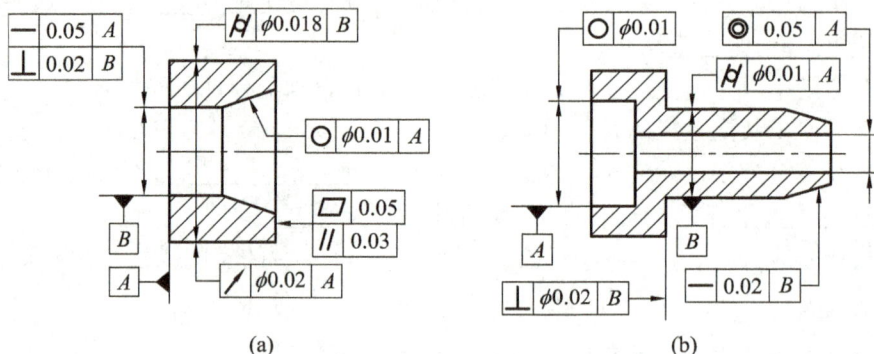

(a)   (b)

图 4-107　题 1 图

2. 根据图 4-108 所示的标注填写如下内容:

(1) 图中,基准 A 指的是＿＿＿＿＿＿＿＿＿＿＿,属于＿＿＿＿＿＿＿＿＿＿＿。

(2) 图中,垂直度公差的被测要素是＿＿＿＿＿＿＿＿＿＿＿,基准要素是＿＿＿＿＿＿＿＿＿＿＿,公差带的形状是＿＿＿＿＿＿＿＿＿＿＿。

(3) 图中,孔的最大实体尺寸是＿＿＿＿＿＿＿＿＿＿＿,最小实体尺寸是＿＿＿＿＿＿＿＿＿＿＿。

(4) 图中,当该孔处于最大实体状态时,垂直度公差为＿＿＿＿＿＿＿＿＿＿＿,当该孔处于最小实体状态时,垂直度公差为＿＿＿＿＿＿＿＿＿＿＿。

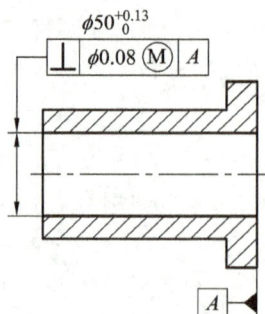

图 4-108　题 2 图

3. 如图 4-109 所示，若实测零件的圆柱直径为 $\phi 19.97$ mm，其轴线对基准平面 A 的垂直度误差为 $\phi 0.04$ mm。试判断其垂直度是否合格？为什么？

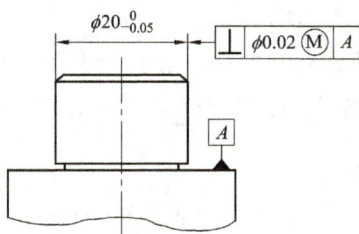

图 4-109　题 3 图

4. 按图 4-110 中公差原则或公差要求的标注填表 4-20。

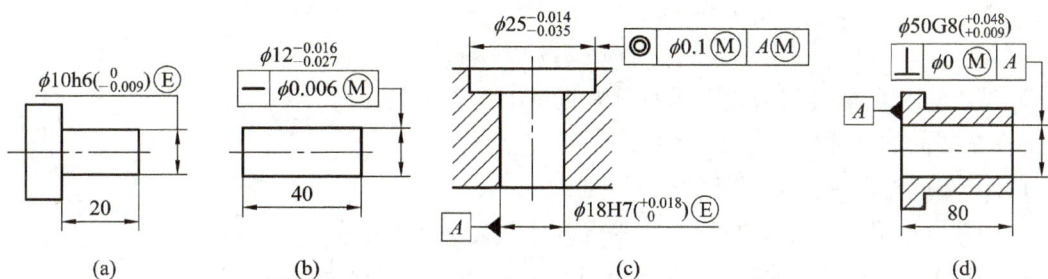

图 4-110　题 4 图

表 4-20　公差原则或公差要求的内容

零件序号	采用的公差原则	最大实体尺寸 / mm	边界名称，边界尺寸 / mm	给定的几何公差值 / mm	允许最大的几何公差值 / mm	局部实际尺寸的合格范围 / mm
a						
b						
c						
d						

5. 试将下列各项几何公差要求标注在图 4-111 所示图样上：

① $\phi 100$h 圆柱面对 $\phi 40$H7 孔轴线的径向圆跳动公差为 0.018 mm；

② $\phi 40$H7 孔遵守包容要求，圆柱度公差为 0.007 mm；

③ 右凸台端面对 $\phi 40$H7 孔轴线的垂直度公差为 0.012 mm；

④ 轮毂键槽对称中心面对 $\phi 40$H7 孔轴线的对称度公差为 0.02 mm。

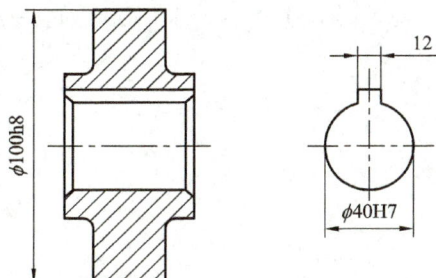

图 4-111　题 5 图

6. 试将下列各项几何公差要求标注在图 4-112 所示图样上：

(1) 圆锥面 *A* 的圆度公差为 0.006 mm，圆锥素线的直线度公差为 0.005 mm，圆锥面 *A* 轴线对 ϕd 轴线的同轴度公差为 $\phi 0.015$ mm；

(2) ϕd 圆柱面的圆柱度公差为 0.009 mm，ϕd 轴线的直线度公差为 $\phi 0.012$ mm；

(3) 右端面 B 对 ϕd 轴线的圆跳动公差为 0.01 mm。

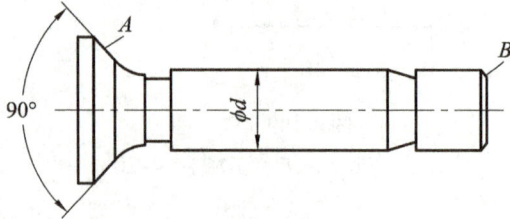

图 4-112　题 6 图

7. 试将下列各项几何公差要求标注在图 4-113 所示图样上：

(1) 左端面的平面度公差为 0.01 mm；

(2) 右端面对左端面的平行度公差为 0.02 mm；

(3) $\phi 70$ mm 孔的轴线对左端面的垂直度公差为 $\phi 0.03$ mm；

(4) $\phi 210$ mm 外圆的轴线对 $\phi 70$ mm 孔的轴线的同轴度公差为 $\phi 0.05$ mm；

(5) $4 \times \phi 20$H8 孔的轴线对左端面（第一基准）及 $\phi 70$ mm 孔的轴线（第二基准）的位置度公差为 $\phi 0.15$ mm。

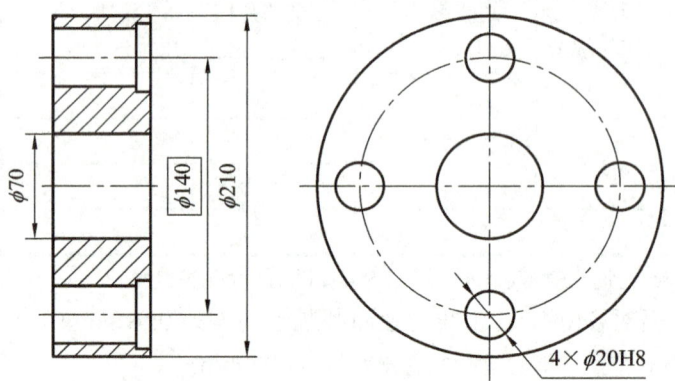

图 4-113　题 7 图

8. 用分度值为 0.01 mm/m 的水平仪测量某机床导轨的直线度误差，桥板节距为 200 mm，依次测得的读数为 +3，+4，0，-1，-3，+2，+1，+7。试用图解法按最小条件确定直线度误差值。

第5章 表面粗糙度

学习目标

(1) 了解表面粗糙度的概念及其对机械零件使用性能的影响；

(2) 掌握表面粗糙度的评定参数；

(3) 掌握表面粗糙度的选用原则；

(4) 掌握表面粗糙度的标注方法；

(5) 了解表面粗糙度的测量方法。

课程思政

　　曾侯乙尊盘是战国时期青铜铸造工艺的巅峰之作，其表面纹饰细密复杂，盘口的多层透雕附饰薄如蝉翼，表面光滑程度令人惊叹。在没有现代精密加工设备的古代，工匠们凭借精湛的技艺和对细节的极致追求，通过失蜡法等工艺，严格控制铸件表面的粗糙度，使尊盘既呈现出精美的艺术效果，又具备良好的使用性能。这种对表面质量的极致打磨，体现了古代工匠精益求精、追求卓越的工匠精神，也彰显了中华民族在铸造技术上的非凡智慧。

学习导航

　　在机械零件的设计、生产、加工过程中，不仅要考虑尺寸公差和几何公差，还要考虑零件表面粗糙度。不同的零件表面，表面粗糙度的值也各不相同。为了正确地测量和评定表面粗糙度以及在零件图样上正确地标注表面粗糙度的技术要求，以保证零件的互换性，我国颁布了 GB/T 3505—2009《产品几何技术规范 (GPS) 表面结构 轮廓法 术语、定义及表面结构参数》、GB/T 1031—2009《产品几何技术规范 (GPS) 表面结构 轮廓法 表面粗糙度参数及其数值》和 GB/T 131—2006《产品几何技术规范 (GPS) 技术产品文件中表面结构的表示法》等国家标准。

5.1 概 述

5.1.1 表面粗糙度的概念

在机械加工过程中，刀具切削后遗留的刀痕、切屑分离时的表层金属材料的塑性变形、刀具和被加工表面间的摩擦以及工艺系统中存在的高频振动等因素，会使被加工零件的表面产生微小的峰谷。这些微小峰谷的高低程度及其间距状况称为表面粗糙度。表面粗糙度是一种微观几何形状误差，也称为微观不平度。

实际上，加工得到的零件表面并不是完全理想的表面，完工零件的截面轮廓形状由表面粗糙度、表面波纹度和表面形状误差叠加而成，如图 5-1 所示。上述三者通常按相邻两波峰或两波谷之间的距离，即按波距的大小来划分：波距 $\lambda < 1$ mm 属于表面粗糙度（微观几何形状误差），波距为 $1 \sim 10$ mm 属于表面波纹度（中间几何形状误差），波距 $\lambda > 10$ mm 属于表面形状误差（宏观几何形状误差）。

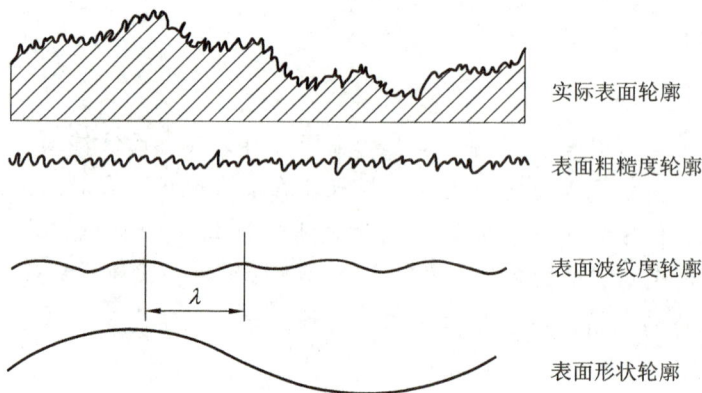

图 5-1 零件表面实际轮廓及其组成

5.1.2 表面粗糙度对零件使用性能的影响

表面粗糙度对机械零件使用性能及其寿命影响较大，对在高温、高速和高压条件下工作的机械零件影响更大，其影响主要表现在以下几个方面：

(1) 影响耐磨性。一般来说，零件表面越粗糙，阻力就越大，且两配合表面的实际有效接触面积就越小，造成单位面积压力增大，磨损加快，零件的耐磨性越差。但是，零件表面过于光滑，由于不利于储存润滑油或分子间的吸附作用等因素，也会使摩擦阻力增大和加速磨损。

(2) 影响配合性质的稳定性。对于间隙配合，相对运动的表面因其粗糙不平而迅速磨损，致使间隙增大；对于过盈配合，在装配时零件表面的峰顶会被挤平，从而使实际过盈小于理论过盈量，致使连接强度降低；对于过渡配合，表面粗糙也有使配合变松的趋势，导致定心和导向精度降低。总之，表面粗糙度会影响配合性质的稳定性。

(3) 影响疲劳强度。零件表面微观不平度的凹痕越深，波谷的曲率半径也越小，对应力集中越敏感。特别是当零件承受交变载荷时，受应力集中的影响，疲劳强度降低，导致零件表面产生裂纹而损坏。

(4) 影响耐腐蚀性。零件表面越粗糙，其微观波谷处越易存积腐蚀性物质，并渗入金属内部，使腐蚀加剧。

(5) 影响密封性。粗糙的表面结合时，两表面只在局部点上接触，中间存在缝隙，密封性能降低。

此外，表面粗糙度对零件其他使用性能如接触刚度、对流体流动的阻力以及对机器、仪器的外观质量等都有很大影响。因此，为保证机械零件的使用性能，在对零件进行尺寸、几何精度设计的同时，必须合理地提出表面粗糙度的要求。

5.2　表面粗糙度的评定

5.2.1　基本术语和定义

1. 表面轮廓

表面轮廓是指一个指定平面与实际表面相交所得的轮廓。按照相交方向的不同，表面轮廓可分为横向表面轮廓和纵向表面轮廓。在评定或测量表面粗糙度时，除非特别指明，通常指横向表面轮廓，即与加工纹理方向垂直的截面上的轮廓，如图 5-2 所示。

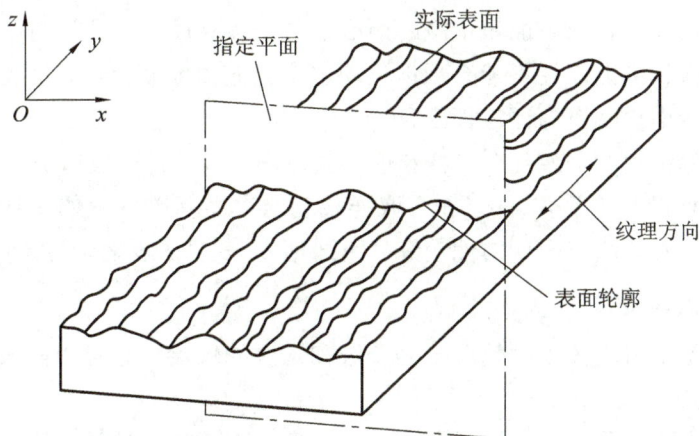

图 5-2　表面轮廓和坐标系

2. 取样长度 lr

取样长度是指测量和评定表面粗糙度时所规定的一段基准长度，如图 5-3 所示。

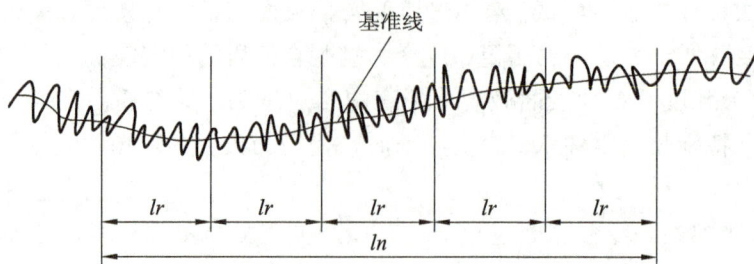

图 5-3　取样长度和评定长度

规定取样长度是为了限制和减弱其他几何形状误差，特别是表面波纹度对测量和评定表面粗糙度的影响。取样长度应与表面粗糙度的要求相适应。取样长度过短，不能反映表面粗糙度的实际情况；取样长度过长，表面粗糙度的测量值又会把表面波纹度的成分包括进去。一般取样长度至少包含 5 个轮廓峰和轮廓谷，表面越粗糙，取样长度越大，如表 5-1 所示。

表 5-1　轮廓的算术平均值 Ra、轮廓的最大高度 Rz 和取样长度 lr 的对应关系
（参考 GB/T 1031—2009)

$Ra/\mu m$	$Rz/\mu m$	lr/mm	$ln/mm(ln=5lr)$
$\geqslant 0.008 \sim 0.02$	$\geqslant 0.025 \sim 0.10$	0.08	0.4
$> 0.02 \sim 0.10$	$> 0.10 \sim 0.50$	0.25	1.25
$> 0.10 \sim 2.0$	$> 0.50 \sim 10.0$	0.8	4.0
$> 2.0 \sim 10.0$	$> 10.0 \sim 50.0$	2.5	12.5
$> 10.0 \sim 80.0$	$> 50.0 \sim 320.0$	8.0	40.0

注：Ra、Rz 均为表面粗糙度评定参数。

3. 评定长度 ln

评定长度是指评定轮廓表面粗糙度时所必需的一段长度。由于零件表面粗糙度不一定均匀，在一个取样长度上往往不能合理地反映整个表面粗糙度特征，因此，在测量和评定时，需规定一段最小长度作为评定长度。

评定长度一般包含一个或几个取样长度，如图 5-3 所示。一般情况，取 $ln = 5lr$（此时评定长度称为"标准长度"），并以 5 个取样长度的表面粗糙度值的平均值作为评定长度的表面粗糙度值。若被测表面均匀性较好，可选用 $ln < 5lr$；反之，可选用 $ln > 5lr$。

4. 轮廓滤波器和传输带

轮廓滤波器是指将物体表面轮廓分为长波和短波的仪器，它可以除去某些波长成分而保留所需波长成分。

传输带是指由两个不同截止波长的滤波器分离获得的轮廓波长范围，即传输带是两个定义的滤波器之间的波长范围，例如可表示为 0.000 25 ~ 0.8 mm。短截止波长的轮廓滤波器保留长波轮廓成分，长截止波长的轮廓滤波器保留短波轮廓成分。短波轮廓滤波器的截止波长为 λs，长波轮廓滤波器的截止波长 $\lambda c = lr$。截止波长 λs 和 λc 的标准数值见表 5-2。

表 5-2　λs 和 λc 的标准数值

$Ra/\mu m$	$Rz/\mu m$	Rsm/mm	$\lambda s/mm$	$\lambda c = lr/mm$
$\geqslant 0.008 \sim 0.02$	$\geqslant 0.025 \sim 0.10$	$\geqslant 0.013 \sim 0.04$	0.0025	0.08
$> 0.02 \sim 0.10$	$> 0.10 \sim 0.50$	$> 0.04 \sim 0.13$	0.0025	0.25
$> 0.10 \sim 2.0$	$> 0.50 \sim 10.0$	$> 0.13 \sim 0.40$	0.0025	0.8
$> 2.0 \sim 10.0$	$> 10.0 \sim 50.0$	$> 0.40 \sim 1.30$	0.008	2.5
$> 10.0 \sim 80.0$	$> 50.0 \sim 320.0$	$> 1.30 \sim 4.00$	0.025	8.0

注：Rsm 表示轮廓单元的平均宽度。

5. 轮廓中线

轮廓中线是评定表面粗糙度参数值大小的一条参考线。通常有轮廓最小二乘中线和轮廓算术平均中线两种。

1）轮廓最小二乘中线

轮廓最小二乘中线是指在取样长度范围内，使实际轮廓线上各点至该线的距离平方和最小的一条假想线，如图 5-4 所示。轮廓最小二乘中线的数学表达式为

$$\int_0^{lr} Z_i^2 dx = \min \tag{5-1}$$

2）轮廓算术平均中线

轮廓算术平均中线是指在取样长度范围内，将实际轮廓划分上下两部分，且使上下两部分面积相等的假想线，如图 5-4 所示。轮廓算术平均中线的数学表达式为

$$F_1 + F_2 + \cdots + F_n = S_1 + S_2 + \cdots + S_m \tag{5-2}$$

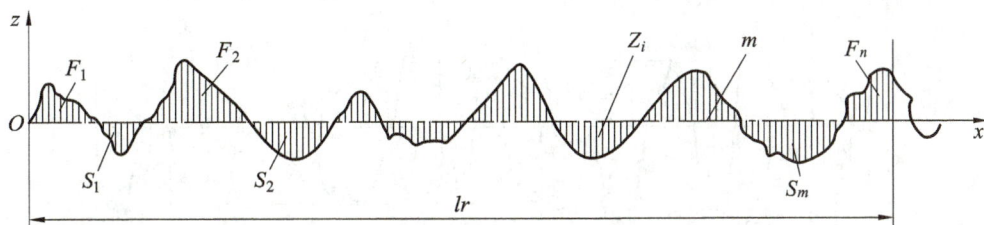

图 5-4　中线

由于在轮廓图形上确定最小二乘中线的位置比较困难，因此它可用轮廓算术平均中线代替。通常用目测的方法估计轮廓算术平均中线，并以此作为评定表面粗糙度数值的基准线。

5.2.2　表面粗糙度评定参数及其数值

1. 表面粗糙度评定参数

表面粗糙度评定参数是用来定量描述零件表面微观几何形状特征的。为了满足零件表面不同的功能要求，国标 GB/T 3505—2009 从表面微观几何形状幅度、间距和形状等方面规定了相应的评定参数。下面介绍其中的几个主要参数。

1) 轮廓的算术平均偏差 Ra (幅度参数)

轮廓的算术平均偏差是指在一个取样长度内，被测轮廓上各点到中线纵坐标绝对值的算术平均值，如图 5-5 所示，即

$$Ra = \frac{1}{lr} \int_0^{lr} |Z(x)\mathrm{d}x| \tag{5-3}$$

或近似为

$$Ra = \frac{1}{n} \sum_{i=1}^{n} |Z_i| \tag{5-4}$$

Ra 能充分反映被测表面微观几何形状，其值越大，表面越粗糙。

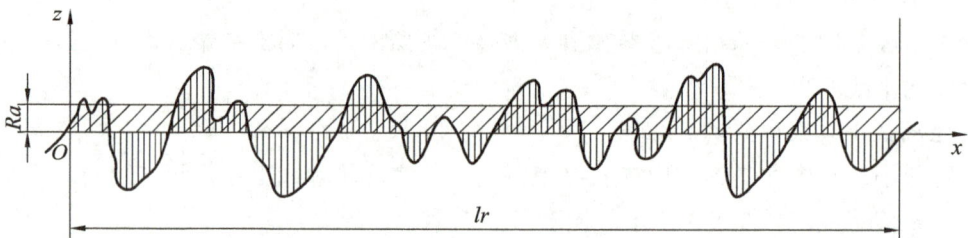

图 5-5　轮廓的算术平均偏差 Ra

2) 轮廓的最大高度 Rz (幅度参数)

轮廓的最大高度是指在一个取样长度内，最大轮廓峰高 Zp 与最大轮廓谷深 Zv 之和，如图 5-6 所示，即

$$Rz = Zp + Zv \tag{5-5}$$

式中，Zp、Zv 都取绝对值。

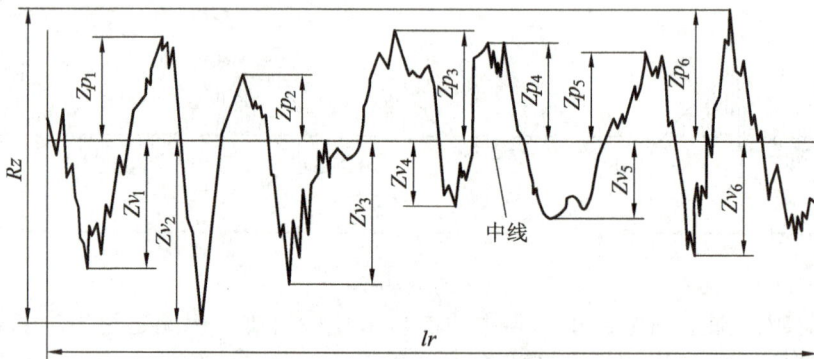

图 5-6　轮廓的最大高度 Rz

幅度参数 (Ra、Rz) 是国家标准规定必须标注的参数，故又称为基本参数。

3) 轮廓单元的平均宽度 Rsm (间距参数)

轮廓单元的平均宽度是指在一个取样长度内，轮廓单元宽度 Xs 的平均值，如图 5-7 所示，即

$$Rsm = \frac{1}{m} \sum_{i=1}^{m} Xs_i \tag{5-6}$$

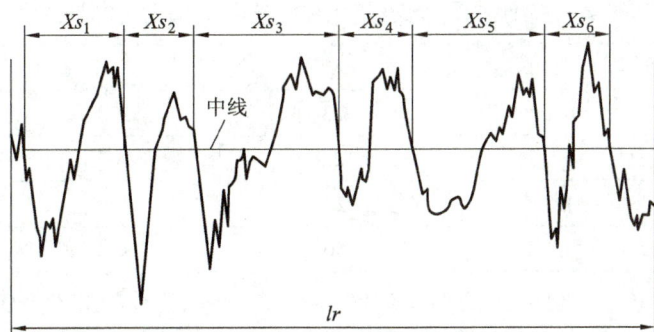

图 5-7　轮廓单元的平均宽度 Rsm

所谓轮廓单元，是指某个轮廓峰与相邻轮廓谷的组合。所谓轮廓单元宽度，是指一个轮廓单元与 x 轴相交线段的长度。

4) 轮廓支承长度率 $Rmr(c)$（形状参数）

轮廓支承长度率是指在给定水平截面高度 c 上轮廓的实体材料长度 $Ml(c)$ 与评定长度的比率，如图 5-8 所示，即

$$Rmr(c) = \frac{Ml(c)}{ln} \qquad (5\text{-}7)$$

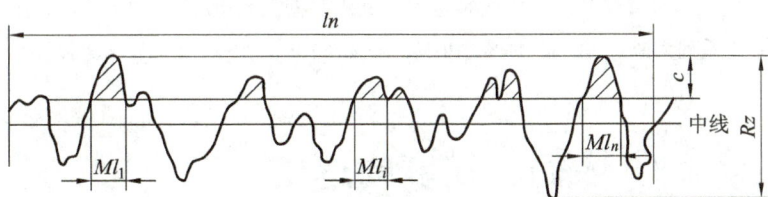

图 5-8　轮廓支承长度率 $Rmr(c)$

所谓轮廓的实体材料长度 $Ml(c)$，是指在评定长度内，一平行于 x 轴的直线从峰顶线向下移动一水平截距高度 c 时，与轮廓相截所得的各段截线长度之和，如图 5-8 所示，即

$$Ml(c) = Ml_1 + Ml_2 + \cdots + Ml_n \qquad (5\text{-}8)$$

间距参数 (Rsm) 与形状参数 $[Rmr(c)]$ 是相对基本参数而言的，称为附加参数，只有零件表面有特殊使用要求时才选用。

2. 表面粗糙度的评定参数值

表面粗糙度的评定参数值已经标准化，设计时应按 GB/T 1031—2009 规定的参数值系列选取，见表 5-3 ～表 5-6。根据表面功能和生产的经济合理性，当选用表 5-3 ～表 5-5 系列值不能满足要求时，可选取 GB/T 1031—2009 的附录 A 中的补充系列值。

表 5-3　轮廓的算术平均偏差 Ra 的数值（摘自 GB/T 1031—2009）　　μm

Ra			
0.012	0.2	3.2	50
0.025	0.4	6.3	100
0.05	0.8	12.5	
0.1	1.6	25	

表 5-4   轮廓的最大高度 *Rz* 的数值（摘自 GB/T 1031—2009）   μm

Rz				
0.025	0.4	6.3	100	1600
0.05	0.8	12.5	200	
0.1	1.6	25	400	
0.2	3.2	50	800	

表 5-5   轮廓单元的平均宽度 *Rsm* 的数值（摘自 GB/T 1031—2009）   μm

Rsm			
0.006	0.05	0.4	3.2
0.0125	0.1	0.8	6.3
0.025	0.2	1.6	12.5

表 5-6   轮廓支承长度率 *Rmr(c)* 的数值（摘自 GB/T 1031—2009）   μm

Rmr(c)										
10	15	20	25	30	40	50	60	70	80	90

注：选用轮廓支承长度率参数时，应同时给出轮廓水平截面高度 *c* 值。它可用微米（μm）或 *Rz* 的百分数表示。*Rz* 的百分数系列为 5%、10%、15%、20%、25%、30%、40%、50%、60%、70%、80%、90%。

5.3   表面粗糙度的选用

5.3.1   评定参数的选用

表面粗糙度评定参数的选用应根据零件的工作条件和使用性能，同时考虑表面粗糙度检测仪器（或检测方法）的测量范围和工艺的经济性。

1. 基本参数的选用

幅度参数是国家标准规定的基本参数，可以单独选用。对于有表面粗糙度要求的表面，必须选用一个幅度参数。

常用的参数值范围内（*Ra* 为 0.025～6.3 μm，*Rz* 为 0.10～25 μm），优先选用 *Ra*。轮廓的算术平均偏差 *Ra* 能较客观地反映零件表面微观几何特征，且对 *Ra* 的测量方法也较简单，测量效率较高。

当零件表面过于粗糙（*Ra* > 6.3 μm）或太光滑（*Ra* ≤ 0.025 μm）时，可选用 *Rz*。因为此范围便于选择测量 *Rz* 的仪器如光切显微镜进行测量。*Rz* 主要用于控制测量部位小、峰谷小或有疲劳强度要求的零件表面。

当表面不允许出现较深加工痕迹，防止应力过于集中，要求保证零件的抗疲劳强度和密封性时，可选择 *Ra* 与 *Rz* 联用。

2. 附加参数的选用

附加参数 [*Rsm*、*Rmr(c)*] 一般不作为独立的参数选用，只能作为幅度参数的附加参数来进一步控制表面质量。例如，图 5-9 所示的 5 种表面的轮廓最大高度参数相同，而其表面形状显然不同，由此可见，只用幅度参数不能全面反映零件表面微观几何形状误差，对于有特殊要求的少数零件的重要表面，还需要选用附加参数 *Rsm* 或 *Rmr(c)*。

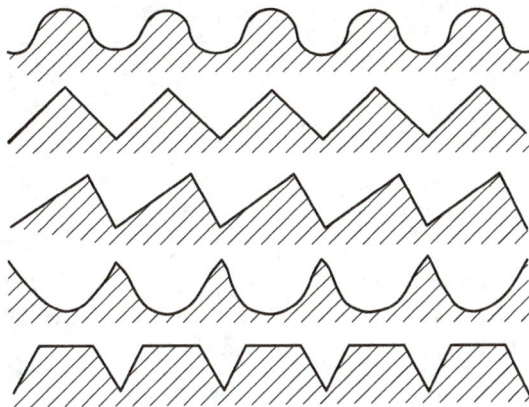

图 5-9　附加参数对表面形状的影响

Rsm 主要对涂漆性能 (如喷涂均匀、涂层有极好的附着性和光洁性等) 有要求时选用。另外，要求冲压成形后抗裂纹、抗振、抗腐蚀、减小流体流动摩擦阻力等情况下也可选用。例如，汽车外形薄钢板除要控制幅度参数 *Ra*(0.9 ～ 1.3 μm) 外，还需进一步控制 *Rsm*(0.13 ～ 0.23 μm)，目的是提高钢板的可漆性。

Rmr(c) 主要在耐磨性、接触刚度等有较高要求时附加选用。

5.3.2　评定参数值的选用

表面粗糙度评定参数选定后，应规定其参数值。表面粗糙度参数值选用是否适当，不仅影响零件的使用性能，还关系制造成本。因此，表面粗糙度参数值选用的原则是：在满足使用性能要求的前提下，应尽可能选用较大的参数值 [*Rmr(c)* 除外]。

在工程实际中，由于表面粗糙度和功能的关系十分复杂，因而很难准确地确定参数的极限值。在具体设计时，通常根据经验统计资料用类比法初步确定表面粗糙度参数值后，再对比零件的工作条件做适当的调整。这时应注意下述原则：

(1) 同一零件上，工作表面粗糙度参数值小于非工作表面粗糙度参数值。

(2) 摩擦表面比非摩擦表面的粗糙度参数值小；滚动摩擦表面比滑动摩擦表面的粗糙度参数值小。

(3) 运动速度高、承载重载荷的表面以及受交变载荷作用的重要零件圆角和沟槽的表面粗糙度参数值都要小。

(4) 配合精度要求高的结合面、尺寸公差和几何公差精度要求高的表面，粗糙度参数值要小。

(5) 同一公差等级的零件，小尺寸比大尺寸、轴比孔的表面粗糙度参数值要小。

(6) 凡有关标准已对表面粗糙度要求作出规定 (如与滚动轴承配合的轴颈和外壳孔、键槽、齿轮工作表面等)，都应按相应标准确定表面粗糙度参数值。

表 5-7 列出了表面粗糙度的表面特征、加工方法及应用举例，表 5-8 列出了轴和孔的表面粗糙度的推荐参数值，供采用类比法选用时参考。

表 5-7　表面粗糙度的表面特征、经济加工方法及应用举例

表面微观特征		$Ra/\mu m$	$Rz/\mu m$	加工方法	应 用 举 例
粗糙表面	微见刀痕	> 10 ~ 20	> 40 ~ 80	粗车、粗刨、粗铣、钻、毛锉、锯断	半成品粗加工过的表面；非配合的加工表面，如轴端面、倒角、钻孔、齿轮皮带轮侧面、键槽底面、垫圈接触面
半光表面	微见加工痕迹	> 5 ~ 10	> 20 ~ 40	车、刨、铣、镗、钻、粗铰	轴上不安装轴承、齿轮处的非配合表面，紧固件的自由装配表面，轴和孔的退刀槽
	微见加工痕迹	> 2.5 ~ 5	> 10 ~ 20	车、刨、铣、镗、磨、拉、粗刮、滚压	半精加工表面，箱体、支架、盖面、套筒等和其他零件结合而无配合要求的表面，需要发蓝的表面
	看不清加工痕迹	> 1.25 ~ 2.5	> 6.3 ~ 10	车、刨、铣、镗、磨、拉、刮、滚压、铣齿	接近于精加工表面，箱体上安装轴承的镗孔表面，齿轮的工作面
光表面	可辨加工痕迹方向	> 0.63 ~ 1.25	> 3.2 ~ 6.3	车、镗、磨、拉、刮、精铰、磨齿、滚压	圆柱销、圆锥销与滚动轴承配合的表面，普通车床导轨面，内、外花键定心表面
	微辨加工痕迹方向	> 0.32 ~ 0.63	> 1.6 ~ 3.2	精铰、精镗、磨、刮、滚压	要求配合性质稳定的配合表面，工作时受交变应力的重要表面，较高精度车床的导轨面
	不可辨加工痕迹方向	> 0.16 ~ 0.32	> 0.8 ~ 1.6	精磨、珩磨、研磨、超精加工	精密机床主轴锥孔，顶尖圆锥面，发动机曲轴，凸轮轴工作表面，高精度齿轮齿面
极光表面	暗光泽面	> 0.08 ~ 0.16	> 0.4 ~ 0.8	精磨、研磨、普通抛光	精密机床主轴轴颈表面，一般量规工作表面，汽缸套内表面，活塞销表面
	亮光泽面	> 0.04 ~ 0.08	> 0.2 ~ 0.4	超精磨、精抛光、镜面磨削	精密机床主轴轴颈表面，滚动轴承的滚珠、高压油泵中柱塞孔和柱塞配合的表面
	镜状光泽面	> 0.01 ~ 0.04	> 0.05 ~ 0.2		
	镜面	≤ 0.01	≤ 0.05	镜面磨削、超精研	高精度量仪、量块的工作表面，光学仪器中的金属镜面

表 5-8　轴和孔的表面粗糙度 *Ra* 的推荐参数值

表　面　特　征			*Ra*/μm			
经常装拆零件的配合表面 (如挂轮、滚刀等)	公差等级	表面	公称尺寸 /mm			
			≤ 50		> 50 ~ 500	
	IT5	轴	≤ 0.2		≤ 0.4	
		孔	≤ 0.4		≤ 0.8	
	IT6	轴	≤ 0.4		≤ 0.8	
		孔	0.4 ~ 0.8		0.8 ~ 1.6	
	IT7	轴	0.4 ~ 0.8		0.8 ~ 1.6	
		孔	≤ 0.8		≤ 1.6	
	IT8	轴	≤ 0.8		≤ 1.6	
		孔	0.8 ~ 1.6		1.6 ~ 3.2	
过盈配合的表面	压入装配	公差等级	表面	公称尺寸 /mm		
				≤ 50	> 50 ~ 120	> 120 ~ 500
		IT5	轴	0.1 ~ 0.2	≤ 0.4	≤ 0.4
			孔	0.2 ~ 0.4	≤ 0.8	≤ 0.8
		IT6 ~ IT7	轴	≤ 0.4	≤ 0.8	≤ 1.6
			孔	≤ 0.8	≤ 1.6	≤ 1.6
		IT8	轴	≤ 0.8	0.8 ~ 1.6	1.6 ~ 3.2
			孔	≤ 1.6	1.6 ~ 3.2	1.6 ~ 3.2
	热装	—	轴	≤ 1.6		
			孔	1.6 ~ 3.2		
定心精度高的配合表面	表面		径向跳动公差 /μm			
			2.5	4	6	10	16	25
	轴		≤ 0.05	≤ 0.1	≤ 0.1	≤ 0.2	≤ 0.4	≤ 0.8
	孔		≤ 0.1	≤ 0.2	≤ 0.2	≤ 0.4	≤ 0.8	≤ 1.6
滚动轴承的配合表面	表面		公差等级		液体湿摩擦条件	
			IT6 ~ IT9	IT10 ~ IT12		
	轴		0.4 ~ 0.8	0.8 ~ 3.2	0.1 ~ 0.4	
	孔		0.8 ~ 1.6	1.6 ~ 3.2	0.2 ~ 0.8	

5.4　表面粗糙度的标注

国标 GB/T 131—2006 对零件表面粗糙度的图形符号、代号及在图样上的标注都作了具体规定。

5.4.1　表面粗糙度的图形符号

按 GB/T 131—2006 规定，表面粗糙度的图形符号如表 5-9 所示。

表 5-9　表面粗糙度的图形符号（摘自 GB/T 131—2006)

图　形　符　号	意义及说明
（基本图形符号）	表面粗糙度的基本图形符号，表示表面可用任何方法获得。该符号仅适用于简化代号的标注，没有补充说明（如表面处理、局部热处理状况等）时不能单独使用
（去除材料的图形符号）	去除材料的图形符号（基本符号加一短画线），表示表面是用去除材料的方法获得的，如车、铣、钻、磨、剪切、抛光、腐蚀、电火花加工、气割等
（不允许去除材料的图形符号）	不允许去除材料的图形符号（基本符号加一小圆），表示表面是用不去除材料的方法获得的，例如，铸、锻、冲压变形、热轧、冷轧、粉末冶金等或者是用于保持原供应状况的表面（包括保持上道工序的状况）
（完整图形符号）	完整图形符号（在上述 3 个符号的长边上均可加一横线），用于标注有关参数和说明
（加小圆的符号）	在上述 3 个符号上均可加一小圆，表示视图上构成封闭轮廓的各表面具有相同的表面粗糙度要求

5.4.2　表面粗糙度参数的标注

在表面粗糙度图形符号的基础上，注出表面粗糙度参数值及有关的规定项目后就形成了表面粗糙度代号。表面粗糙度数值及其有关的规定在符号中注写的位置如图 5-10 所示。

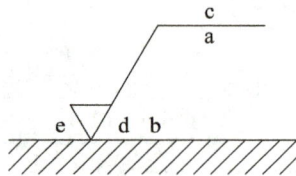

图 5-10　表面粗糙度补充要求的注写位置

图 5-10 中位置 a ～ e 分别加注以下内容：

位置 a：注写幅度参数代号及其数值等。

位置 b：注写附加参数代号及其数值。

位置 c：注写加工方法。

位置 d：注写加工纹理方向符号。

位置 e：注写加工余量（单位为 mm）。

1. 幅度参数的标注

1) 单向极限的标注

表面粗糙度幅度参数 (Ra、Rz) 是基本参数，在图样上必须标注。当幅度参数值为单项上限值或最大值 (表示最大值时，在参数代号和参数值之间加 max) 时，参数代号前可省略 "U" 的标注，如图 5-11(a)、(b)、(e) 所示；当幅度参数值为单项下限值或最小值 (表示最小值时，在参数代号和参数值之间加 min) 时，则必须在参数代号前加注 "L"。

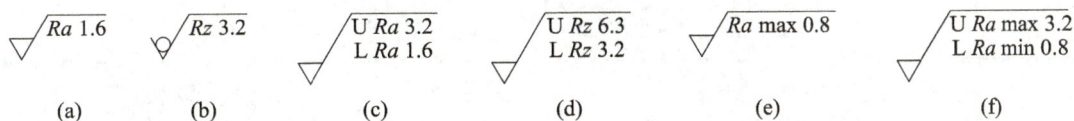

$\sqrt{Ra\ 1.6}$	$\sqrt{Rz\ 3.2}$	$\sqrt{\begin{array}{l}U\ Ra\ 3.2\\L\ Ra\ 1.6\end{array}}$	$\sqrt{\begin{array}{l}U\ Rz\ 6.3\\L\ Rz\ 3.2\end{array}}$	$\sqrt{Ra\ \text{max}\ 0.8}$	$\sqrt{\begin{array}{l}U\ Ra\ \text{max}\ 3.2\\L\ Ra\ \text{min}\ 0.8\end{array}}$
(a)	(b)	(c)	(d)	(e)	(f)

图 5-11　表面粗糙度幅度参数的标注

2) 双向极限的标注

在完整的图形符号中，表示双向极限时应在参数代号前标注上极限符号 "U" 和下极限符号 "L"，上极限在上方，下极限在下方，如图 5-11(c)、(d) 所示。如果同一参数具有双向极限要求，在不引起歧义的情况下，可以省略 "U" 和 "L" 的标注。

当允许在表面粗糙度参数的所有实测值中超过规定值的个数少于总数的 16% 时，称为 16% 规则 (默认规则)。采用 16% 规则时图样上不需进行任何标注，此时表示表面粗糙度参数值为上限值或下限值，如图 5-11(a) ～ (d) 所示。

当要求在表面粗糙度参数的所有实测值中不得超过规定值时，称为最大规则。采用最大规则时应在参数代号 (如 Ra 或 Rz) 和参数值之间标注一个 "max" 或 "min"，表示表面粗糙度参数值为最大值或最小值，如图 5-11(e)、(f) 所示。

2. 传输带的标注

传输带应标注在参数代号的前面，并用斜线 "/" 隔开。传输带标注包括滤波截止波长 (单位为 mm)，其中短波滤波器在前，长波滤波器在后，并用 "-" 隔开；如果只注一个滤波器，应保留 "-" 来区分是短波滤波器还是长波滤波器，如图 5-12 所示。当参数代号中没有标注传输带时，表面结构要求采用默认的传输带。

3. 评定长度的标注

评定长度应标注在幅度参数代号的后面，用取样长度的个数表示；若采用默认评定长度 ($ln = 5lr$)，则取样长度的个数 5 可省略标注，如图 5-12 所示。

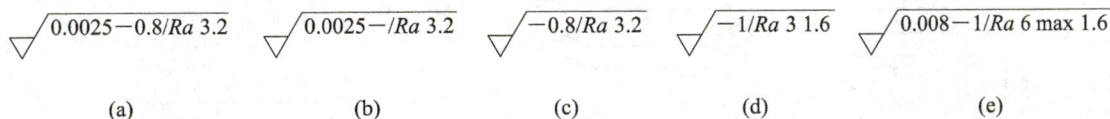

$\sqrt{0.0025-0.8/Ra\ 3.2}$	$\sqrt{0.0025-/Ra\ 3.2}$	$\sqrt{-0.8/Ra\ 3.2}$	$\sqrt{-1/Ra\ 3\ 1.6}$	$\sqrt{0.008-1/Ra\ 6\ \text{max}\ 1.6}$
(a)	(b)	(c)	(d)	(e)

图 5-12　传输带和取样长度的标注

4. 加工方法、加工余量和表面纹理的标注

若某表面的粗糙度要求由指定的加工方法 (如车、磨) 获得时，其标注如图 5-13 所示。若需要标注加工余量 (设加工余量为 0.4 mm) 时，则其标注如图 5-13(a) 所示。若需要控制

表面加工纹理方向时，则其标注如图 5-13(b) 所示。

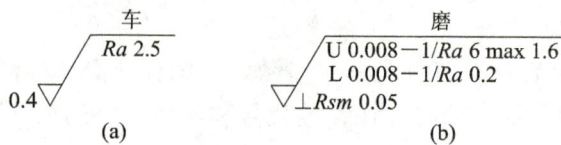

图 5-13　加工方法、加工余量和表面纹理的标注

GB/T 131—2006 标准规定了加工纹理方向符号，如表 5-10 所示。

表 5-10　加工纹理方向符号（摘自 GB/T 131—2006)

符号	示意图及说明	符号	示意图及说明
=	纹理平行于视图所在的投影面 	C	纹理呈近似同心圆且圆心与表面中心相关
⊥	纹理垂直于视图所在的投影面 	R	纹理呈近似放射状且与表面圆心相关
×	纹理呈两斜向交叉且与视图所在的投影面相交 	P	纹理呈微粒，凸起，无方向
		M	纹理呈多方向

注：若表中所列符号不能清楚表示所要求的纹理方向，应在图样上用文字说明。

5. 附加参数的标注

在基本参数未标注前，附加参数不能单独标注，如图 5-14 所示。图 5-14(a) 为 Rsm 最大值的标注示例；图 5-14(b) 为 $Rmr(c)$ 的标注示例，表示水平截距高度 c 在 Rz 的 50% 位置上，$Rmr(c)$ 为 70%，此时 $Rmr(c)$ 为下限值；图 5-14(c) 为 $Rmr(c)$ 最小值的标注示例。

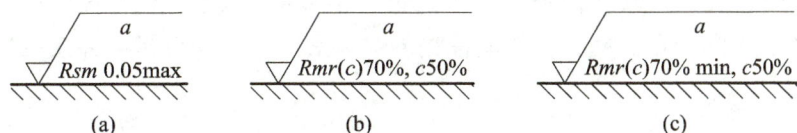

| (a) | (b) | (c) |

图 5-14　表面粗糙度附加参数的标注

表面粗糙度的标注示例见表 5-11。

表 5-11　表面粗糙度标注示例

代号	意义	代号	意义
$Ra\ 3.2$	用任何方法获得表面，Ra 的上限值为 3.2 μm	$Ra\ \text{max}\ 3.2$	用去除材料的方法获得表面，Ra 的最大值为 3.2 μm
$Ra\ 3.2$	用去除材料方法获得表面，Ra 的上限值为 3.2 μm	U $Ra\ \text{max}\ 3.2$ L $Ra\ 0.8$	用不去除材料的方法获得表面，Ra 的最大值为 3.2 μm，Ra 的下限值为 0.8 μm
$Ra\ 3.2$	用不去除材料方法获得表面，Ra 的上限值为 3.2 μm	$Ra\ \text{max}\ 3.2$ $Ra\ \text{min}\ 1.6$	用去除材料的方法获得表面，Ra 的最大值为 3.2 μm，Ra 的最小值为 1.6 μm
车 $Rz\ 3.2$	用车削的方法获得表面，Rz 上限值为 3.2 μm	$-0.8/Ra\ 3\ 3.2$	用去除材料的方法获得表面，Ra 的上限值为 3.2 μm，传输带/取样长度为 0.8 mm(λs 默认 0.0025 mm)，评定长度包含 3 个取样长度
U $Ra\ 3.2$ L $Ra\ 1.6$	用去除材料的方法获得表面，Ra 的上限值为 3.2 μm，Ra 的下限值为 1.6 μm	U $Rz\ 3.2$ L $Rz\ 1.6$ $Rz\ 3.2$ $Rz\ 1.6$	用去除材料方法获得表面，Rz 的上限值为 3.2 μm，Rz 的下限值为 1.6 μm(在不引起误会的情况下，也可省略标注 U、L)
铣 $Ra\ 0.8$ $Rz\ 3.2$ ⊥	用铣削的方法获得表面，Ra 上限值为 0.8 μm，Rz 上限值为 3.2 μm，且要求该表面的加工纹理垂直于视图所在的投影面	$0.008-0.8/Ra\ 3.2$	用去除材料的方法获得表面，Ra 的上限值为 3.2 μm，传输带长度为 0.008 ~ 0.8 mm

5.4.3　表面粗糙度要求的图样标注

1. 一般规定

对零件任何一个表面要求一般只标注一次，并且尽可能标注在相应的尺寸及其极限偏差的同一视图上。此外，表面粗糙度标注上的各种符号及数字的注写和读取方向，应与尺寸的注写和读取方向一致，并且粗糙度标注的尖端必须从材料外指向并接触零件表面，如图 5-15 所示。

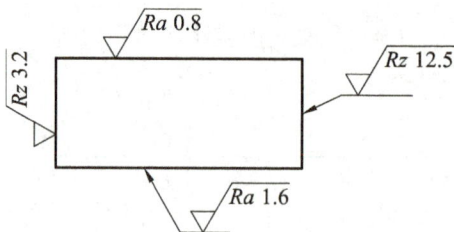

图 5-15　表面粗糙度要求的注写方向

为了使图例简单，下文各个图例中的表面粗糙度要求上都只标注了幅度参数代号及上限值，其余的技术要求皆采用默认的标准化值。

2. 常规标注方法

(1) 表面粗糙度要求可以标注在可见轮廓线或其延长线、尺寸界线上，可以用带箭头的指引线或用带黑点 (它位于可见表面上) 的指引线引出标注，如图 5-16 所示。

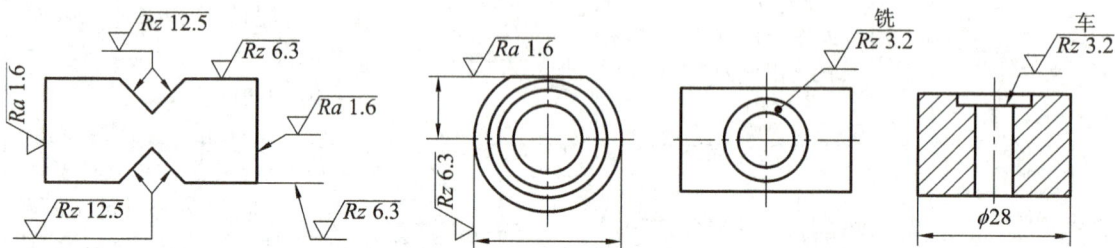

图 5-16　表面粗糙度要求标注在轮廓线或其延长线、尺寸界限上

(2) 在不引起误解的前提下，表面粗糙度要求可以标注在特征尺寸的尺寸线上。如图 5-17 所示。

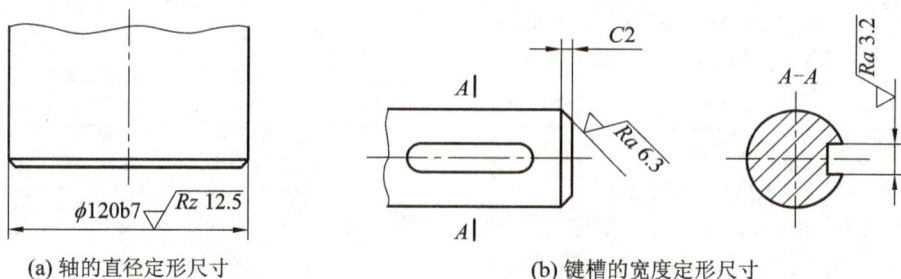

(a) 轴的直径定形尺寸　　　　　　　(b) 键槽的宽度定形尺寸

图 5-17　表面粗糙度要求标注在特征尺寸的尺寸线上

(3) 表面粗糙度要求可以标注在几何公差框格的上方，如图 5-18 所示。

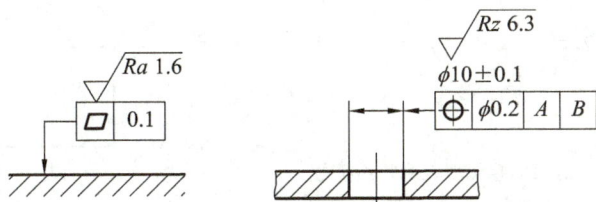

图 5-18　表面粗糙度标注在几何公差框格的上方

3. 简化标注方法

(1) 当零件的多数 (包括全部) 表面具有相同的表面粗糙度要求时，则对这些表面的技术要求可以统一标注在零件图的标题栏附近，不对这些表面分别进行标注，如图 5-19 所示。

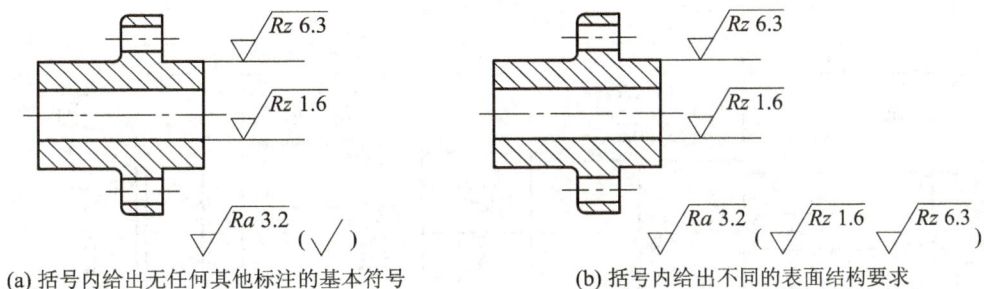

(a) 括号内给出无任何其他标注的基本符号　　　　(b) 括号内给出不同的表面结构要求

图 5-19　多数表面具有相同表面粗糙度要求时的简化标注

(2) 当零件的几个表面具有相同的表面粗糙度要求或粗糙度要求直接标注在零件某表面上受到空间限制时，可以用基本图形符号或只带一个字母的完整图形符号标注在零件的这些表面上，而在图形或标题栏附近，以等式的形式标注相应的粗糙度代号，如图 5-20 所示。

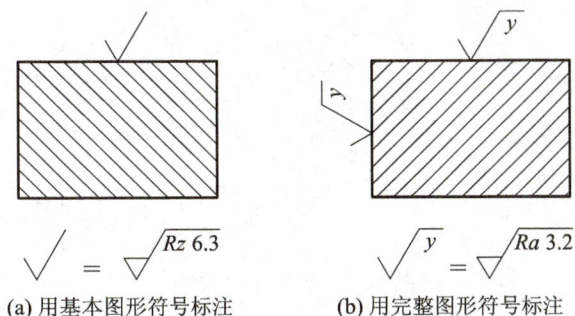

(a) 用基本图形符号标注　　　　(b) 用完整图形符号标注

图 5-20　用等式形式的简化标注

(3) 当图样某个视图上构成封闭轮廓的各个表面具有相同的表面粗糙度轮廓技术要求时，可以采用图 5-21(a) 所示的表面粗糙度轮廓特殊符号进行标注。特殊符号表示对视图上封闭轮廓周边的上、下、左、右 4 个表面的共同要求，不包括前表面和后表面，标注示例如图 5-21(b) 所示。

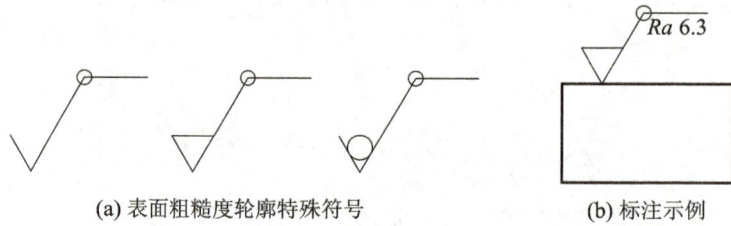

(a) 表面粗糙度轮廓特殊符号　　　　　(b) 标注示例

图 5-21　有关表面具有相同的表面粗糙度轮廓技术要求时的简化标注

4. 表面粗糙度标注实例

图 5-22 为某减速器的输出轴的零件图，其上对各表面标注了尺寸及其公差带代号、几何公差和表面粗糙度轮廓技术要求。

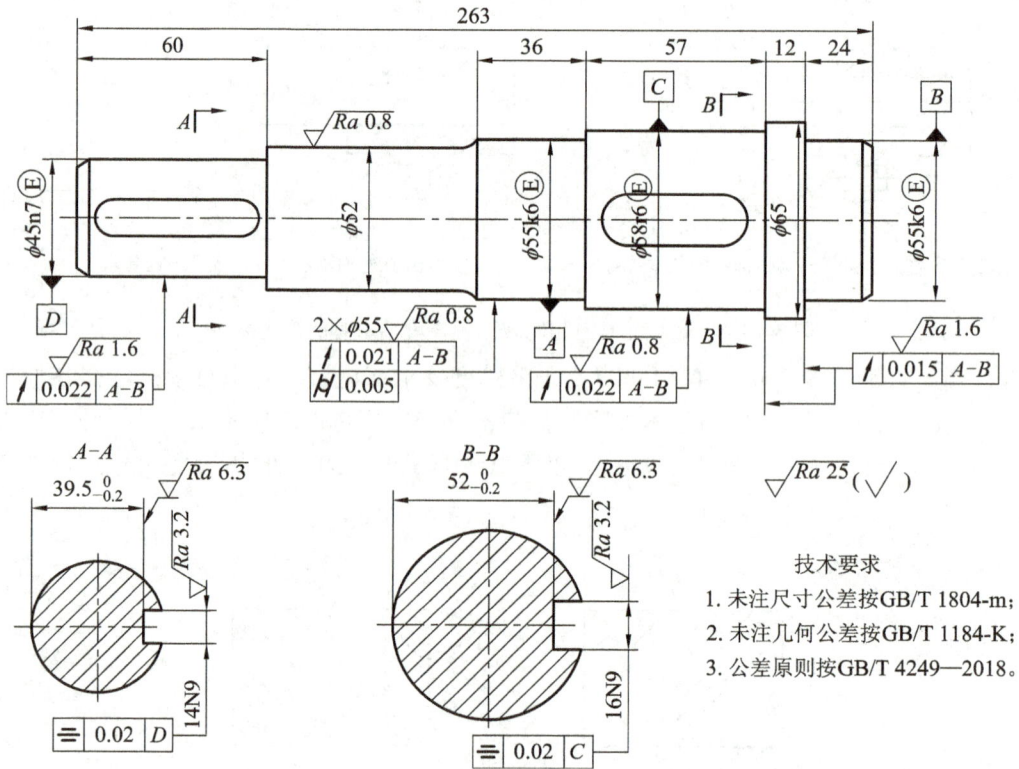

图 5-22　输出轴零件图

5.5　表面粗糙度的检测

零件完工后，其表面粗糙度是否满足使用要求，需要进行检测。测量表面粗糙度参数值时，应注意不要将零件的表面缺陷 (如气孔、划痕和沟槽等) 包含进去。当图样上注明了表面粗糙度参数值的测量方向时，应按规定的方向测量。无特别注明测量方向时，则应按测量参数最大值的方向进行测量，一般在垂直于加工纹理方向上测量。常用的表面粗糙度测量的方法有比较法、光切法、针描法、干涉法和印模法。

1. 比较法

比较法是指将被测表面与已知其评定参数值的粗糙度样板相比较，当被测表面精度较高时，可借助于放大镜、比较显微镜进行比较，以提高检测精度。比较样板的选择应使其材料、形状和加工方法与被测零件尽量相同。

比较法简单实用，适合于车间条件下判断较粗糙的表面。其判断准确程度与检验人员的技术熟练程度有关。

用比较法评定表面粗糙度比较经济、方便，但是测量误差较大，仅用于表面粗糙度要求不高的情况。当有争议或进行工艺分析时，可用仪器测量。

2. 光切法

光切法是指利用光切原理来测量表面粗糙度的一种测量方法。常用测量仪器有光切显微镜 (又称双管显微镜)，它适用于测量车、铣、刨及其他类似加工方法所加工的零件平面或外圆表面。光切法主要用于测量 Rz 值，其测量的范围一般为 0.8 ～ 80 μm。

3. 针描法 (轮廓法)

针描法是指利用触针滑过被测表面，把表面结构放大描绘出来，经过计算处理装置直接测出表面粗糙度的一种测量方法。常用的测量仪器有电感式轮廓仪、电容式轮廓仪、压电式轮廓仪等。轮廓仪可测 Ra、Rz、Rsm 及 Rmr(c) 等多个参数，其中 Ra 的测量范围一般为 0.02 ～ 5 μm。

除上述轮廓仪外，还有光学触针轮廓仪，它适用于非接触测量，以防止划伤零件表面。这种仪器通常直接显示 Ra 值，其测量范围为 0.02 ～ 5 μm。

4. 干涉法

干涉法是指利用光波干涉原理来测量表面粗糙度的一种测量方法。常用的测量仪器有干涉显微镜，它适用于测量表面粗糙度要求较高的零件表面。干涉法主要用于测量 Rz 值，其测量范围一般为 0.025 ～ 0.8 μm。

5. 印模法

印模法是指利用印模材料 (如石蜡、低熔点合金等) 将被测表面的轮廓复制成模，然后对印模表面进行测量，从而间接评定被测表面的粗糙度的一种方法。印模法适用于笨重零件及内表面，如深孔、凹槽、大型横梁等不便于用以上仪器测量的面。由于印模材料不可能完全填满被测表面的谷底，取下印模时又会使波峰被削平，因此其测量的参数值通常比被测表面的实际值小，可根据有关资料或实验得出修正系数，在计算时加以修正。

习　题

一、填空题

1. 取样长度 lr 是指_____。规定取样长度的目的是_____对表面粗糙度测量结果的影响。

2. 评定长度 ln 是指_____。评定长度一般包含_____个取样长度。

3. 国家标准规定，常用的表面粗糙度参数有_____和_____，间距参数有_____，形状参数有_____。

二、选择题

1. 国家标准规定的表面粗糙度评定参数中，能比较全面、客观地反映微观几何形状特性的是（　　）。

A. Rz 　　　　　　B. Ra 　　　　　　C. Rsm 　　　　　　D. $Rmr(c)$

2. 表面粗糙度轮廓的微小峰谷间距 λ 应为（　　）。

A. < 1 mm 　　　B. $1 \sim 10$ mm 　　　C. > 10 mm 　　　D. > 20 mm

3. 车间生产中评定表面粗糙度最常用的方法是（　　）。

A. 针描法 　　　　B. 光切法 　　　　C. 干涉法 　　　　D. 比较法

4. 下列说法正确的是（　　）。

A. 表面粗糙度属于表面微观性质的形状误差

B. 表面粗糙度属于表面宏观性质的形状误差

C. 表面粗糙度属于表面波纹度误差

D. 经磨削加工所得表面比车削加工所得表面的表面粗糙度值大

三、简答题

1. 什么是表面粗糙度？它与形状公差和表面波纹度有何区别？

2. 表面粗糙度评定参数 Ra 和 Rz 的含义是什么？

3. 表面粗糙度对零件的工作性能有哪些影响？

4. 什么是取样长度？什么是评定长度？为什么规定了取样长度还要规定评定长度？两者之间有什么关系？

5. 表面粗糙度的图样标注中，在什么情况下要标注评定参数的上限值、下限值？在什么情况下要标注最大值、最小值？上限值、下限值、最大值和最小值如何标注？

6. 比较下列每组中两孔应选用的表面粗糙度的参数值的大小，并说明原因。

(1) ϕ70H7 和 ϕ30H7 孔；

(2) ϕ40H7/p6 和 ϕ40H7/g6 中的两个 H7 的孔；

(3) 圆柱度公差分别为 0.01 mm 和 0.02 mm 的两个 ϕ30H7 的孔。

四、综合题

1. 指出图 5-23 所示表面粗糙度标注的错误并改正。

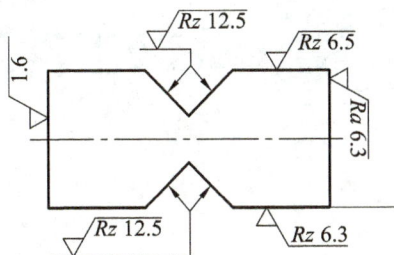

图 5-23　题 1 图

2. 用 GB/T 131—2006 规定的表面粗糙度标注方法，将下列要求标注在图 5-24 所示的零件图上 (各表面均采用去除材料法获得)：

(1) 直径为 $\phi50$ mm 圆柱的表面粗糙度参数 Ra 的上限值为 3.2 μm；

(2) 左端面的表面粗糙度参数 Ra 的最大值为 1.6 μm；

(3) 右端面的表面粗糙度参数 Ra 的上限值为 1.6 μm；

(4) 内孔表面的表面粗糙度参数 Rz 的上限值为 0.8 μm；

(5) 螺纹工作表面的表面粗糙度参数 Ra 的上限值为 3.2 μm，下限值为 1.6 μm；

(6) 其余各表面的表面粗糙度参数 Ra 的上限值为 12.5 μm。

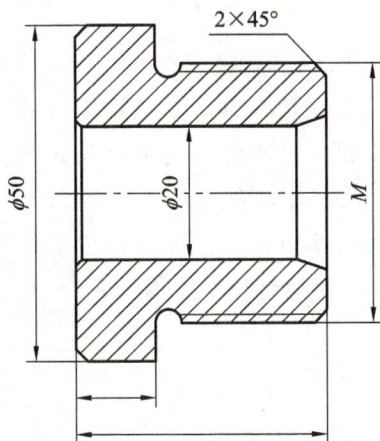

图 5-24　题 2 图

第6章 光滑工件尺寸的检测

◀▶ 学习目标

(1) 了解光滑工件尺寸检测的基本概念；
(2) 掌握计量器具的选择和验收极限；
(3) 了解光滑极限量规的特征、作用和种类；
(4) 掌握光滑极限量规公差带分布的特征及设计方法。

◀▶ 课程思政

　　"奋斗者"号深海载人潜水器在研发过程中，其耐压壳体上的连接孔轴尺寸精度直接影响潜水器的密封性和安全性。面对深海高压的极端环境，常规的检测方法和量规难以满足需求。我国科研团队自主创新，研发出适用于深海环境的新型孔轴检测技术和专用量规。他们日夜攻关，不断优化设计方案，克服重重困难，最终实现了关键技术的突破，助力"奋斗者"号成功进入 10 909 m 深海。这一成果不仅彰显了我国在深海探测领域的技术实力，更体现了科研人员的创新精神和爱国情怀。

◀▶ 学习导航

　　尺寸检验是机械加工中的基本工序，对于生产批量大且尺寸要求较严格的机械零部件，高效检验是关键。"极限与配合"制度的建立，给互换性生产创造了条件。但是，为了使零件符合图样规定的精度要求，除了要保证加工零件所用的设备和工艺装备具有足够的精度和稳定性外，质量检验也是十分重要的环节，而质量检验的关键是确定合适的质量验收标准及正确选用计量器具。

　　孔、轴（被测要素）的尺寸公差与几何公差采用独立原则时，它们的实际尺寸和几何误差分别使用通用计量器具来测量。孔、轴实际尺寸使用通用计量器具按两点法进行测量，可获得实际尺寸的具体数值。几何误差使用通用计量器具测量，也能获得几何误差的具体数值。对于采用包容要求的孔、轴，它们的实际尺寸和形状误差的综合结果应该使用光滑极限量规检验。最大实体要求应用于被测要素和基准要素时，它们的实际尺寸和几何误差的综合结果应该使用功能量规检验。量规是一种没有刻度而用以检验孔、轴实际尺寸和几何误差综合结果的专用计量器具，用它检验的结果可以判断实际孔、轴合格与否，但不能获得孔、轴实际尺寸和几何误差的具体数值。量规的使用极为方便，检验效率高，因此量规在机械产品生产中得到了广泛应用。

我国颁布了国家标准 GB/T 3177—2009《产品几何技术规范 (GPS) 光滑工件尺寸的检验》和 GB/T 1957—2006《光滑极限量规 技术条件》、GB/T 8069—2024《产品几何技术规范 (GPS) 功能量规》。这些可作为贯彻执行"极限与配合""几何公差"以及"普通平键与键槽""矩形花键"等相关国家标准的基础保证。

6.1　概　述

要保证零部件的互换性，除了合理地规定尺寸公差与配合、形状、位置、表面粗糙度等要求以外，还必须规定相应的检测原则。只有按测量检验标准规定的方法确认合格的零件，才能满足产品的使用要求，保证其互换性。

检验光滑工件尺寸时，可使用通用计量器具，也可使用极限量规。使用通用计量器具能测出工件实际尺寸的具体数值，能够帮助人们了解产品质量情况，有利于对生产过程进行分析。使用量规检验虽无法测出工件实际尺寸的具体数值，但能帮助人们快速判断工件是否合格，并且能保证工件在生产中的互换性，因而在生产中尤其是大批量生产中，量规的使用非常普遍。

对工件进行检测时，无论采用通用计量器具，还是使用极限量规，都存在测量误差，其影响如图 6-1 所示。

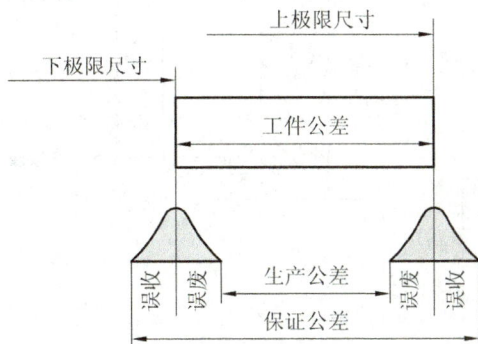

图 6-1　测量误差的影响

由于测量误差对测量结果有影响，当真实尺寸位于极限尺寸附近时，按测得尺寸验收工件就有可能把实际尺寸超过极限尺寸范围的工件误认为合格而被接受 (误收)，也可能把实际尺寸在极限尺寸范围内的工件误认为不合格而被废除 (误废)。可见，测量误差的存在实际上改变了工件规定的公差带，使之缩小或扩大。考虑测量误差的影响，合格工件可能的最小公差称为生产公差，而合格工件可能的最大公差称为保证公差。

生产公差应能满足加工的经济性要求，而保证公差应能满足设计规定的使用要求。显然，生产公差越大越好，而保证公差越小越好，两者存在矛盾。为了解决这一问题，必须规定验收极限和允许的测量误差(包括量规的极限偏差)。在生产中，用光滑极限量规和普通计量器具检验光滑工件尺寸时，参考的相关国家标准有 GB/T 1957—2006《光滑极限量规 技术条件》和 GB/T 3177—2009《产品几何技术规范 (GPS) 光滑工件尺寸的检验》。

6.2 通用计量器具

通用计量器具主要是指在生产车间中工人所使用的计量器具，如游标卡尺、千分尺、比较仪和指示表等。为了保证被判断为合格的零件的真值不超出设计规定的极限尺寸，国家颁布了 GB/T 3177—2009《产品几何技术规范 (GPS) 光滑工件尺寸的检验》标准。该标准规定的验收原则是：所用验收方法应只接收位于规定的尺寸极限之内的工件。

6.2.1 验收极限和安全裕度

验收极限是指判断所检验工件尺寸合格与否的尺寸界限，可以按照内缩法和不内缩法确定。

1. 内缩法

验收极限是从图样上规定的上极限尺寸和下极限尺寸分别向工件公差带内移动一个安全裕度 A 来确定的，简称内缩法，如图 6-2 所示。尺寸的验收极限分别为

$$上验收极限 = 上极限尺寸 - A \qquad (6-1)$$
$$下验收极限 = 下极限尺寸 + A \qquad (6-2)$$

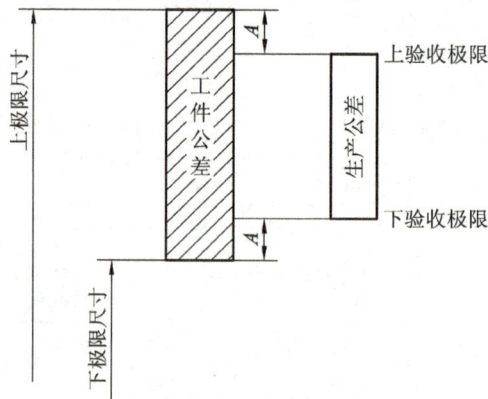

图 6-2 验收极限和安全裕度

安全裕度 A 由被检工件的公差值 t 来确定。一般 A 的数值取工件公差的 1/10，其数值可由表 6-1 查得。

由于验收极限向工件的公差带之内移动是为了保证验收时合格，所以在生产时不能按原有的极限尺寸加工，应按照由验收极限所确定的范围生产，这个范围即为"生产公差"。

表 6-1　安全裕度 A 和测量器具的测量不确定度允许值 u_1　　μm

公称尺寸/mm		IT6		u_1			IT7		u_1			IT8		u_1			IT9		u_1		
大于	至	t	A	I	II	III	t	A	I	II	III	t	A	I	II	III	t	A	I	II	III
—	3	6	0.6	0.54	0.9	1.4	10	1.0	0.9	1.5	2.3	14	1.4	1.3	2.1	3.2	25	2.5	2.3	3.8	5.6
3	6	8	0.8	0.72	1.2	1.8	12	1.2	1.1	1.8	2.7	18	1.8	1.6	2.7	4.1	30	3.0	2.7	4.5	6.8
6	10	9	0.9	0.81	1.4	2.0	15	1.5	1.4	2.3	3.4	22	2.2	2.0	3.3	5.0	36	3.6	3.3	5.4	8.1
10	18	11	1.1	1.0	1.7	2.5	18	1.8	1.7	2.7	4.1	27	2.7	2.4	4.1	6.1	43	4.3	3.9	6.5	9.7
18	30	13	1.3	1.2	2.0	2.9	21	2.1	1.9	3.2	4.7	33	3.3	3.0	5.0	7.4	52	5.2	4.7	7.8	12
30	50	16	1.6	1.4	2.4	3.6	25	2.5	2.3	3.8	5.6	39	3.9	3.5	5.9	8.8	62	6.2	5.6	9.3	14
50	80	19	1.9	1.7	2.9	4.3	30	3.0	2.7	4.5	6.8	46	4.6	4.1	6.9	10	74	7.4	6.7	11	17
80	120	22	2.2	2.0	3.3	5.0	35	3.5	3.2	5.3	7.9	54	5.4	4.9	8.1	12	87	8.7	7.8	13	20
120	180	25	2.5	2.3	3.8	5.6	40	4.0	3.6	6.0	9.0	63	6.3	5.7	9.5	14	100	10	9.0	15	23
180	250	29	2.9	2.6	4.4	6.5	46	4.6	4.1	6.9	10	72	7.2	6.5	11	16	115	12	10	17	26
250	315	32	3.2	2.9	4.8	7.2	52	5.2	4.7	7.8	12	81	8.1	7.3	12	18	130	13	12	19	29
315	400	36	3.6	3.2	5.4	8.1	57	5.7	5.1	8.4	13	89	8.9	8.0	13	20	140	14	13	21	32
400	500	40	4.0	3.6	6.0	9.0	63	6.3	5.7	9.5	14	97	9.7	8.7	15	22	155	16	14	23	35

公称尺寸/mm		IT10		u_1			IT11		u_1			IT12		u_1		IT13		u_1	
大于	至	t	A	I	II	III	t	A	I	II	III	t	A	I	II	t	A	I	II
—	3	40	4.0	3.6	6.0	9.0	60	6.0	5.4	9.0	14	100	10	9.0	15	140	14	13	21
3	6	48	4.8	4.3	7.2	11	75	7.5	6.8	11	17	120	12	11	18	180	18	16	27
6	10	58	5.8	5.2	8.7	13	90	9.0	8.1	14	20	150	15	14	23	220	22	20	33
10	18	70	7.0	6.3	11	16	110	11	10	17	25	180	18	16	27	270	27	24	41
18	30	84	8.4	7.6	13	19	130	13	12	20	29	210	21	19	32	330	33	30	50
30	50	100	10	9.0	15	23	160	16	14	24	36	250	25	23	38	390	39	35	59
50	80	120	12	11	18	27	190	19	17	29	43	300	30	27	45	460	46	41	69
80	120	140	14	13	21	32	220	22	20	33	50	350	35	32	53	540	54	49	81
120	180	160	16	15	24	36	250	25	23	38	56	400	40	36	60	630	63	57	95
180	250	185	18	17	28	42	290	29	26	44	65	460	46	41	69	720	72	65	110
250	315	210	21	19	32	47	320	32	29	48	72	520	52	47	78	810	81	73	120
315	400	230	23	21	35	52	360	36	32	54	81	570	57	51	86	890	89	80	130
400	500	250	25	23	38	56	400	40	36	60	90	630	63	57	95	970	97	87	150

2. 不内缩法

不内缩法是指验收极限等于图样上规定的上极限尺寸和下极限尺寸，即安全裕度 A 为零。

按内缩法验收工件，可使误收率大大减少，这是保证产品质量的一种安全措施。但同时使误废率有所增加。从统计规律来看，误废量与总产量相比毕竟是少量。而按不内缩法验收工件，可使误收和误废均可能发生。具体选择上述哪一种方法，要结合工件的尺寸、功能要求及其重要程度、尺寸公差等级、测量不确定度和工艺能力等因素综合考虑。具体原则是：

(1) 对要求符合包容要求的尺寸、公差等级高的尺寸，其验收极限按照内缩法确定。

(2) 当工艺能力指数 $C_p \geqslant 1$ (工艺能力指数 C_p 是指工件公差 t 与加工设备工艺能力 C_σ 之比。C 为常数，工件尺寸遵循正态分布时 $C = 6$，σ 为加工设备的标准偏差，$C_p = t/(6\sigma)$) 时，其验收极限可以按照不内缩法确定。但采用包容要求时，在最大实体尺寸一侧仍应按照内缩法确定验收极限。

(3) 对偏态分布的尺寸，尺寸偏向的一边应按照内缩法确定。

(4) 对非配合和一般公差的尺寸，其验收极限按照不内缩法确定。

6.2.2　通用计量器具的选择

选择计量器具是检验工作的重要环节。计量器具的精度既影响检验工作的可靠性，又决定了检验工作的经济性。因此，选择时应综合考虑计量器具的技术指标和经济指标。选用时应遵循以下原则：

(1) 选择的计量器具应与被测工件的外形、位置、尺寸的大小及被测参数特性相适应，使所选计量器具的测量范围能够满足工件的要求。

(2) 选择计量器具应考虑工件的尺寸公差，使所选计量器具的不确定度值既能保证测量精度要求，又符合经济性要求。

不确定度 u 是指表征测量过程中，各项误差综合影响测量结果的误差界限。它反映了由于误差的存在而对被测量不能确定的程度。从测量误差来源看，它由两部分组成，即计量器具的不确定度 u_1 和由温度、压陷效应即工件形状误差等因素引起的不确定度 u_2。u_1 表征计量器具的内在误差 (如随机误差和未定系统误差) 引起测量结果分散程度的一个误差限，其中包括调整标准器的不确定度，它的允许值约为 $0.9A$。u_2 的允许值约为 $0.45A$。安全裕度 A 相当于测量中总的不确定度。u_1 和 u_2 可按随机变量合成，即

$$1.00A = \sqrt{u_1^2 + u_2^2} \approx \sqrt{(0.9A)^2 + (0.45A)^2}$$

为了保证测量的可靠性和量值的统一，国家标准规定：按照计量器具的测量不确定度允许值 u_1 选择计量器具。计量器具的测量不确定度允许值 u_1 按测量不确定度 u 与工件公差的比值分档：对 IT6 ～ IT11 的分为 Ⅰ、Ⅱ、Ⅲ 三档，对 IT12 ～ IT18 的分为 Ⅰ、Ⅱ 两档。一般情况下，优先选用 Ⅰ 档，其次为 Ⅱ 档、Ⅲ 档。选用计量器具时，应使所选计量器具的不确定度 u_1' 小于或等于表 6-1 所列的 u_1 值。

表 6-2 至 6-4 列出了一些常用测量器具的不确定度，可供选用时参考。

表 6-2 千分尺和游标卡尺的不确定度　　　　mm

工件尺寸范围		计量器具类型			
		分度值为 0.01 mm 的外径千分尺	分度值为 0.01 mm 的内径千分尺	分度值为 0.02 mm 的游标卡尺	分度值为 0.05 mm 的游标卡尺
大于	至	不确定度 u_1'			
—	50	0.004	0.008	0.020	0.050
50	100	0.005			
100	150	0.006			
150	200	0.007			
200	250	0.008	0.013		
250	300	0.009			
300	350	0.010			0.100
350	400	0.011	0.020		
400	450	0.012			
450	500	0.013	0.025		

注：当采用比较测量时，千分尺的不确定度可小于本表规定的数值，一般可减小40%。

表 6-3 比较仪的不确定度　　　　mm

工件尺寸范围		计量器具类型			
		分度值为 0.0005（相当于放大倍数为 2000 倍）的比较仪	分度值为 0.001（相当于放大倍数为 1000 倍）的比较仪	分度值为 0.002（相当于放大倍数为 400 倍）的比较仪	分度值为 0.005（相当于放大倍数为 250 倍）的比较仪
大于	至	不确定度 u_1'			
—	25	0.0006	0.0010	0.0017	0.0030
25	40	0.0007			
40	65	0.0008	0.0011	0.0018	
65	90				
90	115	0.0009	0.0012	0.0019	
115	165	0.0010	0.0013		
165	215	0.0012	0.0014	0.0020	0.0035
215	265	0.0014	0.0016	0.0021	
265	315	0.0016	0.0017	0.0022	

注：测量时，使用的标准器由不多于4块的1级(或4等)量块组成。

表 6-4　指示表的不确定度　　　　　　　　　　　　　　mm

工件尺寸范围		计量器具类型			
		分度值为 0.001 的千分表(0 级在全程范围内,1 级在 0.2 mm 内)、分度值为 0.002 的千分表(在 1 转范围内)	分度值为 0.001、0.002 或 0.005 的千分表(1 级在 0.2 mm 全程范围内),分度值为 0.01 的百分表(0 级在任意 1 mm 范围内)	分度值为 0.01 的百分表(0 级在全程范围内,1 级在任意 1 mm 范围内)	分度值为 0.01 的百分表(1 级 在全程范围内)
大于	至	不确定度 u_1'			
—	115	0.005	0.010	0.018	0.030
115	315	0.006			

注:测量时,使用的标准器由不多于 4 块的 1 级(或 4 等)量块组成。

6.2.3　选择计量器具实例

例 6.1　被测工件尺寸为 $\phi55\text{d}9\binom{-0.100}{-0.174}$ mm,无配合要求,试确定验收极限并选择合适的计量器具。

解　(1) 确定验收极限。

因为工件 $\phi55\text{d}9$ 无配合要求,所以根据国家标准有关规定,验收极限按照不内缩法确定,$A = 0$ mm。由于

$$上验收极限 = 上极限尺寸 - A = d_{\max} = 54.900 \text{ mm}$$
$$下验收极限 = 下极限尺寸 + A = d_{\min} = 54.826 \text{ mm}$$

因此 $\phi55\text{d}9\binom{-0.100}{-0.174}$ mm 工件的尺寸公差带和验收极限如图 6-3 所示。

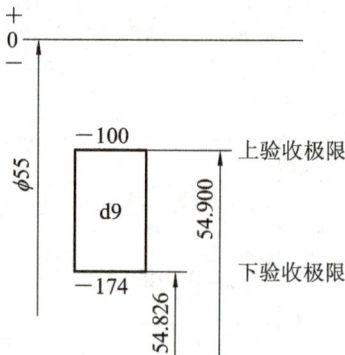

图 6-3　$\phi55\text{d}9$ 公差带和验收极限

(2) 选择计量器具。

查表 6-1 得,IT9 对应的 I 档计量器具不确定度的允许值 u_1 为 0.0067 mm。

查表 6-2 得,分度值为 0.01 mm、测量范围在 50 ~ 100 mm 的外径千分尺的测量不确定度 u_1' 为 0.005 mm。可见,该量具满足 $u_1' \leqslant u_1$ 的原则。而分度值为 0.02 mm 的游标卡

尺的 u'_1 为 0.020 mm，不满足 $u'_1 \leqslant u_1$ 的原则，所以不能采用该游标卡尺。

综合考虑应采用分度值为 0.01 mm、测量范围在 50 ~ 100 mm 的外径千分尺。

例 6.2　被测工件尺寸为 $\phi30H6\binom{+0.013}{0}$ mm，采用包容要求ⓔ，生产现场的工艺能力

指数 $C_p \geqslant 1$，试确定验收极限并选择检验直径 $\phi30H6\binom{+0.013}{0}$ 的计量器具。

解　(1) 确定验收极限。

因为 $C_p \geqslant 1$，其验收极限可以按不内缩法确定，即一边 $A = 0$ mm，但因为零件尺寸遵循包容要求，因此，其最大实体尺寸一边的验收极限仍按内缩法确定。

查表 6-1 得，尺寸在 >18 ~ 30 mm 的安全裕度 $A = 0.0013$ mm，则有

上验收极限 = 上极限尺寸 - $A = D_{max}$ - 0 mm= 30.013 mm

下验收极限 = 下极限尺寸 + $A = D_{min}$ + 0.0013 mm = 30.0013 mm

因此 $\phi30H6\binom{+0.013}{0}$ⓔ工件的尺寸公差带和验收极限如图 6-4 所示。

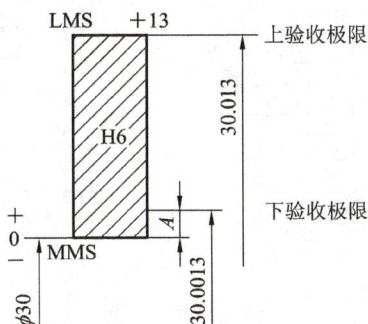

图 6-4　$\phi30H6$ 公差带和验收极限

(2) 选择计量器具。

查表 6-1 得，尺寸在 >18 ~ 30 mm、精度等级为 IT6 对应的Ⅰ档测量器具不确定度的允许值 u_1 为 0.0012 mm。

查表 6-3 得，分度值为 0.001 mm、测量范围在 25 ~ 40 mm 的比较仪的测量不确定度 u'_1 为 0.001 mm。可见，该量具满足 $u'_1 \leqslant u_1$ 的原则。而分度值为 0.002 mm 的比较仪的测量不确定度 u'_1 为 0.0018 mm，不满足 $u'_1 \leqslant u_1$ 的原则。

综合考虑应采用分度值为 0.001 mm、测量范围在 25 ~ 40 mm 的比较仪。

6.3　光滑极限量规

6.3.1　概述

光滑极限量规 (简称量规) 是一种无刻度、成对使用的专用检验工具，只能确定工件

的尺寸是否在极限尺寸范围内，不能测出工件的实际尺寸。当图样上被测要素的尺寸公差和几何公差按独立原则标注时，一般使用通用计量器具分别测量；当单一要素的尺寸公差和几何公差采用包容要求标注时，应使用量规来检验，把尺寸误差和几何误差都控制在极限尺寸范围内。

光滑极限量规一般分为孔用光滑极限量规和轴用光滑极限量规。

1. 孔用光滑极限量规（塞规）

检验孔径的光滑极限量规称为塞规。塞规包括通规（通端）和止规（止端），如图 6-5(a) 所示。通规按被测孔的最大实体尺寸（即孔的下极限尺寸）制造，止规按被测孔的最小实体尺寸（即孔的上极限尺寸）制造。使用时，如果塞规的通规通过被检验孔，表示被测孔的体外作用尺寸大于下极限尺寸；塞规的止规通不过被检验孔，表示被测孔的实际尺寸小于上极限尺寸，说明被检验孔的尺寸误差和几何误差都在规定的极限尺寸范围内，被检验孔是合格的。

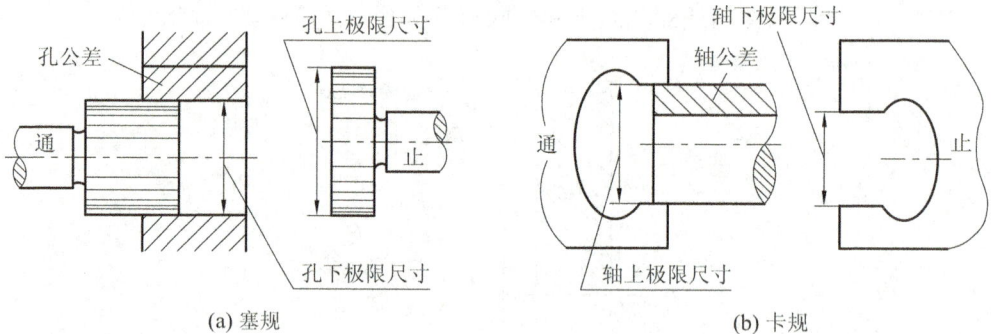

(a) 塞规　　　　　　　　　　　　　(b) 卡规

图 6-5　光滑极限量规

2. 轴用光滑极限量规（环规或卡规）

检验轴径的光滑极限量规，称为卡规或环规。卡规也包括通规（通端）和止规（止端），如图 6-5(b) 所示。通端按被测轴的最大实体尺寸（即轴的上极限尺寸）制造，止规按被测轴的最小实体尺寸（即轴的下极限尺寸）制造。使用时，如果卡规的通规能顺利地滑过轴径，表示被测轴的体外作用尺寸小于上极限尺寸；卡规的止规滑不过去，表示被测轴的实际尺寸大于下极限尺寸，说明被测轴的尺寸误差和几何误差都在规定的极限尺寸范围内，被检验的轴是合格的。

综上所述，量规的通规用于控制工件的体外作用尺寸，止规用于控制工件的实际尺寸。用量规检验工件时，其合格标志是通规能够通过，止规不能通过；否则不合格。因此，用量规检验工件时，必须通规和止规成对使用，才能判断被测孔或轴是否合格。

6.3.2　量规的种类

量规按其用途的不同分为工作量规、验收量规和校对量规。

1. 工作量规

工作量规是指工件制造过程中，生产工人对工件进行检验所使用的量规。通规用代号

"T"表示，止规用代号"Z"表示。为了提高加工精度，保证工件合格率，防止废品产生，要求通规是新的或磨损较小的量规。

2. 验收量规

验收量规是指检验部门或用户代表在验收工件时使用的量规。验收量规一般不需要另行制造，它的通规是从磨损较多，但未超过磨损极限的工作量规中挑选出来的；止规应接近工件的最小实体尺寸。这样，操作者用工作量规自检合格的工件，当检验人员用验收量规验收时一般也会判定合格。

3. 校对量规

校对量规是专门用来检验轴用工作量规在制造中是否符合制造公差，在使用中是否已达到磨损极限时所使用的量规。因为孔用工作量规便于用精密仪器测量，故国家标准未规定孔用校对量规。

校对量规有以下 3 种，其名称、代号及功能见表 6-5。

表 6-5　校对量规

量规形状	检验对象	量规名称	量规代号	功　能	检验合格的标志
塞规	轴用工作量规	通规	校通—通	TT	防止通规制造时尺寸过小	通过
		止规	校止—通	ZT	防止止规制造时尺寸过小	通过
		通规	校通—损	TS	防止通规使用中磨损过大	不通过

(1)"校通—通"量规。"校通—通"量规是指在制造新的通规时所使用的校对塞规，代号为 TT，其作用是防止通规尺寸小于其下极限尺寸。检验时，该校对塞规应通过轴用通规，否则应判断该轴用通规不合格。

(2)"校止—通"量规。"校止—通"量规是指制造新的止规时所使用的校对塞规，代号为 ZT，其作用是防止止规尺寸小于其下极限尺寸。检验时，该校对塞规应通过轴用止规，否则应判断该轴用止规不合格。

(3)"校通—损"量规。"校通—损"量规是指检验使用中的通规是否磨损到极限时所用的校对塞规，代号 TS，其作用是防止轴用通规在使用中超过磨损极限尺寸。检验时，该校对塞规应不能通过轴用通规，否则应判断所校对的轴用通规已达到磨损极限，不应该继续使用。

6.3.3　量规的公差带

量规是一种精密检验工具，制造量规和制造工件一样，不可避免地会产生误差，量规制造公差的大小决定了量规制造的难易程度。

由于通规在使用过程中经常通过工件，因而会逐渐磨损。为了使通规具有一定的使用寿命，应当留出适当的磨损储备量，因此对通规应规定磨损极限，即将通规公差带从最大实体尺寸向工件公差带内缩一个距离。而止规通常不通过工件，所以不需要留出磨损储备量，故将止规公差带放在工件公差带内紧靠最小实体尺寸处。校对量规也不需要留出磨损储备量。

1. 工作量规的公差带

国家标准 GB/T 1957—2006 规定量规的公差带不得超越工件的公差带，这样有利于防止误收，保证产品质量与互换性。但在这种情况下有时会把一些合格的工件检验成不合格，实际上缩小了工件公差范围，提高了工件的制造精度。

工作量规的公差带如图 6-6 所示，T 为量规制造公差，Z 为位置要素（通规制造公差带中心到工件最大实体尺寸之间的距离），国家标准规定的 T、Z 值见表 6-6。

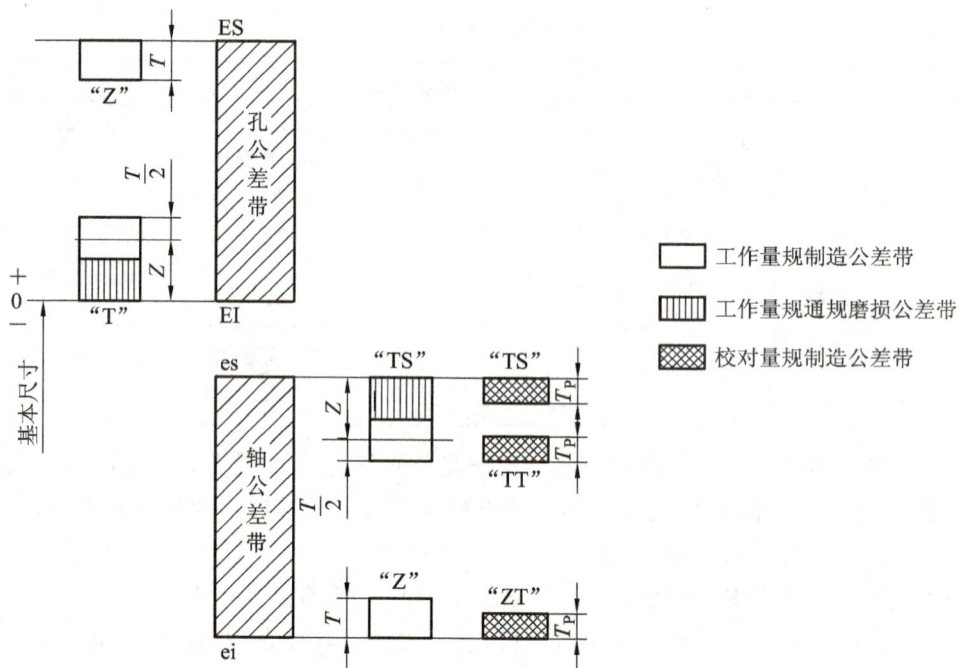

图 6-6　量规的公差带示意图

工作量规"通规"的制造公差带对称于 Z 值，其磨损极限尺寸等于工件的最大实体尺寸。工作量规"止规"的制造公差带，是从工件的最小实体尺寸起，向工件的公差带内分布。

国家标准规定工作量规的几何误差应控制在工作量规制造公差范围内，即采用包容要求。其几何公差为量规制造公差的 50%。考虑到制造和测量的困难，当量规制造公差小于或等于 0.002 mm 时，其几何公差取为 0.001 mm。

表 6-6　工作量规制造公差 T 值和位置要素 Z 值

μm

工件公称尺寸/mm	IT6			IT7			IT8			IT9			IT10			IT11			IT12		
	孔或轴的公差值	T	Z	孔或轴的公差值	T	Z	孔或轴的公差值	T	Z	孔或轴的公差值	T	Z	孔或轴的公差值	T	Z	孔或轴的公差值	T	Z	孔或轴的公差值	T	Z
~3	6	1	1	10	1.2	1.6	14	1.6	2	25	2	3	40	2.4	4	60	3	6	100	4	9
>3~6	8	1.2	1.4	12	1.4	2	18	2	2.6	30	2.4	4	48	3	5	75	4	8	120	5	11
>6~10	9	1.4	1.6	15	1.8	2.4	22	2.4	3.2	36	2.8	5	58	3.6	6	90	5	9	150	6	13
>10~18	11	1.6	2	18	2	2.8	27	2.8	4	43	3.4	6	70	4	8	110	6	11	180	7	15
>18~30	13	2	2.4	21	2.4	3.4	33	3.4	5	52	4	7	84	5	9	130	7	13	210	8	18
>30~50	16	2.4	2.8	25	3	4	39	4	6	62	5	8	100	6	11	160	8	16	250	10	22
>50~80	19	2.8	3.4	30	3.6	4.6	46	4.6	7	74	6	9	120	7	13	190	9	19	300	12	26
>80~120	22	3.2	3.8	35	4.2	5.4	54	5.4	8	87	7	10	140	8	15	220	10	22	350	14	30
>120~180	25	3.8	4.4	40	4.8	6	63	6	9	100	8	12	160	9	18	250	12	25	400	16	35
>180~250	29	4.4	5	46	5.4	7	72	7	10	115	9	14	185	10	20	290	14	29	460	18	40
>250~315	32	4.8	5.6	52	6	8	81	8	11	130	10	16	210	12	22	320	16	32	520	20	45
>315~400	36	5.4	6.2	57	7	9	89	10	12	140	11	18	230	14	25	360	18	36	570	22	50
>400~500	40	6	7	63	8	10	97	10	14	155	12	20	250	16	28	400	20	40	630	24	55

2. 校对量规的公差带

校对量规的公差带分布规定如下，其公差带如图 6-6 所示。

1）"校通—通"量规

"校通—通"量规作用是防止通规尺寸小于其下极限尺寸，故其公差带是从通规的下极限偏差起，向轴用量规通规公差带内分布的。

2）"校止—通"量规

"校止—通"量规作用是防止止规尺寸小于其下极限尺寸，故其公差带是从止规的下极限偏差起，向轴用量规止规公差带内分布的。

3）"校通—损"量规

"校通—损"量规作用是防止轴用通规在使用中超过磨损极限尺寸，故其公差带是从轴用通规的磨损极限起，向轴用量规通规公差带内分布。

校对量规的制造公差为被校对轴用量规制造公差的 50%，校对量规的几何公差应控制在其尺寸公差带内。由于校对量规精度高，制造困难，因此在实际生产中通常用量块或计量器具代替校对量规。

6.3.4 量规设计

1. 设计原理

GB/T 1957—2006《光滑极限量规 技术条件》明确了极限尺寸判断原则 (泰勒原则) 是量规设计的主要依据。极限尺寸判断原则的内容包括以下两条：

(1) 孔或轴的体外作用尺寸不得超越最大实体尺寸。

(2) 孔或轴的局部实际尺寸不得超越最小实体尺寸。

这两条内容体现了对设计给定的孔、轴极限尺寸的控制功能，即体外作用尺寸由最大实体尺寸限制，几何误差限制在尺寸公差之内；同时，工件的局部实际尺寸由最小实体尺寸限制，这两条内容既能保证工件合格并具有互换性又能实现自由装配。

极限尺寸判断原则是设计和使用光滑极限量规的理论依据，它对量规的要求是：

(1) 通规测量面是与被检验孔或轴形状相对应的完整表面 (即全形量规)，其长度应等于被检孔或轴的配合长度，其公称尺寸应等于被检孔或轴的最大实体尺寸，即孔用通规的公称尺寸应等于被检孔的下极限尺寸；轴用通规的公称尺寸应等于被检轴的上极限尺寸。

(2) 止规的测量面是两点状的 (即非全形量规)，其尺寸应为被检孔或轴的最小实体尺，即孔用止规的公称尺寸应等于被检孔的上极限尺寸；轴用止规的公称尺寸应等于被检轴的下极限尺寸。

2. 量规形式的选择

检验光滑工件的光滑极限量规形式多样，国家标准推荐了量规形式的应用尺寸范围及使用顺序。对于孔、轴的光滑极限量规的结构、通用尺寸、适用范围、使用顺序，GB/T 10920—2008《螺纹量规和光滑极限量规 型式与尺寸》都作了详细的规定和阐述，具体选择时可参考相关资料。选用量规结构形式时，必须同时考虑到工件结构、大小、产量及检验效率等。

图 6-7、图 6-8 分别给出了几种常用的轴用和孔用量规的结构形式及适用范围，供设计时选用。

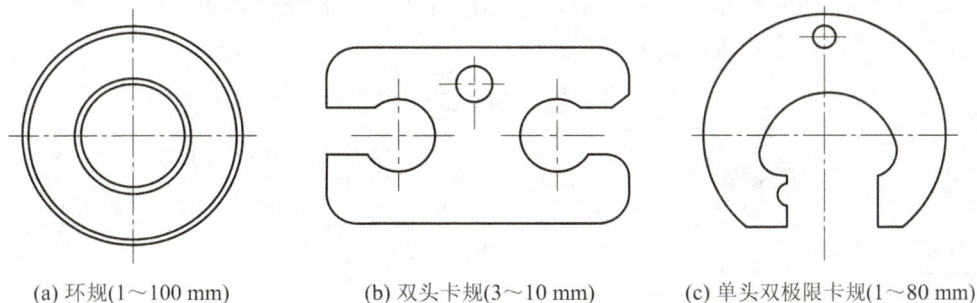

(a) 环规(1～100 mm)　　(b) 双头卡规(3～10 mm)　　(c) 单头双极限卡规(1～80 mm)

图 6-7　轴用量规的结构形式及适用范围

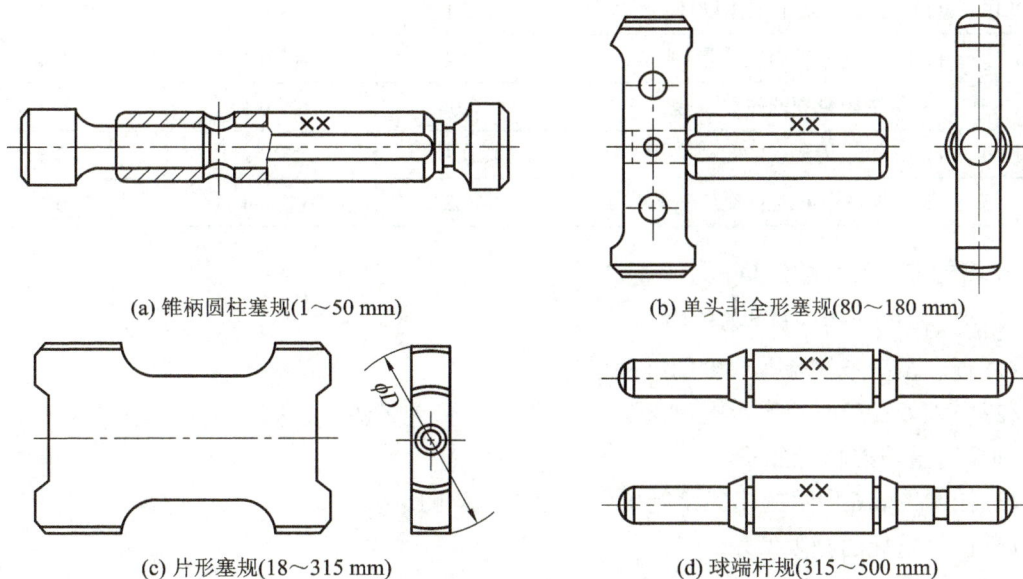

(a) 锥柄圆柱塞规(1～50 mm)　　　　　(b) 单头非全形塞规(80～180 mm)

(c) 片形塞规(18～315 mm)　　　　　(d) 球端杆规(315～500 mm)

图 6-8　孔用量规的结构形式及适用范围

3. 量规的技术要求

1) 量规材料

量规测量面的材料与硬度对量规的使用寿命有一定的影响。量规可用合金工具钢（如 CrMn、CrMnW、CrMoV 钢）、碳素工具钢（如 T10A、T12A 钢）、渗碳钢（如 15、20 钢）以及其他耐磨材料（如硬质合金）等材料制造。手柄一般用 Q235 钢、LY11 铝等材料制造。量规测量面硬度为 58 ～ 65HRC，并应经过稳定性处理。

2) 几何公差

国家标准规定工作量规的几何误差应控制在工作量规制造公差范围内，量规的几何公差一般为量规制造公差的 50%。考虑到制造和测量的困难，当量规制造公差小于或等于 0.002 mm 时，其几何公差取为 0.001 mm。

校对量规的制造公差为被校对轴用量规制造公差的 50%，校对量规的几何公差应控制在其尺寸公差带内。

3) 表面粗糙度

量规测量面不应有锈迹、毛刺、黑斑、划痕等明显影响外观和使用质量的缺陷。量规测量表面的表面粗糙度参数 Ra 值见表 6-7。

表 6-7　量规测量面的表面粗糙度 Ra　　　　μm

光滑极限量规	量规测量面的公称尺寸 / mm		
	≤ 120	> 120 ～ 315	> 315 ～ 500
IT6 级孔用工作量规	≤ 0.025	≤ 0.05	≤ 0.1
IT 6 ～ IT 9 级轴用工作量规	≤ 0.05	≤ 0.1	≤ 0.2
IT 7 ～ IT 9 级孔用工作量规			
IT 10 ～ IT12 级孔、轴用工作量规	≤ 0.1	≤ 0.2	≤ 0.3
IT 13 ～ IT 16 级孔、轴用工作量规	≤ 0.2	≤ 0.4	≤ 0.4
IT 6 ～ IT 9 级轴用量规的校对塞规	≤ 0.05	≤ 0.1	≤ 0.2
IT 10 ～ IT 12 级轴用量规的校对塞规	≤ 0.1	≤ 0.2	≤ 0.4
IT 13 ～ IT16 级轴用量规的校对塞规	≤ 0.2	≤ 0.4	≤ 0.4

4. 量规工作尺寸的计算

量规工作尺寸的计算步骤如下：

(1) 查表得出被检验孔或轴的极限偏差。

(2) 由表 6-6 查出工作量规制造公差 T 和位置要素 Z 值，并按 T 确定工作量规的几何公差和校对量规的制造公差。

(3) 按照图 6-6 所示的形式绘制量规公差带示意图。

(4) 计算量规的极限偏差。

(5) 计算量规的极限尺寸和磨损极限尺寸。

(6) 按量规的常用形式绘制并标注量规图样。

5. 量规设计应用实例

例 6.3　设计检验 ϕ25H8 孔用工作量规。

解　(1) 查相关表得 ϕ25H8 孔的极限偏差 ES = +0.033 mm，EI = 0 mm。

(2) 由表 6-6 查出工作量规制造公差 T 值和位置要素 Z 值，并确定几何公差

$$T = 0.0034 \text{ mm}, \quad Z = 0.005 \text{ mm}, \quad \frac{T}{2} = 0.0017 \text{ mm}$$

(3) 画出工件和量规的公差带图，如图 6-9 所示。

(4) 计算量规的极限偏差。

通规：　上极限偏差 $= \text{EI} + Z + \dfrac{T}{2} = (0 + 0.005 + 0.0017) \text{ mm} = +0.0067 \text{ mm}$

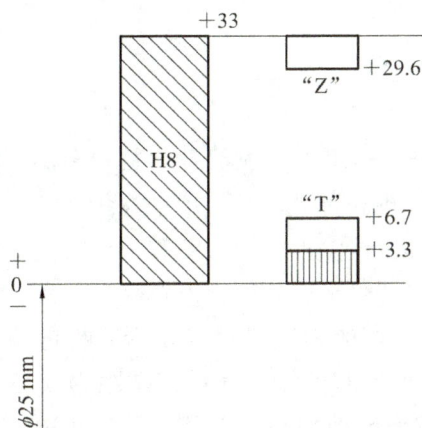

图 6-9　孔用工作量规公差带

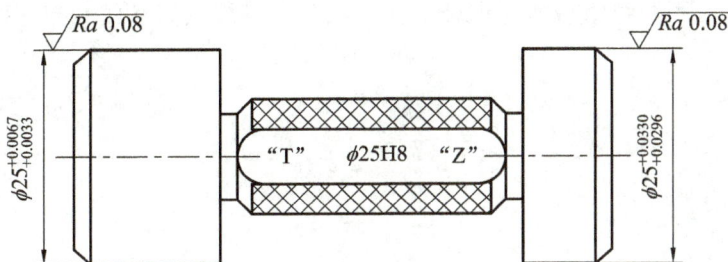

图 6-10　量规工作图

$$下极限偏差 = EI + Z - \frac{T}{2} = (0 + 0.005 - 0.0017) \text{ mm} = +0.0033 \text{ mm}$$

$$磨损极限偏差 = EI = 0 \text{ mm}$$

止规：

$$上极限偏差 = ES = +0.033 \text{ mm}$$

$$下极限偏差 = ES - T = +0.033 \text{ mm} - 0.0034 \text{ mm} = +0.0296 \text{ mm}$$

(5) 计算量规的极限尺寸和磨损极限尺寸。

通规：

$$上极限尺寸 = 25 \text{ mm} + 0.0067 \text{ mm} = 25.0067 \text{ mm}$$

$$下极限尺寸 = 25 \text{ mm} + 0.0033 \text{ mm} = 25.0033 \text{ mm}$$

$$磨损极限尺寸 = 25 \text{ mm}$$

止规：

$$上极限尺寸 = 25 \text{ mm} + 0.033 \text{ mm} = 25.033 \text{ mm}$$

$$下极限尺寸 = 25 \text{ mm} + 0.0296 \text{ mm} = 25.0296 \text{ mm}$$

所以塞规的通规尺寸为 $\phi25^{+0.0067}_{+0.0033}$ mm，止规尺寸为 $\phi25^{+0.0330}_{+0.0296}$ mm。

在使用过程中，量规的通规不断磨损，通规尺寸可以小于 25.0033 mm，但当其尺寸接近磨损极限尺寸 25 mm 时，就不能再作为工作量规，而只能转为验收量规使用；当通规尺寸磨损到 30 mm 时，通规应报废。

(6) 按量规的常用形式绘制并标注量规图样。

绘制量规的工作图样，就是把设计结果通过图样表示出来，从而为量规的加工制造提供技术依据。本例中孔用量规选用锥柄双头塞规，如图 6-10 所示。

知识拓展：螺纹量规简介

螺纹一般属于大批量生产，同时由于其设计参数较多，不便逐个参数测量，因此常用量规进行检验。螺纹量规有环规和塞规，环规用于检测外螺纹尺寸，塞规用于检测内螺纹尺寸。不论是环规或是塞规都由检测上极限尺寸和下极限尺寸的检验量具构成。螺纹塞规用于综合检验内螺纹，螺纹环规用于综合检验外螺纹。

螺纹塞规是测量大批量生产的内螺纹尺寸是否合格的工具。螺纹塞规的种类繁多，从形状上可分为普通粗牙、细牙和管螺纹 3 种。螺距为 0.35 mm 或更小的、2 级精度及高于 2 级精度的，螺距为 0.8 mm 或更小的以及 3 级精度的塞规都没有止端。公称直径为 100 mm 及以下的螺纹量规称为锥柄螺纹量规，公称直径为 100 mm 以上的螺纹量规称为双柄螺纹量规。使用螺纹量规时要保证被测螺纹公差等级及偏差代号与螺纹量规标识的公差等级及偏差代号相同。

习　题

一、填空题

1. 光滑极限量规按用途分为＿＿＿＿＿＿＿、＿＿＿＿＿＿＿和＿＿＿＿＿＿＿。

2. ＿＿＿＿＿＿＿工作量规没有校对量规。

3. 光滑极限量规的工作部分分为＿＿＿＿＿＿＿规和＿＿＿＿＿＿＿规。

4. 量规通规的设计尺寸应等于工件的＿＿＿＿＿＿＿，用来控制工件的＿＿＿＿＿＿＿；量规止规的设计尺寸应等于工件的＿＿＿＿＿＿＿，用来控制工件的＿＿＿＿＿＿＿。

5. 当被测要素的尺寸公差和几何公差遵守的公差原则为＿＿＿＿＿＿＿时，一般可以使用光滑极限量规检验。

二、选择题

1. 在零件图样上的标注为 $\phi 60js7$ Ⓔ，该轴的尺寸公差为 0.030 mm，验收时安全裕度为 0.003 mm，按照内缩法确定验收极限，则该轴的上验收极限为（　　）。

A. 60.015　　　　　B. 60.012　　　　　C. 59.988　　　　　D. 59.985

2. 光滑极限量规设计应符合（　　）的合格条件。

A. 独立原则　　　B. 最大实体要求　　　C. 包容要求　　　D. 最小实体要求

3. 塞规的通规是用来控制被检孔的实际轮廓不得超越其（　　）。

A. 最大实体尺寸　　　　　　　　　　B. 最小实体尺寸

C. 作用尺寸　　　　　　　　　　　　D. 最大实体实效尺寸

4. 卡规的止规是用来控制被检轴的实际尺寸不得（　　）最小实体尺寸。

A. 大于　　　　　　　B. 小于　　　　　　　　　C. 小于或等于　　　　　　D. 大于或等于

5. 按 GB/T 3177—2009 的规定，对于非配合尺寸，其验收极限应采用（　　　）。

A. 从工件公差带上、下两端双向内缩

B. 只从工件公差带上端内缩

A. 只从工件公差带下端内缩

D. 工件的上、下极限尺寸

三、简答题

1. 误收和误废是怎样造成的？

2. 标准公差、生产公差、保证公差三者有何区别？

3. 为什么规定安全裕度和验收极限？

4. 量规的通规和止规按工件的哪个实体尺寸制造？各控制工件的什么尺寸？

5. 量规的通规除制造公差外，为什么要规定允许的最小磨损量与磨损极限？

四、综合题

1. 用普通计量器具测量下列孔和轴，试分别确定它们的安全裕度、验收极限以及使用的计量器具的名称和分度值。

(1) $\phi150h11$　　(2) $\phi50H7$　　(3) $\phi35e9$　　(4) $\phi60F8$

2. 试计算检验 $\phi60H7/r6$ Ⓔ孔、轴用的工作量规通规和止规的极限尺寸，并画出该孔和轴的通规、止规公差带示意图。试在光滑极限量规（工作量规）的工作图样上标注。

第7章 常用结合件的互换性

学习目标

(1) 了解滚动轴承配合及其选用；

(2) 了解键和花键的公差与配合标准及其应用；

(3) 了解螺纹互换性的特点及公差标准的应用；

(4) 了解圆锥结合公差与配合的特点。

课程思政

在我国高铁建设中，高铁车轮与车轴之间的滚动轴承配合至关重要。滚动轴承的互换性直接关系到高铁运行的安全性与稳定性。为了确保每一个滚动轴承都能精准配合，技术人员严格遵循公差标准，运用高精度检测设备对轴承的内径、外径、公差等级等参数进行细致检测。哪怕是微米级的误差，都会导致轴承运行时产生异常磨损、振动，甚至引发安全事故。中国高铁科研团队以对人民生命安全高度负责的态度，日夜攻关，不断优化轴承制造工艺与检测流程。他们用严谨的科学精神和精益求精的态度，保障了每一套滚动轴承的质量与互换性，让"中国高铁"成为享誉世界的国家名片。

学习导航

滚动轴承是应用广泛的重要机械基础件，被称为"工业的关节"，常用于支撑转动的轴及轴上零件，并保持轴的正常工作位置和旋转精度。为了实现滚动轴承及其配件的互换性，正确进行滚动轴承的公差与配合设计，我国颁布了 GB/T 307.1—2017《滚动轴承 向心轴承 产品几何技术规范(GPS)和公差值》、GB/T 307.3—2017《滚动轴承 通用技术规则》、GB/T 275—2015《滚动轴承 配合》等国家标准。

键连接广泛用于轴与轴上传动件(如齿轮、带轮、联轴器等)之间的可拆连接、可传递转矩和运动，有时还用于轴上传动件的导向。为了满足键和花键连接的使用要求，保证其互换性，我国颁布了 GB/T 1095—2003《平键 键槽的剖面尺寸》、GB/T 1096—2003《普

通型 平键》和 GB/T 1144—2001《矩形花键尺寸、公差和检验》等国家标准。

螺纹连接在机电产品中应用十分广泛，是一种典型的具有互换性的连接结构。为了满足普通螺纹的使用要求，保证其互换性，我国颁布了一系列普通螺纹国家标准，主要有 GB/T 14791—2013《螺纹 术语》、GB/T 192—2003《普通螺纹 基本牙型》、GB/T 193—2003《普通螺纹 直径与螺距系列》、GB/T 196—2003《普通螺纹 基本尺寸》和 GB/T 197—2018《普通螺纹 公差》等。

圆锥配合是机器结构中常用的典型结构，它具有同轴度高、配合自锁性好、密封性好，可以自由调整间隙和过盈等特点，因此在工业生产中得到广泛的应用。为了满足圆锥配合的使用要求，保证其互换性，我国颁布了 GB/T 157—2001《产品几何量技术规范 (GPS) 圆锥的锥度与锥角系列》、GB/T 11334—2005《产品几何量技术规范 (GPS) 圆锥公差》、GB/T 12360—2005《产品几何量技术规范 (GPS) 圆锥配合》等国家标准。

7.1　滚动轴承配合的互换性

7.1.1　概述

滚动轴承是机械中广泛使用的一种标准化部件，用以支承轴类零件转动。其典型结构如图 7-1 所示，由外圈、内圈、滚动体和保持架组成。其外圈的外径 D 与外壳孔配合，内圈的内径 d 与轴颈配合。

滚动轴承的外径 D 和内径 d 是配合的基本尺寸。在一般情况下，外圈装在壳体的孔内，固定不动；内圈与轴颈配合，随轴转动。滚动轴承的外圈内滚道、内圈外滚道与滚动体之间，由于大都采用分组装配，所以它们之间的互换性通常为不完全互换性。

滚动轴承是由专业化工厂生产的，为了满足滚动轴承互换性要求，国家标准对滚动轴承的尺寸公差、旋转精度，以及与滚动轴承相配合的外壳孔和轴颈的尺寸公差、几何公差、表面粗糙度等都作出了具体规定。

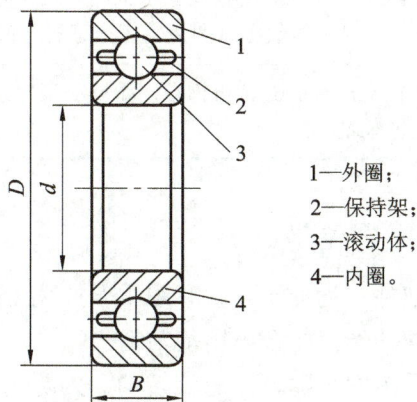

1—外圈；
2—保持架；
3—滚动体；
4—内圈。

图 7-1　滚动轴承

7.1.2 滚动轴承的精度等级及其应用

滚动轴承的公差等级由轴承的尺寸公差和旋转精度决定。前者是指轴承内径 d、外径 D、宽度 B 等的尺寸公差。后者是指轴承内、外圈做相对转动时跳动的程度，包括成套轴承内、外圈的径向圆跳动，成套轴承内、外圈端面对滚道的跳动，内圈基准端面对内孔的跳动等。

GB/T 307.3—2017《滚动轴承 通用技术规则》规定，滚动轴承按尺寸公差和旋转精度分级。向心轴承（圆锥滚子轴承除外）的公差等级，由低到高依次为：0级（普通级）、6级、5级、4级、2级共五个等级；圆锥滚子轴承的公差等级分为：0级（普通级）、6X级、5级、4级、2级共五个等级；推力轴承公差等级分为：普通级、6级、5级、4级共四个等级。

滚动轴承精度等级的选择主要依据两点：一是对轴承部件提出的旋转精度要求，如径向跳动和轴向跳动值；二是转速的高低。转速高时，由于与轴承配合的旋转轴（或外壳）可能随轴承的跳动而跳动，势必造成旋转不平稳，产生振动和噪声，因此，转速高的，应选用精度等级高的滚动轴承。此外，为保证主轴部件有较高的精度，可以采用不同精度等级的搭配方式。例如，普通车床主轴的后支撑用 6 级、前支撑用 5 级精度的轴承，即后轴承内圈的径向跳动值要比前轴承的稍大些。滚动轴承的各级精度的应用范围可参见表 7-1。

表 7-1　滚动轴承各级精度的应用范围

轴承精度等级	应 用 情 况
0级（普通级）	广泛用于旋转精度和运转平稳性要求不高的一般旋转机构中，如普通机床的变速机构、进给机构，汽车、拖拉机的变速机构，普通减速器、水泵及农业机械等通用机械的旋转机构
6级、6X级（中级）5级（较高级）	多用于旋转精度和运转平稳性要求较高或转速较高的旋转机构中，如普通机床主轴轴系（前支承采用 5 级，后支承采用 6 级）和比较精密的仪器、仪表、机械的旋转结构
4级（高级）	多用于转速很高或旋转精度要求很高的机床和机器的旋转机构中，如高精度磨床和车床、精密螺纹车床和齿轮磨床等的主轴轴系
2级（精密级）	多用于精密机械的旋转机构中，如精密坐标镗床、高精度齿轮磨床和数控机床等的主轴轴系

7.1.3 滚动轴承内、外径公差带

滚动轴承作为标准化的部件，为便于互换和组织专业化生产，轴承内圈与轴颈的配合采用基孔制，轴承外圈外径与外壳孔配合采用基轴制。

通常情况下，滚动轴承的内圈是随轴一起旋转的，为防止内圈和轴颈配合表面之间发生相对运动产生磨损，轴承内圈与轴颈配合要有适当的过盈量，但过盈量不能太大，以保

证拆卸方便及内圈材料不因产生过大的应力而变形或被破坏。为了满足既要传递扭矩又能方便拆卸的要求，国标 GB/T 307.1—2017《滚动轴承 向心轴承 产品几何技术规范 (GPS) 和公差值》规定，各公差等级的滚动轴承内圈基准孔公差带位于以公称直径 d 为零线的下方，即上极限偏差为零，下极限偏差为负值，这和一般基孔制中孔的下偏差等于零的规定不同。因此，滚动轴承的内圈公差带与轴颈公差带构成配合时，在一般基孔制中原属过渡配合将变为过盈配合，如 k5、k6、m5、m6、n6 等轴的公差带与一般基准孔 H 配合时是过渡配合，在与轴承内圈配合时则为过盈配合；在一般基孔制中原属间隙配合将变为过渡配合，如 h5、h6、g5、g6 等轴颈公差带与一般基准孔 H 的配合是间隙配合，而在与轴承内圈配合时变为过渡配合，也就是说，滚动轴承内圈与轴颈的配合比国家标准 GB/T 1800.1—2020 中的同名配合要偏紧些。

滚动轴承的外圈安装在外壳孔中不旋转，国家标准规定轴承外圈的公差带分布于以其公称直径 D 为零线的下方，即上极限偏差为零，下极限偏差为负值。轴承外圈公差带由于公差值不同于一般基准轴，是一种特殊公差带，与国家标准 GB/T 1800.1—2020 中的同名配合的配合性质相似，但在间隙量或过盈量上是不同的，选择时要予以注意。

综上所述，轴承内、外径尺寸公差的特点是所有公差等级的公差都在零线下方，即上极限偏差均为零，下极限偏差均为负值，均呈现单向分布的特点，如图 7-2 所示。

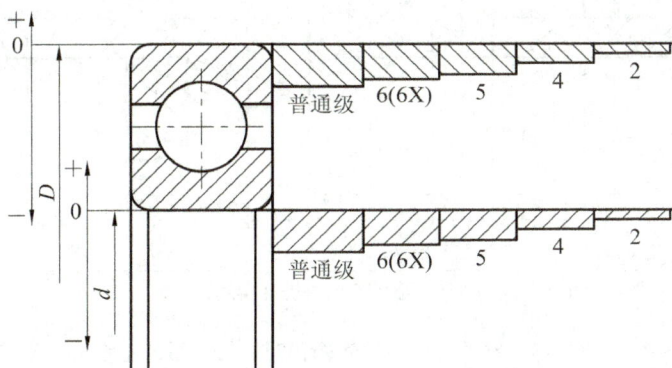

图 7-2　滚动轴承内、外圈公差带

7.1.4　与滚动轴承配合的轴颈和外壳孔的公差及选用

1. 轴颈和外壳孔的公差带

由于滚动轴承内圈和外圈的公差带在生产轴承时已经确定，因此轴承在使用时，与轴颈和外壳孔的配合面间所需要的配合性质由轴颈和外壳孔的公差带确定。为了实现各种松紧程度的配合性质要求，GB/T 275—2015《滚动轴承 配合》规定了普通级、6(6X) 级轴承与轴颈和外壳孔配合时轴颈与外壳孔的常用公差带。该标准对轴颈规定了 17 种公差带，对外壳孔规定了 16 种公差带。这些公差带分别选自国家标准 GB/T1800.1—2020 中规定的轴颈公差带和孔公差带，图 7-3 为普通级轴承与轴颈和外壳孔配合的常用公差带。

(a) 与滚动轴承内圈配合的轴颈常用公差带

(b) 与滚动轴承外圈配合的外壳孔常用公差带

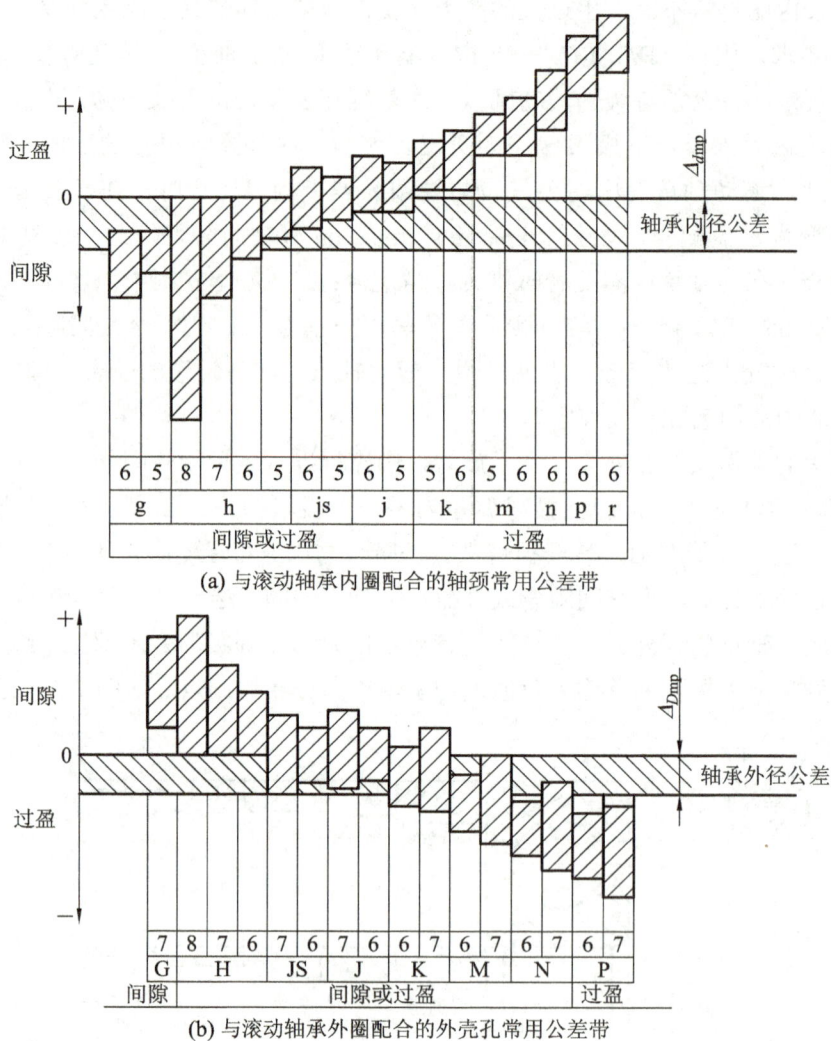

图 7-3   轴承与轴颈和外壳孔配合的常用公差带

2. 滚动轴承配合的选择及标注

1) 配合的选择

滚动轴承配合的选用是否得当对机器的运转质量和轴承的使用寿命影响很大。通常应根据轴承套圈(轴承内圈和外圈的统称)承受的载荷类型，载荷大小，轴承的径向游隙、工作条件，轴和外壳孔的结构与材料，轴承的安装与拆卸等因素进行合理选择。

(1) 载荷类型。

轴承转动时，根据作用于轴承上合成径向载荷相对套圈的旋转情况，可将所受载荷分为局部载荷、循环载荷和摆动载荷三类。轴承套圈承受的载荷类型不同，该套圈与轴颈或外壳孔配合的松紧程度也应不同。

① 局部载荷(固定载荷)。

局部载荷是指作用于轴承上的合成径向载荷与套圈相对静止，即载荷方向始终保持不变地作用在套圈滚道的局部区域上，如图 7-4(a) 所示的外圈和图 7-4(b) 所示的内圈。

承受局部载荷的轴承与轴颈或外壳孔的配合，一般选较松的过渡配合，或小间隙配合，以便在滚动体摩擦力矩的作用下，套圈有可能产生少许转动，从而改变受力状态，使滚道磨损均匀，延长轴承的使用寿命。

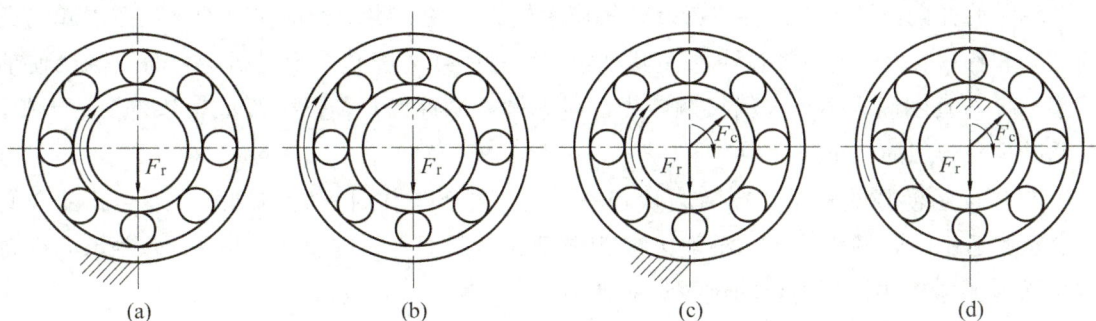

图 7-4　滚动轴承套圈承受的载荷类型

② 循环载荷 (旋转载荷)。

循环载荷是指作用于轴承上的合成径向载荷与套圈相对旋转，即合成载荷方向依次作用在套圈滚道的整个圆周上，如图 7-4(a) 所示的内圈和图 7-4(b) 所示的外圈。

承受循环载荷的轴承与轴颈或外壳孔的配合，应选用过盈配合或较紧的过渡配合，以避免它们之间产生相对滑动而磨损。

③ 摆动载荷。

摆动载荷是指作用于轴承上的合成径向载荷与套圈在一定区域内相对摆动，即合成载荷向量按一定规律变化，往复作用在套圈滚道的局部圆周上，如图 7-4(c) 所示的外圈和图 7-4(d) 所示的内圈。

承受摆动载荷的套圈，其配合要求与承受循环载荷时相同或略松些，以提高轴承的使用寿命。

(2) 载荷大小。

滚动轴承与轴颈或外壳孔配合的过盈量取决于轴承所承受的载荷大小，国家标准 GB/T 275—2015 根据径向当量动载荷 P_r 与轴承产品样本中规定的径向额定动载荷 C_r 的比值，将载荷分为轻载荷、正常载荷和重载荷三种类型，见表 7-2。轴承在重载荷和冲击载荷的作用下，套圈容易产生变形，使配合受力不均匀，引起配合松动。因此，载荷愈大，过盈量应选得愈大，且承受变化的载荷应比承受平稳的载荷选用较紧的配合。

表 7-2　向心轴承载荷大小

载荷类型	P_r 值的大小		
	球轴承	滚子轴承 (圆锥轴承除外)	圆锥滚子轴承
轻载荷	$P_r \leqslant 0.07C_r$	$P_r \leqslant 0.08C_r$	$P_r \leqslant 0.13C_r$
正常载荷	$0.07C_r < P_r \leqslant 0.15C_r$	$0.08C_r < P_r \leqslant 0.18C_r$	$0.13C_r < P_r \leqslant 0.26C_r$
重载荷	$> 0.15C_r$	$> 0.18C_r$	$> 0.26C_r$

(3) 轴承的径向游隙。

GB/T 4604.1—2012《滚动轴承 游隙 第 1 部分：向心轴承的径向游隙》规定，向心轴承的径向游隙共分五组：2 组、N 组、3 组、4 组、5 组，游隙的大小依次由小到大。其中，N 组为基本游隙组。

轴承的径向游隙过大，会引起旋转轴产生较大的径向跳动和轴向窜动，从而引起较大的振动和噪声；而径向游隙过小，尤其是轴承与轴颈或外壳孔采用过盈配合时，则会使轴承滚动体与套圈间产生较大的接触应力，引起轴承摩擦发热，以致降低轴承寿命。因此，轴承的径向游隙的大小应适中。

具有 N 组游隙的轴承，在常温状态的一般条件下工作时，它与轴颈、外壳孔配合的过盈量应适中。若轴承的径向游隙比 N 组游隙大，则配合的过盈量应增大；若轴承的径向游隙比 N 组游隙小，则配合的过盈量应减小。

(4) 轴承的工作条件。

轴承工作时，主要考虑轴承的工作温度以及旋转精度和旋转速度对配合的影响。

① 工作温度的影响。

轴承运转时，由于摩擦发热和其他热源影响，轴承套圈的温度经常高于与其相结合零件的温度，因此轴承内圈因热膨胀而与轴颈的配合可能松动，外圈因热膨胀而与外壳孔的配合可能变紧。所以在选择配合时，必须考虑温度的影响，并加以修正。温度升高，内圈选紧，外圈选松。这里所说的紧和松是相对于国家标准规定的推荐公差带而言的。

② 旋转精度和旋转速度的影响。

对于承受载荷较大且要求较高旋转精度的轴承，为了消除弹性变形和振动的影响，应避免采用间隙配合，但也不宜过紧。而对一些精密机床的轻载荷轴承，为了避免外壳孔和轴颈的形状误差对轴承精度的影响，常采用间隙配合。在其他条件相同的情况下，轴承的旋转速度愈高，配合应该愈紧。

(5) 轴和外壳孔的结构与材料。

剖分式外壳孔与轴承外圈宜采用较松的配合，以免外圈产生椭圆变形；薄壁外壳或空心轴与轴承套圈的配合应比厚壁外壳或实心轴与轴承套圈的配合紧一些，以保证轴承工作有足够的支承刚度和强度。

(6) 轴承的安装与拆卸。

考虑轴承安装与拆卸要方便，宜采用较松的配合。如要求装卸方便，而又需紧配合可采用分离型轴承，或内圈带锥孔、带紧定套和退卸套的轴承。

除上述因素外，还应考虑当要求轴承的内圈或外圈能沿轴向移动时，该内圈与轴颈或外圈与外壳孔的配合，应选择较松的配合。滚动轴承的尺寸愈大，选取的配合应愈紧。轴颈和外壳孔的尺寸公差等级应与轴承的精度等级相协调等。

滚动轴承与轴颈和外壳孔配合的选用方法有类比法和计算法，在实际生产中通常采用类比法。可参考表 7-3 ～表 7-6，按照表中条件进行选择。

表 7-3　向心轴承与轴颈的配合——轴颈公差带（参考 GB/T 275—2015)

圆柱孔轴承					
载荷情况		举例	深沟球轴承 调心球轴承 角接触球轴承	圆柱滚子轴承 圆锥滚子轴承	调心滚子轴承	公差带
			轴承公称内径 /mm			
内圈承受旋转载荷或方向不定载荷	轻载荷	输送机、轻载齿轮箱	≤ 18 > 18 ～ 100 > 100 ～ 200 —	— ≤ 40 > 40 ～ 140 > 140 ～ 200	— ≤ 40 > 40 ～ 100 > 100 ～ 200	h5 j6① k6① m6①
	正常载荷	一般通用机械、电动机、泵、内燃机，正齿轮传动装置	≤ 18 > 18 ～ 100 > 100 ～ 140 > 140 ～ 200 > 200 ～ 280 — —	— ≤ 40 > 40 ～ 100 > 100 ～ 140 > 140 ～ 200 > 200 ～ 400 	— ≤ 40 > 40 ～ 65 > 65 ～ 100 > 100 ～ 140 > 140 ～ 280 > 280 ～ 500	j5、js5 k5② m5② m6 n6 p6 r6
	重载荷	铁路机车车辆轴箱、牵引电机、破碎机等	> 50 ～ 140 > 140 ～ 200 > 200 	> 50 ～ 100 > 100 ～ 140 > 140 ～ 200 > 200	n6③ p6③ r6③ r7③
内圈承受固定载荷	所有载荷	内圈需在轴向易移动	非旋转轴上的各种轮子	所有尺寸		f6 g6①
		内圈不需在轴向易移动	张紧滑轮、绳轮			h6 j6
仅有轴向载荷			所有尺寸			j6 js6
圆锥孔轴承					
所有载荷	铁路机车车辆轴箱	轴承装在退卸套上	所有尺寸			h8(IT 6)⑤④
	一般机械传动	轴承装在紧定套上	所有尺寸			H9(IT 7)⑤④

注：① 凡对精度有较高要求的场合，应用j5、k5、m5代替j6、k6、m6。
　　② 圆锥滚子轴承、角接触球轴承配合对游隙影响不大，可用k6、m6代替k5、m5。
　　③ 重载荷下轴承游隙应选大于0组。
　　④ 凡有较高精度或转速要求较高的场合，应选用h7(IT5)代替h8(IT6)。
　　⑤ IT6、IT7表示圆柱度公差数值(如IT6表示圆柱度公差等级为6级)。

表 7-4　向心轴承与外壳孔的配合——外壳孔公差带（参考 GB/T 275—2015)

载荷情况		其他状况	应用举例	公差带[1]	
				球轴承	滚子轴承
外圈承受固定载荷	轻、正常、重载荷	轴向易移动，可采用剖分式轴承座	一般机械、铁路机车辆轴箱	G7[2]、H7	
	冲击载荷	轴向能移动，可采用整体或剖分式轴承座	电动机、泵、曲轴主轴承	J7、JS7	
外圈承受方向不定载荷	轻、正常载荷				
	正常、重载荷			K7	
	重载荷、冲击载荷		牵引电机	M7	
外圈承受旋转载荷	轻载荷	轴向不移动，采用整体式轴承座	皮带张紧轮	J7	K7
	正常载荷		轮毂轴承	M7	N7
	重载荷			—	N7、P7

注：① 凡并列公差带随尺寸的增大从左至右选择；对旋转精度有较高要求时，可相应提高一个公差等级。

　　② 不适用于剖分式轴承座。

表 7-5　推力轴承与轴颈的配合——轴颈公差带（参考 GB/T 275—2015)

载荷情况		轴承类型	轴承公称内径 /mm	公差带
仅有轴向载荷		推力球轴承和推力圆柱滚子轴承	所有尺寸	j6、js6
径向和轴向联合载荷	内圈承受固定载荷	—	≤ 250	j6
			> 250	js6
	内圈承受旋转载荷或方向不定载荷		≤ 200	k6[1]
			> 200 ~ 400	m6[1]
			> 400	n6[1]

注：① 要求较小过盈时，可分别用j6、k6、m6代替k6、m6、n6。

表 7-6　推力轴承与外壳孔的配合——外壳孔公差带（参考 GB/T 275—2015)

载荷情况		轴承类型	公差带
仅有轴向载荷		推力球轴承	H8
		推力圆柱、圆锥滚子轴承	H7
		推力调心滚子轴承	—[1]
径向和轴向联合载荷	外圈承受固定载荷	推力角接触球轴承	H7
	外圈承受旋转载荷或方向不定载荷	推力调心滚子轴承	K7[2]
		推力圆锥滚子轴承	M7[3]

注：① 轴承座孔与外圈之间间隙为0.001D(D为轴承公称外径)。

　　② 一般工作条件。

　　③ 有较大径向载荷时。

2) 标注

在装配图上，滚动轴承内圈与轴颈的配合只标注轴承的公差带代号，滚动轴承外圈与外壳孔的配合只标注外壳孔的公差带代号，如图 7-5 所示。

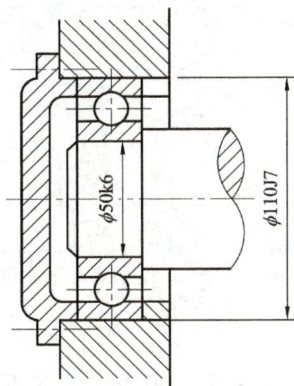

图 7-5　滚动轴承标注示例

3. 轴颈和外壳孔的几何公差与表面粗糙度

为了保证轴承能正常运转，除正确地选择轴承与轴颈和外壳孔的配合外，还应对轴颈及外壳孔的配合表面的几何误差和表面粗糙度提出要求。国家标准 GB/T 275—2015 规定了与轴承配合的轴颈和外壳孔的几何公差及表面粗糙度参考值，见表 7-7 和表 7-8。与滚动轴承配合的轴颈和外壳孔，除采用包容要求外，还应规定更严格的圆柱度公差，这主要是因为滚动轴承内外圈均为薄壁零件，其变形要通过具有正确几何形状的刚性轴和外壳孔来矫正，目的是保证轴承正常工作。

表 7-7　轴颈和外壳孔的几何公差（参考 GB/T 275—2015)

公称尺寸 /mm		圆柱度公差 t/μm				轴向（端面）圆跳动公差 t_1/μm			
		轴颈		外壳孔		轴肩		外壳孔	
		轴承公差等级							
>	≤	0	6(6X)	0	6(6X)	0	6(6X)	0	6(6X)
—	6	2.5	1.5	4.0	2.5	5	3	8	5
6	10	2.5	1.5	4.0	2.5	6	4	10	6
10	18	3.0	2.0	5.0	3.0	8	5	12	8
18	30	4.0	2.5	6.0	4.0	10	6	15	10
30	50	4.0	2.5	7.0	4.0	12	8	20	12
50	80	5.0	3.0	8.0	5.0	15	10	25	15
80	120	6.0	4.0	10.0	6.0	15	10	25	15
120	180	8.0	5.0	12.0	8.0	20	12	30	20
180	250	10.0	7.0	14.0	10.0	20	12	30	20
250	315	12.0	8.0	16.0	12.0	25	15	40	25
315	400	13.0	9.0	18.0	13.0	25	15	40	25
400	500	15.0	10.0	20.0	15.0	25	15	40	25

表 7-8   与轴承配合的表面及端面的表面粗糙度（参考 GB/T 275—2015)

轴颈或外壳孔直径/mm		轴颈或外壳孔配合表面直径公差等级					
		IT7		IT6		IT5	
		表面粗糙度（第一系列数值）Ra/μm					
>	≤	磨	车	磨	车	磨	车
—	80	1.6	3.2	0.8	1.6	0.4	0.8
80	500	1.6	3.2	1.6	3.2	0.8	1.6
500	1250	3.2	6.3	1.6	3.2	1.6	3.2
端面		3.2	6.3	3.2	6.3	1.6	3.2

注：表中"磨"和"车"指该表面终工序的加工方法为"磨削"和"车削"。

4. 滚动轴承配合选择实例

例 7.1   现有一直齿圆柱齿轮减速器，小齿轮轴要求较高的旋转精度，装有 0 级单列深沟球轴承，轴承的内径为 40 mm、外径为 80 mm，轴承的额定动载荷 C_r = 29 500N，轴承承受的径向当量载荷 P_r = 3200N。试用类比法确定轴颈和外壳孔的公差带代号，并确定轴颈和外壳孔的几何公差值及表面粗糙度值，将它们分别标注在装配图和零件图样上。

解   (1) 按给定条件，可求得 P_r/C_r = 0.108，由表 7-2 可知属于正常载荷。

(2) 根据减速器的工作状况可知，该轴承承受定向载荷的作用，内圈与轴一起旋转，外圈安装在剖分式壳体中，不旋转。轴承内圈承受循环载荷，外圈承受局部载荷。因此，参考表 7-3、表 7-4，且考虑轴的旋转精度要求较高，应选用更紧的配合。这里选用轴颈公差带为 k5，外壳孔公差带为 J7。

(3) 按表 7-7 选取几何公差值。轴颈圆柱度公差为 0.004 mm，外壳孔的圆柱度公差为 0.008 mm。轴肩轴向圆跳动公差为 0.012 mm，外壳孔肩的轴向圆跳动公差为 0.025 mm。

(4) 按表 7-8 选取表面粗糙度参数值，轴颈表面 Ra ≤ 0.4 μm，轴肩端面 Ra ≤ 1.6 μm；外壳孔表面 Ra ≤ 1.6 μm，孔肩端面 Ra ≤ 6.3 μm。

(5) 将确定好的上述公差值标注在图样上，如图 7-6 所示。

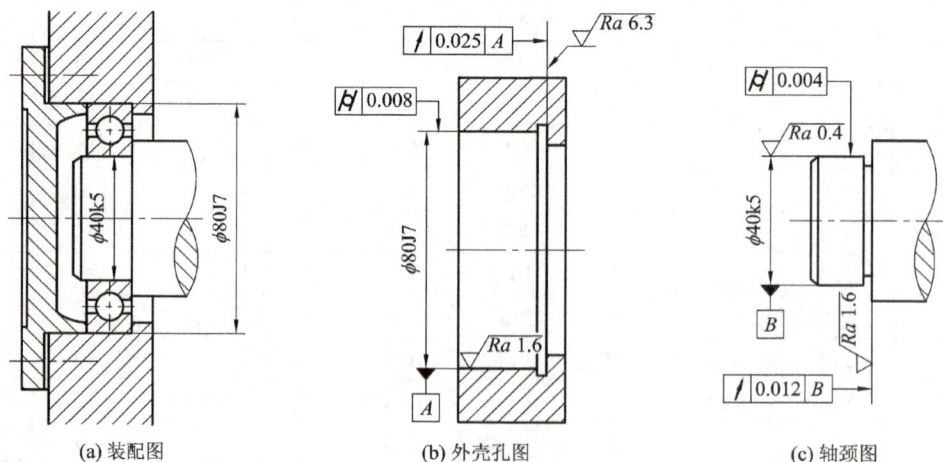

(a) 装配图   (b) 外壳孔图   (c) 轴颈图

图 7-6   轴颈和外壳孔标注示例

7.2　键连接的互换性

7.2.1　概述

键连接广泛用于轴与轴上传动件（齿轮、皮带轮、联轴器等）之间的可拆卸连接，用以传递转矩和运动。当结合件之间要求做轴向移动时，键连接还可以起导向作用，如变速箱中变速齿轮花键孔和花键轴的连接。键连接分为单键连接和花键连接。

单键连接有平键（包括普通型平键、导向平键和滑键）、半圆键、切向键和楔形键（包括普通楔键和勾头楔键）连接。其中平键连接应用最广泛。单键的类型如表 7-9 所示。

表 7-9　单键的类型

类型		图　形	类型		图　形
平键	普通平键	A型 B型 C型	半圆键		
	导向平键	A型 B型	楔形键	普通楔键	↘1∶100
	滑键			勾头楔键	↘1∶100
				切向键	↘1∶100

花键连接分为矩形花键连接、渐开线花键连接和三角形花键连接，其中矩形花键连接应用最广泛，如图 7-7 所示。与平键连接相比较，花键连接具有定心精度高、导向性好、承载能力强、连接强度高、连接更可靠等优点。

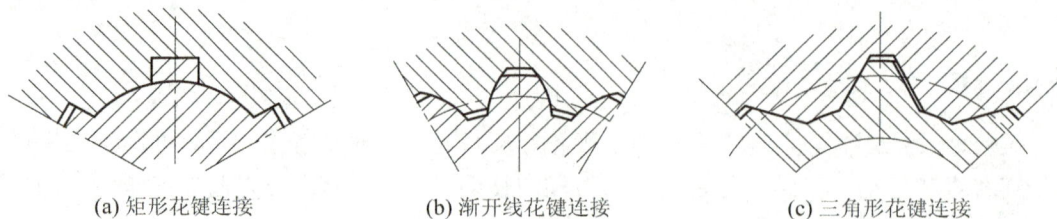

(a) 矩形花键连接	(b) 渐开线花键连接	(c) 三角形花键连接

图 7-7　花键连接的类型

7.2.2　普通平键的互换性

1. 平键连接的几何参数

普通平键连接由键、轴槽和轮毂槽组成，如图 7-8 所示。它是通过键的两个侧面与轴槽和轮毂槽的两个侧面相接触来传递转矩的，键的上表面和轮毂槽之间要留有一定的间隙。因此，键宽和键槽宽 b 是决定配合性质的主要互换性参数，它们属于配合尺寸，应规定较小的公差；而键的高度 h 和长度 L 以及轴槽深度 t_1 和轮毂槽深度 t_2 均为非配合尺寸，应给予较大的公差。普通平键键槽的尺寸与公差见表 7-10。

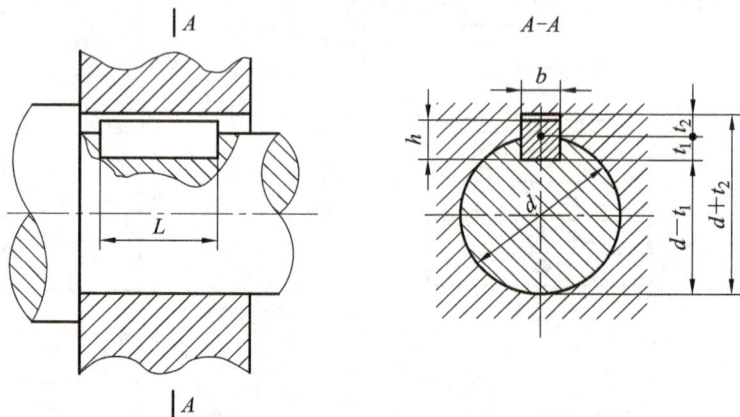

图 7-8　普通平键、键槽的剖面尺寸

2. 平键连接的公差与配合

1) 配合尺寸的公差带和配合种类

为保证键与键槽侧面接触良好而又便于装拆，键和键槽配合的过盈量或间隙量应尽量小。对于导向平键，要求键与轮毂槽之间做相对滑动，并有较好的导向性，配合的间隙也要适当。在设计平键连接时，可参考表 7-10 和表 7-11。

表 7-10　普通平键键槽的尺寸与公差（参考 GB/T 1095—2003）　　mm

键尺寸 $b \times h$	键槽											
	宽度 b						深度				半径 r	
	公称尺寸	极限偏差					轴 t_1		轮毂 t_2			
		松连接		正常连接		紧密连接	公称尺寸	极限偏差	公称尺寸	极限偏差	min	max
		轴 H9	轮毂 D10	轴 N9	轮毂 JS9	轴和轮毂 P9						
4 × 4	4	+0.030 0	+0.078 +0.030	0 -0.030	±0.015	-0.012 -0.042	2.5	+0.1 0	1.8	+0.1 0	0.08	0.16
5 × 5	5						3.0		2.3		0.16	0.25
6 × 6	6						3.5		2.8			
8 × 7	8	+0.036 0	+0.098 +0.040	0 -0.036	±0.018	-0.015 -0.051	4.0		3.3			
10 × 8	10						5.0		3.3			
12 × 8	12	+0.043 0	+0.120 +0.050	0 -0.043	±0.0215	-0.018 -0.061	5.0	+0.2 0	3.3	+0.2 0	0.25	0.40
14 × 9	14						5.5		3.8			
16 × 10	16						6.0		4.3			
18 × 11	18						7.0		4.4			
20 × 12	20	+0.052 0	+0.149 +0.065	0 -0.052	±0.026	-0.022 -0.074	7.5		4.9		0.40	0.60
22 × 14	22						9.0		5.4			
25 × 14	25						9.0		5.4			
28 × 16	28						10.0		6.4			

表 7-11　普通平键的尺寸和公差（参考 GB/T 1096—2003）　　mm

宽度 b		高度 h		
公称尺寸	极限偏差 (h8)	公称尺寸	极限偏差	
			矩形 (h11)	方形 (h8)
4	0 -0.018	4	—	0 -0.018
5		5		
6		6		
8	0 -0.022	7	0 -0.090	—
10		8		
12	0 -0.027	9		
14		10		
16		11		
18		12	0 -0.110	—
20	0 -0.033	14		
22				
25		16		
28				

　　由于平键为标准件，国家标准对键宽规定了一种公差带，代号为 h8，所以键与键槽的配合均采用基轴制，可以通过改变键槽的公差带来实现不同的配合性质。国家标准 GB/T 1095—2003《平键 键槽的剖面尺寸》对轴槽宽规定了 3 种公差带，代号分别为 H9、N9 和 P9；对轮毂槽宽也规定了 3 种公差带，代号分别为 D10、JS9 和 P9。键宽和键槽宽 b 的公差带如图 7-9 所示，分别构成松连接、正常连接和紧密连接 3 种不同配合，以满足

不同的使用要求。平键连接的 3 种配合及应用见表 7-12。

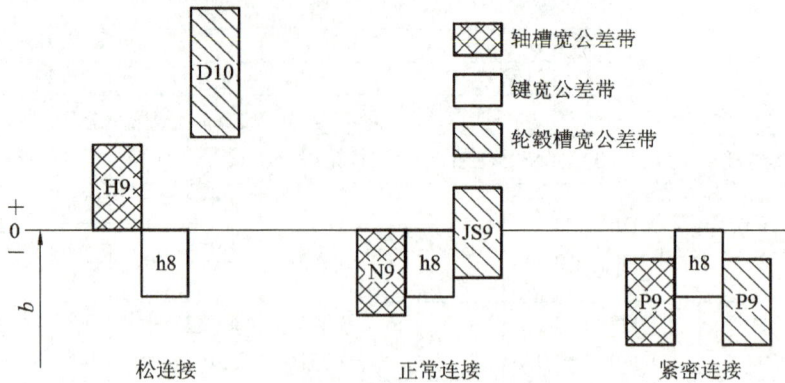

图 7-9　平键连接键宽和键槽宽的公差带

表 7-12　平键连接的 3 种配合及应用

配合类型	尺寸 b 的公差带			配合性质及应用
	键	轴槽	轮毂槽	
松连接	h8	H 9	D10	键在轴上及轮毂中均能滑动，主要用于导向平键，轮毂可在轴上做轴向移动
正常连接		N 9	JS 9	键在轴上及轮毂中均固定，广泛用于一般机械制造中载荷不大的场合
紧密连接		P 9	P 9	键在轴上及轮毂中均固定，且配合较紧，主要用于载荷较大，且有冲击以及需双向传递扭矩的场合

2) 非配合尺寸的公差带

平键连接的非配合尺寸中，轴槽深 t_1 和轮毂槽深 t_2 的公差带由国家标准 GB/T 1095—2003 规定，见表 7-11。键高 h 的公差带为 h11，对于正方形截面的平键，键高和键宽相等，都选用 h8。键长 L 的公差带为 h14，轴槽长度的公差带为 H14。为了便于测量，在图样上对轴槽深 t_1 和轮毂槽深 t_2 分别标注尺寸 "$d - t_1$" 和 "$d + t_2$"(d 为孔和轴的公称尺寸)。

3) 平键连接的几何公差

(1) 对称度公差。

键与键槽配合的松紧程度不仅取决于它们的配合尺寸公差带，还与它们配合表面的几何误差有关。由于键槽的实际中心平面在径向产生偏移、在轴向产生倾斜，造成了键槽的对称度误差，应分别规定轴槽和轮毂槽对轴线的对称度公差。对称度公差等级按国家标准 GB/T 1184—1996 执行，一般取 7 ~ 9 级。

(2) 平行度公差。

当键宽比 $L/b \geqslant 8$ 时，应规定键的两工作侧面在长度方向上的平行度要求。可按 GB/T 1184—1996 的规定选取：当 $b \leqslant 6$ mm 时，取 7 级；当 $8 \leqslant b \leqslant 6$ mm 时，取 6 级；当 $b \geqslant 40$ mm 时，取 5 级。

4) 表面粗糙度

键和键槽配合表面的粗糙度参数 Ra 一般取为 1.6 ~ 3.2 μm，非配合表面的 Ra 取为

$6.3 \sim 12.5~\mu m$。

5) 图样标注

轴槽和轮毂槽剖面尺寸及其公差带、键槽的几何公差和表面粗糙度要求在图样上的标注如图 7-10 所示。

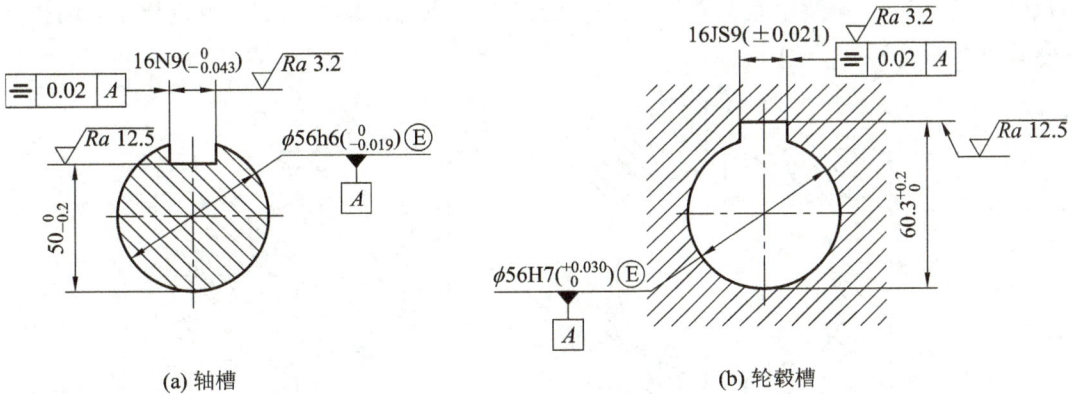

(a) 轴槽　　　　　　　　　　　　　　(b) 轮毂槽

图 7-10　轴槽和轮毂槽的标注

3. 平键的检测

在生产中一般采用游标卡尺、千分尺等通用计量器具对键进行检验。

在单件、小批量生产中,键槽宽度和深度的检验一般用通用量具进行检验,而在大批量生产中,常用专用的量规进行检验。键槽尺寸检验极限量规如图 7-11 所示。

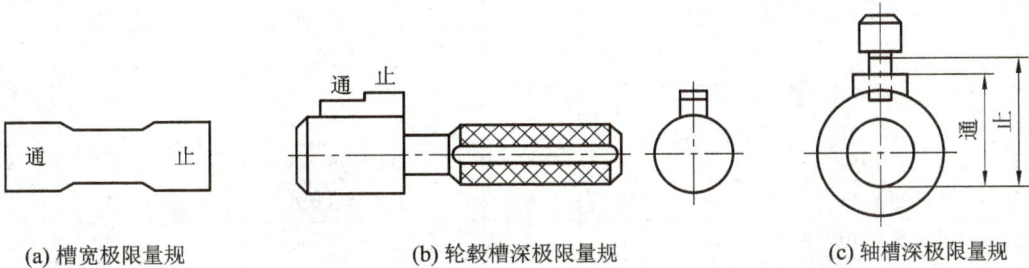

(a) 槽宽极限量规　　　　(b) 轮毂槽深极限量规　　　　(c) 轴槽深极限量规

图 7-11　键槽尺寸检验极限量规

在单件、小批量生产时,通常采用通用量具检测键槽的对称度误差;而在大批量生产时,可采用专用量规来检测键槽的对称度误差。键槽对称度误差检测量规如图 7-12 所示。

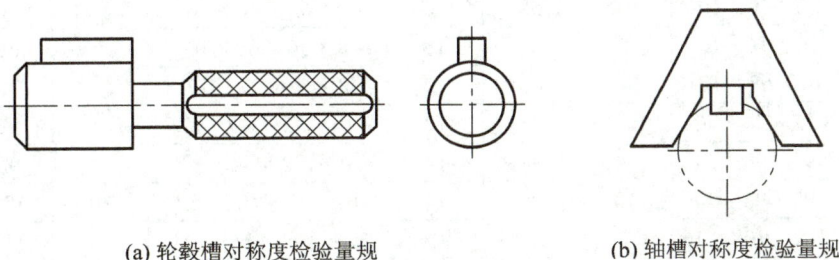

(a) 轮毂槽对称度检验量规　　　　　(b) 轴槽对称度检验量规

图 7-12　键槽对称度误差检验量规

7.2.3　矩形花键的互换性

1. 矩形花键的几何参数

矩形花键连接有 3 个主要尺寸参数，即小径 d、大径 D 和键（或键槽）宽 B，如图 7-13 所示。为了便于加工和检测，键数 N 规定为偶数，有 6、8、10 三种。按承载能力，对公称尺寸规定了轻、中两个系列，同一小径的轻、中系列的键数和键（或键槽）宽均相同，仅大径不相同，如表 7-13 所示。

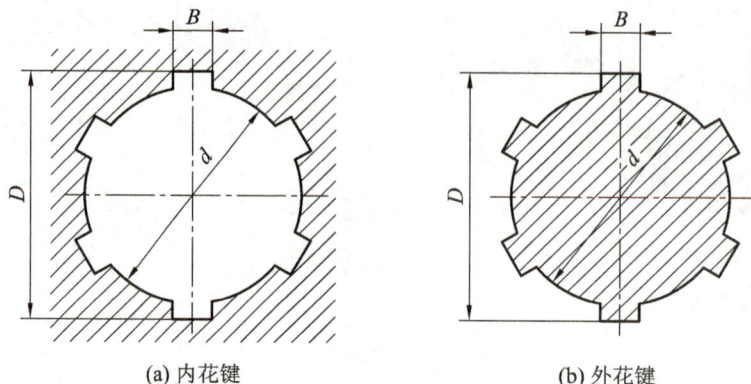

(a) 内花键　　　　　　　　　　　　　(b) 外花键

图 7-13　矩形花键的几何参数

表 7-13　矩形花键的公称尺寸系列尺寸（参考 GB/T 1144—2001）　mm

小径 d	轻 系 列				中 系 列			
	规格 $N \times d \times D \times B$	键数 N	大径 D	键宽 B	规格 $N \times d \times D \times B$	键数 N	大径 D	键宽 B
11	—	—	—	—	$6 \times 11 \times 14 \times 3$	6	14	3
13					$6 \times 13 \times 16 \times 3.5$		16	3.5
16					$6 \times 16 \times 20 \times 4$		20	4
18					$6 \times 18 \times 22 \times 5$		22	5
21					$6 \times 21 \times 25 \times 5$		25	5
23	$6 \times 23 \times 26 \times 6$	6	26	6	$6 \times 23 \times 28 \times 6$		28	6
26	$6 \times 26 \times 30 \times 6$		30	6	$6 \times 26 \times 32 \times 6$		32	6
28	$6 \times 28 \times 32 \times 7$		32	7	$6 \times 28 \times 34 \times 7$		34	7
32	$8 \times 32 \times 36 \times 6$	8	36	6	$8 \times 32 \times 38 \times 6$	8	38	6
36	$8 \times 36 \times 40 \times 7$		40	7	$8 \times 36 \times 42 \times 7$		42	7
42	$8 \times 42 \times 46 \times 8$		46	8	$8 \times 42 \times 48 \times 8$		48	8
46	$8 \times 46 \times 50 \times 9$		52	9	$8 \times 46 \times 54 \times 9$		54	9
52	$8 \times 52 \times 58 \times 10$		58	10	$8 \times 52 \times 60 \times 10$		60	10
56	$8 \times 56 \times 62 \times 10$		62	10	$8 \times 56 \times 65 \times 10$		65	10
62	$8 \times 62 \times 68 \times 12$		68	12	$8 \times 62 \times 72 \times 12$		72	12
72	$10 \times 72 \times 78 \times 12$	10	78	12	$10 \times 72 \times 82 \times 12$	10	82	12
82	$10 \times 92 \times 98 \times 14$		88	12	$10 \times 82 \times 92 \times 12$		92	12
92	$10 \times 92 \times 98 \times 14$		98	14	$10 \times 92 \times 102 \times 14$		102	14
102	$10 \times 102 \times 108 \times 16$		108	16	$10 \times 102 \times 112 \times 16$		112	16
112	$10 \times 112 \times 120 \times 18$		120	18	$10 \times 112 \times 125 \times 18$		125	18

2. 矩形花键的定心方式

矩形花键具有大径、小径和侧面 3 个结合面。为了简化花键的加工工艺，提高花键的加工质量，保证装配的定心精度和稳定性，通常在上述 3 个结合面中选取一个作为定心表面，以此确定花键连接的配合性质。

实际生产中，大批量生产的花键孔主要采用拉削加工方式加工，花键孔的加工质量主要由拉刀来保证。如果采用大径定心，生产中当花键孔要求硬度较高时，热处理后花键孔变形就很难用拉刀进行修正；此外，对于定心精度和表面粗糙度要求较高的花键，拉削工艺也很难保证加工的质量要求。

如果采用小径定心，热处理后的花键孔小径变形可通过内圆磨削进行修复，使其具有更高的尺寸精度和更小的表面粗糙度；同时花键轴的小径也可通过成形磨削达到所要求的精度。因此，为保证花键连接具有较高的定心精度、较好的定心稳定性及较长的使用寿命，国家标准规定采用小径定心。

3. 矩形花键连接的公差与配合

1) 矩形花键的公差带和配合种类

国家标准 GB/T 1144—2001 规定，矩形花键配合采用基孔制，主要目的是减少拉刀的规格和数量。

矩形花键分为两种：一种为一般用途的矩形花键；另一种为精密传动用途的矩形花键。按装配形式矩形花键的配合分为滑动、紧滑动和固定 3 种。前两种配合在工作过程中，既可传递转矩，又可以使花键套在花键轴上做轴向移动；后一种配合只能传递转矩，花键套在轴上无轴向移动。不同配合性质或装配形式可通过改变小径和键宽公差带来实现。内、外花键的尺寸公差带见表 7-14。

表 7-14　矩形花键的尺寸公差带（参考 GB/T 1144—2001）

种类	内花键				外花键			装配形式
	d	D	B		d	D	B	
			拉削后不热处理	拉削后热处理				
一般用	H7	H10	H9	H11	f7	a11	d10	滑动
					g7		f9	紧滑动
					h7		h10	固定
精密传动用	H6	H10	H7、H9		f6	a11	d8	滑动
					g6		f7	紧滑动
					h6		h8	固定
	H5				f5		d8	滑动
					g5		f7	紧滑动
					h5		h8	固定

注：(1) 精密传动用的内花键，当需要控制键侧配合间隙时，槽宽可选H7，一般情况下可选H9。

(2) H6和H7的内花键，允许与高一级的外花键配合。

2) 矩形花键的几何公差

由于矩形花键具有复杂的结合表面，各种几何误差将会严重影响花键的连接质量，因此国家标准对其几何公差给出了具体要求。

(1) 小径 d 遵守包容要求Ⓔ。

小径是花键连接的配合尺寸，为保证其配合性质，国家标准规定内、外花键小径 d 表面的几何公差和尺寸公差应遵守包容要求。

(2) 位置度公差遵守最大实体要求Ⓜ。

花键的位置度公差可综合控制花键各键之间的角位置、各键对轴线的对称度误差以及各键对轴线的平行度误差等。为保证可装配性和键侧受力均匀，国家标准 GB/T 1144—2001 规定，花键的位置度公差应遵守最大实体要求。花键的位置度公差在图样上的标注如图 7-14 所示。

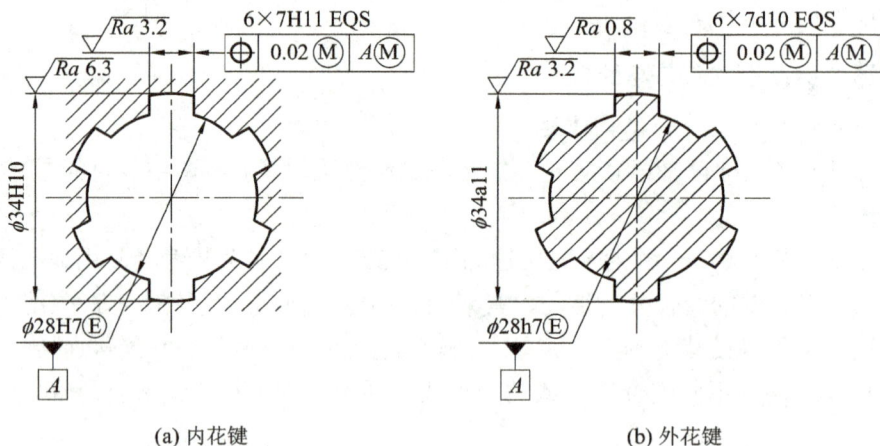

(a) 内花键   (b) 外花键

图 7-14　矩形花键位置度公差的标注

国家标准对键和键槽规定的位置度公差值见表 7-15。

表 7-15　矩形花键位置度公差（参考 GB/T 1144—2001）　　mm

配合	键宽或键槽宽 B			
	3	3.5 ～ 6	7 ～ 10	12 ～ 18
	位置度公差			
	0.010	0.015	0.020	0.025
滑动、固定	0.010	0.015	0.020	0.025
紧滑动	0.006	0.010	0.013	0.016

(3) 对称度公差和等分度公差遵守独立原则。

为保证装配并能传递转矩，常用综合量规检验，以控制花键的几何误差。但在单件小批量生产时没有综合量规，此时为控制花键的几何误差，通常在图样上分别规定花键的对称度和等分度公差，并采用独立原则。对称度公差在图样上的标注如图 7-15 所示。

国家标准规定花键（或键槽）宽的等分度公差等于对称度公差值，对称度公差值见表 7-16。

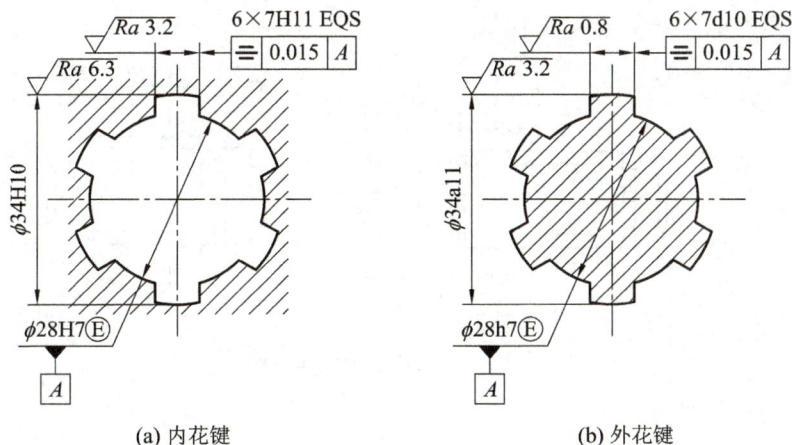

(a) 内花键　　　　　　　　　(b) 外花键

图 7-15　矩形花键对称度公差的标注

表 7-16　矩形花键对称度公差（参考 GB/T 1144—2001）　　　mm

种　类	键宽或键槽宽 B			
	3	3.5 ～ 6	7 ～ 10	12 ～ 18
	对称度公差			
一般用	0.010	0.012	0.015	0.018
精密传动用	0.006	0.008	0.009	0.011

注：矩形花键的等分度公差与键宽的对称度公差相同。

3) 表面粗糙度

矩形花键各结合表面的表面粗糙度推荐值见表 7-17。

表 7-17　矩形花键表面粗糙度推荐值

加工表面	内花键	外花键
	Ra 不大于 /μm	
小径	1.6	0.8
大径	6.3	3.2
键侧	3.2	0.8

4) 图样标注

矩形花键连接在图样上的标注，应按次序标注图形符号⌐、键数 N，小径 d、大径 D、键（或键槽）宽 B 的公差带代号或配合代号，以及标准代号。

例 7.2　某花键连接，键数 $N = 6$，小径 $d = 23H7/f7$，大径 $D = 26H10/a11$，键宽 $B = 6H11/d10$，该花键如何标注？

解　该花键的标记如下：

花键规格：$N \times d \times D \times B$ 为 $6 \times 23 \times 26 \times 6$

内花键：⌐ $6 \times 23H7 \times 26H10 \times 6H11$　GB/T 1144—2001

外花键：⌐ $6 \times 23f7 \times 26a11 \times 6d10$　GB/T 1144—2001

花键副：⌐ $6 \times 23H7/f7 \times 26H10/a11 \times 6H11/d10$　GB/T 1144—2001

矩形花键图样标注示例如图 7-16 所示。

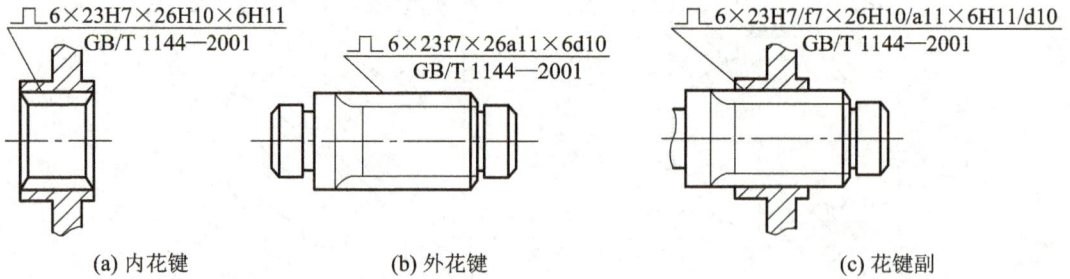

6×23H7×26H10×6H11
GB/T 1144—2001

6×23f7×26a11×6d10
GB/T 1144—2001

6×23H7/f7×26H10/a11×6H11/d10
GB/T 1144—2001

(a) 内花键　　　　　　　(b) 外花键　　　　　　　(c) 花键副

图 7-16　矩形花键的标注示例

4. 矩形花键的检测

1) 综合检测

综合检测就是对花键的尺寸、几何误差按控制最大实体实效边界原则，用综合量规进行检验。

当花键小径定心表面采用包容要求，各键（或键槽）位置度公差与键（或键槽）宽的尺寸公差关系采用最大实体要求，且该位置度公差与小径定心表面（基准）尺寸公差的关系也采用最大实体要求时，多采用综合检测。

花键的综合量规（内花键为综合塞规，外花键为综合环规）均为全形通规，如图 7-17 所示。其作用是检验内、外花键的实际尺寸和几何误差的综合结果，即同时检验花键的小径、大径、键（或键槽）宽表面的实际尺寸和几何误差以及各键（或键槽）的位置误差、大径对小径的同轴度误差等综合结果。对于小径、大径、键（或键槽）宽的实际尺寸是否超越各自的最小实体尺寸，则采用相应的单项止端量规（或其他计量器具）来检测。

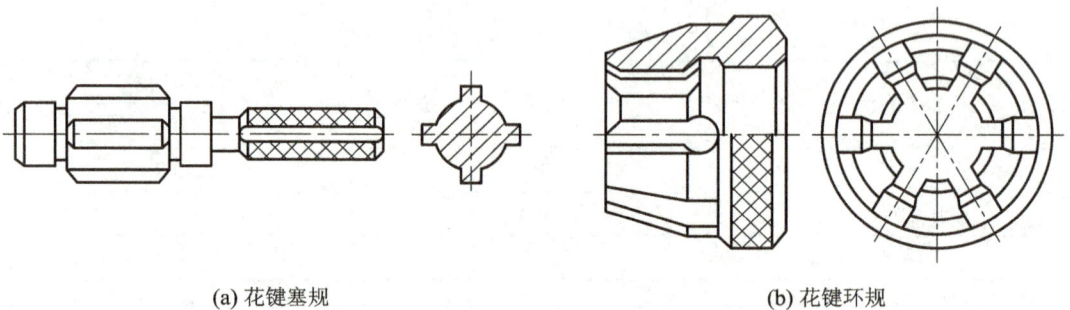

(a) 花键塞规　　　　　　　　　　　　　(b) 花键环规

图 7-17　矩形花键检验综合量规

综合检测法判定合格的依据是综合通规能通过，而单项止规不能通过。

2) 单项检测

单项检测就是对花键的单项参数如小径、大径、键（或键槽）宽等尺寸，大径对小径的同轴度误差以及键（或键槽）的位置误差进行测量或检验，以保证各尺寸偏差及几何误差在其公差范围内。

单项检测主要用于单件、小批量生产。当花键小径定心表面采用包容要求时，各键（或键槽）的对称度公差及花键各部位均遵守独立原则时，通常采用单项检测。

当采用单项检测时，小径定心表面应采用光滑极限量规进行检验。大径、键（或键槽）

宽的尺寸在单件、小批量生产时采用普通计量器具进行测量，在成批大量生产中可采用专用极限量规来检验。图 7-18 所示为检验花键各要素极限尺寸用的量规。

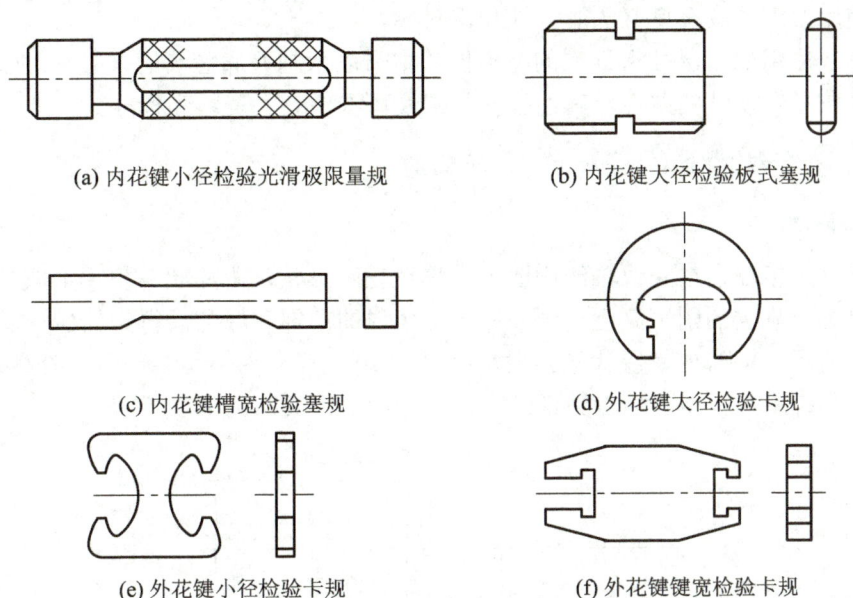

(a) 内花键小径检验光滑极限量规　　　(b) 内花键大径检验板式塞规

(c) 内花键槽宽检验塞规　　　(d) 外花键大径检验卡规

(e) 外花键小径检验卡规　　　(f) 外花键键宽检验卡规

图 7-18　矩形花键检验极限塞规和卡规

7.3　螺纹连接的互换性

7.3.1　概述

螺纹广泛应用于各种机械和仪器仪表中，它的互换程度也很高。内、外螺纹通过相互旋合及牙侧面的接触作用，实现零件间的密封、紧固、连接以及运动的传递和精确的位移。根据结合性质和使用要求的不同，螺纹分为三类：普通螺纹（紧固螺纹）、传动螺纹和紧密螺纹。

1. 普通螺纹

普通螺纹通常又称为紧固螺纹，主要用于零部件的连接与紧固，其基本牙型为三角形。对普通螺纹的主要使用要求是具有良好的旋合性和连接的可靠性。

旋合性是指相同规格的螺纹易于旋入或拧出，以便装配或拆卸。

连接的可靠性是指有足够的连接强度，接触均匀，螺纹不易松脱。

2. 传动螺纹

传动螺纹主要用来传递动力或精确位移，如机床传动中的丝杠和螺母、量具中的测微螺杆和螺母、千斤顶中的起重螺杆和螺母等。其牙型主要有梯形、锯齿形、矩形等。对传动螺纹的主要使用要求是保证传递动力的可靠性、具有合理的间隙以保证良好的润滑以及具有传递位移的准确性。

3. 紧密螺纹

紧密螺纹主要用于密封要求较高的场合，如液压、气动、管道等连接螺纹。对紧密螺纹的主要使用要求是具有良好的旋合性和密封性。

根据螺纹应用的广泛性和标准的完整性，本节以米制普通螺纹的公差与配合为例，介绍螺纹零件实现互换性的条件。其他类型的螺纹可参考有关资料和标准。

7.3.2　普通螺纹的基本牙型和几何参数

1. 基本牙型

螺纹牙型是指在通过螺纹轴线剖面上的螺纹轮廓形状，由原始三角形形成。螺纹的基本牙型是以标准规定的削平高度，削去原始三角形的顶部和底部后得到的牙型，如图 7-19 中的粗实线所示。其中，内螺纹代号为大写字母；外螺纹代号为小写字母。内、外螺纹的大径、中径、小径和螺距等基本几何参数都是在基本牙型上定义的。

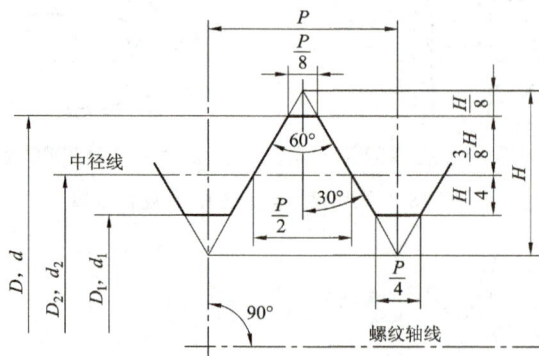

图 7-19　普通螺纹的基本牙型

2. 基本几何参数

1) 大径 D、d

大径是指与外螺纹牙顶或内螺纹牙底相切的假想圆柱的直径。国家标准规定，普通螺纹大径的公称尺寸为螺纹的公称直径。

2) 小径 D_1、d_1

小径是指与外螺纹牙底或内螺纹牙顶相切的假想圆柱的直径。

为了使用方便，外螺纹的大径 d 和内螺纹小径 D_1 统称为顶径，外螺纹的小径 d_1 和内螺纹的大径 D 统称为底径。

3) 中径 D_2、d_2

中径是指一个假想圆柱的直径，该圆柱的母线通过牙型上沟槽和凸起宽度相等的地方，即 $H/2$ 处。中径圆柱的母线称为中径线。

4) 单一中径 D_{2a}、d_{2a}

单一中径是一个假想圆柱的直径，该圆柱的母线通过牙型上沟槽宽度等于 1/2 公称螺距的地方，如图 7-20 所示。

当螺距无误差时，中径就是单一中径；当螺距有误差时，两者则不相等。单一中径可用三针法直接测得，通常把单一中径近似看作实际中径。

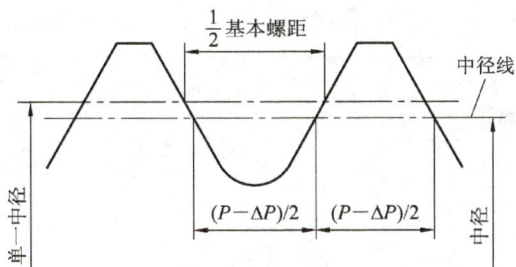

图 7-20　普通螺纹的单一中径

5) 螺距 P

螺距是指螺纹相邻两牙在中径线上对应两点间的轴向距离。

6) 导程 Ph

导程是指同一螺旋线上相邻两牙在中径线上对应两点间的轴向距离。单线螺纹的导程等于螺距；多线螺纹的导程等于螺距与螺纹线数的乘积，即 $Ph = nP$。

7) 牙型角 α 和牙型半角 $\alpha/2$

牙型角是指在螺纹牙型上，两相邻牙侧间的夹角。牙型半角为牙型角的一半。普通螺纹的理论牙型角为 $60°$，牙型半角为 $30°$。

8) 牙侧角 α_1、α_2

牙侧角是指在螺纹牙型上，某一牙侧与螺纹轴线的垂线之间的夹角。α_1 表示左侧角，α_2 表示右侧角，如图 7-21 所示。牙侧角基本值与牙型半角相等，普通螺纹的牙侧角基本值为 $30°$。实际螺纹的牙型角正确，但牙侧角不一定正确。

9) 螺纹旋合长度 L

螺纹旋合长度是指两相互配合的螺纹，沿螺纹轴线方向相互旋合部分的长度，如图 7-22 所示。

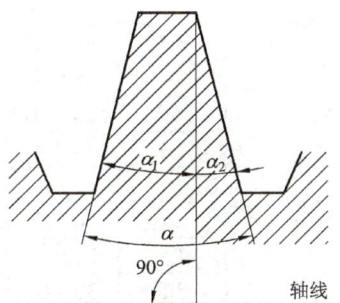

图 7-21　普通螺纹的牙侧角

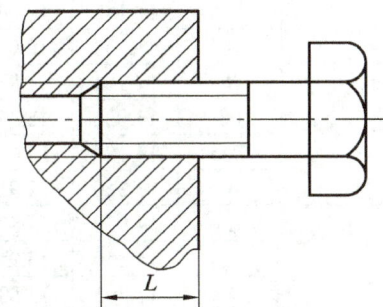

图 7-22　螺纹旋合长度

10) 螺纹升角 φ

螺纹升角是指在中径圆柱上螺旋线的切线与垂直于螺纹轴线的平面的夹角。它与螺距 P 和中径 d_2 之间的关系为

$$\tan \varphi = \frac{nP}{\pi d_2} \tag{7-1}$$

式中：n 为螺纹线数。

普通螺纹的公称尺寸见表 7-18。

表 7-18　普通螺纹的公称尺寸（参考 GB/T 196—2003)

公称直径 D、d 第1系列	第2系列	第3系列	螺距 P	中径 D_2、d_2	小径 D_1、d_1
5			**0.8**	4.480	4.134
5			0.5	4.675	4.459
	5.5		0.5	5.175	4.959
6			**1**	5.350	4.917
6			0.75	5.513	5.188
	7		**1**	6.350	5.917
	7		0.75	6.513	6.188
8			**1.25**	7.188	6.647
8			1	7.350	6.917
8			0.75	7.513	7.188
		9	**1.25**	8.188	7.647
		9	1	8.350	7.917
		9	0.75	8.513	8.188
10			**1.5**	9.026	8.376
10			1.25	9.188	8.647
10			1	9.350	8.917
10			0.75	9.513	9.188
		11	**1.5**	10.026	9.376
		11	1	10.350	9.917
		11	0.75	10.513	10.188
12			**1.75**	10.863	10.106
12			1.5	11.026	10.376
12			1.25	11.188	10.647
12			1	11.350	10.917
	14		**2**	12.701	11.835
	14		1.5	13.026	12.376
	14		1.25	13.188	12.647
	14		1	13.350	12.917
		15	1.5	14.026	13.376
		15	1	14.350	13.917
16			**2**	14.701	13.835
16			1.5	15.026	14.376
16			1	15.350	14.917
		17	1.5	16.026	15.376
		17	1	16.350	15.917
	18		**2.5**	16.376	15.294
	18		2	16.701	15.835
	18		1.5	17.026	16.376
	18		1	17.350	16.917

公称直径 D、d 第1系列	第2系列	第3系列	螺距 P	中径 D_2、d_2	小径 D_1、d_1
20			**2.5**	18.376	17.294
20			2	18.701	17.835
20			1.5	19.026	18.376
20			1	19.035	18.917
	22		**2.5**	20.376	19.294
	22		2	20.701	19.835
	22		1.5	21.026	20.376
	22		1	21.350	20.917
24			**3**	22.051	20.752
24			2	22.701	21.835
24			1.5	23.026	22.376
24			1	23.350	22.917
		25	2	23.701	22.835
		25	1.5	24.026	23.376
		25	1	24.350	23.917
		26	1.5	25.026	24.376
27			**3**	25.051	23.752
27			2	25.701	24.835
27			1.5	26.026	25.376
27			1	26.350	25.917
		28	2	26.701	25.835
		28	1.5	27.026	26.376
		28	1	27.350	26.917
30			**3.5**	27.727	26.211
30			3	28.051	26.752
30			2	28.701	27.835
30			1.5	29.026	28.376
30			1	29.350	28.917
		32	2	30.727	29.835
		32	1.5	31.026	30.376
	33		**3.5**	30.727	29.211
	33		3	31.051	29.752
	33		2	31.701	30.835
	33		1.5	32.026	31.376
		35	1.5	34.026	33.376
36			**4**	33.402	34.670
36			3	34.051	35.752
36			2	34.701	33.835
36			1.5	35.026	34.376

注：(1) 表中粗体数字表示的为粗牙螺纹的公称尺寸。

(2) 公称直径系列优先选用第1系列，其次是第2系列，特殊情况选用第3系列。

7.3.3　普通螺纹几何参数误差对互换性的影响

普通螺纹要实现互换性，必须保证其具备良好的旋合性和一定的连接强度。影响螺纹互换性的几何参数有五个：大径、中径、小径、螺距和牙侧角。由于螺纹的大径和小径处均留有间隙，一般不会影响螺纹配合性质；而内、外螺纹连接是依靠它们旋合以后牙侧面接触的均匀性来实现的，因此，影响螺纹互换性的主要参数是螺距、牙侧角和中径。

1. 中径误差的影响

中径误差是指中径的实际尺寸 (以单一中径体现) 与公称尺寸的代数差。由于内、外螺纹相互作用集中在牙侧面，因此中径的大小直接影响牙侧的径向位置，从而影响螺纹的配合性质。若外螺纹的中径大于内螺纹的中径，则内、外螺纹的牙侧就会产生干涉而难以旋合；若外螺纹的中径小于内螺纹的中径，则会导致配合过松，难以保证牙侧面的良好接触，降低连接强度。国家标准规定了中径公差以限制中径的加工误差。

2. 螺距误差的影响

螺距误差包括单个螺距误差 ΔP 和螺距累积误差 ΔP_Σ。前者指在螺纹全长上，任意单个螺距的实际值与其公称尺寸的最大差值，它与螺纹的旋合长度无关；后者指在规定的长度内 (如旋合长度)，任意个实际螺距与其公称尺寸的最大差值，它与螺纹的旋合长度有关。螺距累积误差对螺纹互换性的影响更为明显。

为便于分析，假设一个没有误差的理想内螺纹与仅有螺距误差的一个外螺纹相配合，在旋合长度上产生螺距累积误差为 ΔP_Σ，这会造成内、外螺纹牙侧部位发生干涉而不能旋合，如图 7-23 所示。

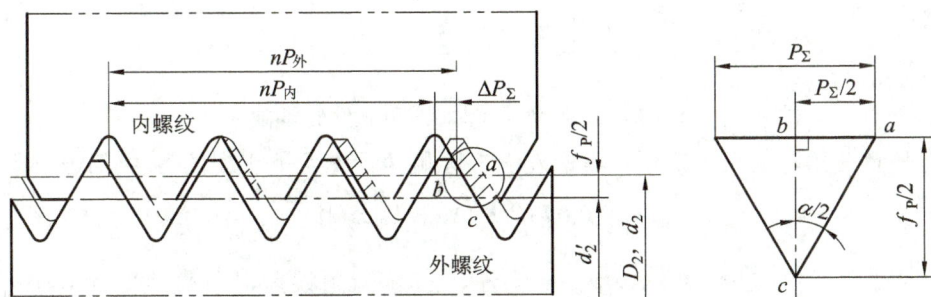

图 7-23　螺距误差对螺纹互换性的影响

为防止干涉，使有螺距误差的外螺纹仍能与理想内螺纹自由旋合，可将外螺纹中径减小一个 f_p 值 (或将内螺纹中径增大一个 f_p 值)。这个 f_p 值就是补偿螺距误差折算到中径上的数值，称为螺距误差的中径当量。从图 7-23 中的 Δabc 可知：

$$f_p = |\Delta P_\Sigma| \cot \frac{\alpha}{2} \tag{7-2}$$

对于普通螺纹，牙型角 $\alpha = 60°$，其螺距误差的中径当量为

$$f_p = 1.732 |\Delta P_\Sigma| \tag{7-3}$$

国家标准中没有规定普通螺纹的螺距公差，而是把它折算为中径公差的一部分，通过控制螺纹中径误差来控制螺距误差。

3. 牙侧角误差的影响

牙侧角误差是指牙侧角的实际值与其公称尺寸的代数差。它是螺纹牙侧相对于螺纹轴线的位置误差，直接影响着螺纹的旋合性和牙侧接触面。因此，对牙侧角误差应加以限制。

为便于分析，假定内螺纹具有理想牙型，与其相结合的外螺纹仅存在牙侧角误差，如图 7-24 所示。当内螺纹 1 与外螺纹 2 旋合时，左、右牙型将产生干涉而不能旋合。为了消除干涉，保证旋合性，可将外螺纹的牙型沿垂直于螺纹轴线的方向向下移至虚线 3 处，从而使外螺纹的中径减小一个 f_α 值。同理，内螺纹存在牙侧角误差时，为了保证旋合性，就必须将内螺纹的中径增大一个 f_α 值。这个 f_α 值就是补偿牙侧角误差折算到中径上的数值，称为牙侧角误差的中径当量。

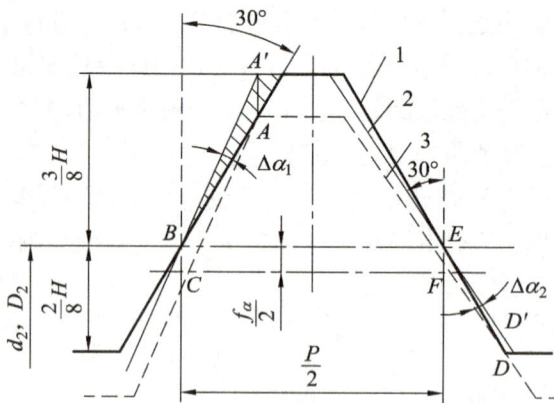

图 7-24　牙侧角误差对螺纹互换性的影响

根据任意三角形的正弦定理，考虑左、右牙侧角误差可能出现的各种情况，得

$$fa = 0.073P(K_1|\Delta\alpha_1|+K_2|\Delta\alpha_2|) \tag{7-4}$$

式中：P 为螺距，单位为 mm；$\Delta\alpha_1$、$\Delta\alpha_2$ 为左、右牙侧角误差，单位为（ ′ ），$\Delta\alpha_1 = \alpha_1 - 30°$，$\Delta\alpha_2 = \alpha_2 - 30°$；$K_1$、$K_2$ 为左、右牙侧角误差系数。

对于外螺纹，当牙侧角误差为正值时，K_1 和 K_2 取 2，为负值时，K_1 和 K_2 取 3；对于内螺纹，左、右牙侧角误差系数的取值与外螺纹相反。

4. 螺纹中径的合格条件

1）螺纹中径（综合）公差

由于螺距误差和牙侧角误差可折算成中径当量（f_P、f_α），即折算成中径误差的一部分，因而可以不单独规定螺距公差和牙侧角公差，而仅规定中径总公差，用它来控制中径本身的误差以及螺距误差和牙侧角误差的综合影响。可见，中径公差是一项综合公差。这样规定是为了方便螺纹的加工和检验，按中径总公差进行检验，可保证螺纹的互换性。

2) 作用中径

当实际外螺纹存在螺距误差和牙侧角误差时，该实际外螺纹只可能与一个中径较大的理想内螺纹旋合。这就像外螺纹的中径被增大了一样。在规定的旋合长度内，恰好包容实际外螺纹的一个理想内螺纹的中径称为外螺纹的作用中径 d_{2fe}。它等于外螺纹的实际中径 (用单一径 d_{2s} 来表示) 与螺距误差、牙侧角误差的中径当量值之和，即

$$d_{2fe} = d_{2s} + (f_P + f_\alpha) \tag{7-5}$$

同理，在规定的旋合长度内，恰好包容实际内螺纹的一个理想外螺纹的中径称为内螺纹的作用中径 D_{2fe}。它等于内螺纹的实际中径 (用单一中径 D_{2s} 来表示) 与螺距误差、牙侧角误差的中径当量值之差，即

$$D_{2fe} = D_{2s} - (f_P + f_\alpha) \tag{7-6}$$

3) 中径合格性的判断原则

如果外螺纹的作用中径过大、内螺纹的作用中径过小，将使螺纹难以旋合。若外螺纹的单一中径过小，内螺纹的单一中径过大，将会影响螺纹的连接强度。因此，国家标准规定判断螺纹中径合格性应遵循泰勒原则。所谓泰勒原则是指实际螺纹的作用中径不允许超越其最大实体牙型的中径，任何部位的单一中径不允许超越其最小实体牙型的中径。最大和最小实体牙型是指由设计牙型和各直径的基本偏差及公差所决定的最大和最小实体状态的螺纹牙型。因此，螺纹中径的合格条件是

外螺纹：$d_{2fe} \leqslant d_{2MMS} = d_{2max}$，$d_{2s} \geqslant d_{2LMS} = d_{2min}$ (7-7)

内螺纹：$D_{2fe} \geqslant D_{2MMS} = D_{2min}$，$D_{2s} \leqslant D_{2LMS} = D_{2max}$ (7-8)

其中：d_{2MMS}、d_{2LMS} 为外螺纹最大、最小实体牙型中径；d_{2max}、d_{2min} 为外螺纹最大、最小中径；D_{2MMS}、D_{2LMS} 为内螺纹最大、最小实体牙型中径；D_{2max}、D_{2min} 为内螺纹最大、最小中径。

7.3.4 普通螺纹的公差与配合

国家标准 GB/T 197—2018 对普通螺纹公差带的两个基本要素公差带大小 (取决于公差等级) 和公差带位置 (取决于基本偏差) 进行了标准化，规定了各种螺纹公差带。螺纹的配合由内、外螺纹公差带决定。考虑旋合长度对累积螺距误差的影响，螺纹精度由螺纹公差带和旋合长度构成。普通螺纹公差制的基本结构如图 7-25 所示。

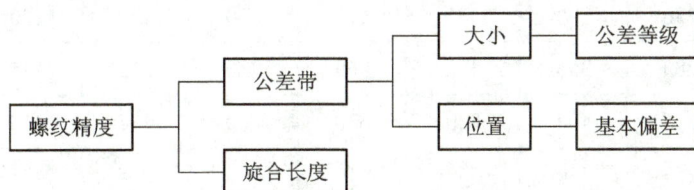

图 7-25 普通螺纹公差制结构

1. 普通螺纹的公差带

普通螺纹的公差带与尺寸公差带一样，其位置由基本偏差决定，大小由公差等级决定。

1) 普通螺纹公差带的大小和公差等级

国家标准规定了内、外螺纹的公差等级，它的含义和孔、轴公差等级相似，但有自己的系列，见表 7-19。其中 6 级为基本级；3 级公差值最小，精度最高；9 级精度最低。

表 7-19　螺纹的公差等级（参考 GB/T 197—2018)

螺纹直径		公差等级	螺纹直径		公差等级
外螺纹	中径 d_2	3、4、5、6、7、8、9	内螺纹	中径 D_2	4、5、6、7、8
	大径（顶径）d	4、6、8		小径（顶径）D_1	4、5、6、7、8

在普通螺纹中，对螺距和牙侧角并不单独规定公差，而是用中径公差来综合控制。这样，为了满足互换性要求，只需规定大径、小径和中径公差即可。由于内、外螺纹的底径（D、d_1）是在加工时由刀具切出的，其尺寸精度由刀具保证，故不规定其公差，因此在普通螺纹的公差标准中，只规定了内、外螺纹的中径和顶径公差。

普通螺纹的中径和顶径公差值见表 7-20 和表 7-21。

表 7-20　内、外螺纹顶径公差（参考 GB/T 197—2018)

螺距 P/mm	内螺纹顶径（小径）公差 T_{D1}/µm					外螺纹顶径（大径）公差 T_d/µm		
	公差等级					公差等级		
	4	5	6	7	8	4	6	8
0.5	90	112	140	180	—	67	106	—
0.6	100	125	160	200	—	80	125	—
0.7	112	140	180	224	—	90	140	—
0.75	118	150	190	236	—	90	140	—
0.8	125	160	200	250	315	95	150	236
1	150	190	236	300	375	112	180	280
1.25	170	212	265	335	425	132	212	335
1.5	190	236	300	375	475	150	236	375
1.75	212	265	335	425	530	170	265	425
2	236	300	375	475	600	180	280	450
2.5	280	355	450	560	710	212	335	530
3	315	400	500	630	800	236	375	600
3.5	355	450	560	710	900	265	425	670
4	375	475	600	750	950	300	475	750

表 7-21　普通螺纹的中径公差（参考 GB/T 197—2018)

公称直径 /mm		螺距 P/mm	内螺纹中径公差 T_{D2}/μm					外螺纹中径公差 T_{d2}/μm						
			公差等级					公差等级						
>	≤		4	5	6	7	8	3	4	5	6	7	8	9
2.8	5.6	0.5	63	80	100	125	—	38	48	60	75	95	—	—
		0.6	71	90	112	140	—	42	53	67	85	106	—	—
		0.7	75	95	118	150	—	45	56	71	90	112	—	—
		0.75	75	95	118	150	—	45	56	71	90	112	—	—
		0.8	80	100	125	160	200	48	60	75	95	118	150	190
5.6	11.2	0.75	85	106	132	170	—	50	63	80	100	125	—	—
		1	95	118	150	190	236	56	71	90	112	140	180	224
		1.25	100	125	160	200	250	60	75	95	118	150	190	236
		1.5	112	140	180	224	280	67	85	106	132	170	212	265
11.2	22.4	1	100	125	160	200	250	60	75	95	118	150	190	236
		1.25	112	140	180	224	280	67	85	106	132	170	212	265
		1.5	118	150	190	236	300	71	90	112	140	180	224	280
		1.75	125	160	200	250	315	75	95	118	150	190	236	300
		2	132	170	212	265	335	80	100	125	160	200	250	315
		2.5	140	180	224	280	355	85	106	132	170	212	265	335
22.4	45	1	106	132	170	212	—	63	80	100	125	160	200	250
		1.5	125	160	200	250	315	75	95	118	150	190	236	300
		2	140	180	224	280	355	85	106	132	170	212	265	335
		3	170	212	265	335	425	100	125	160	200	250	315	400
		3.5	180	224	280	355	450	106	132	170	212	265	335	425
		4	190	236	300	375	475	112	140	180	224	280	355	450
		4.5	200	250	315	400	500	118	150	190	236	290	375	475

2) 普通螺纹公差带的位置和基本偏差

螺纹的公差带是以基本牙型为零线布置的，其位置如图 7-26 所示。螺纹的基本牙型是计算螺纹偏差的基准。

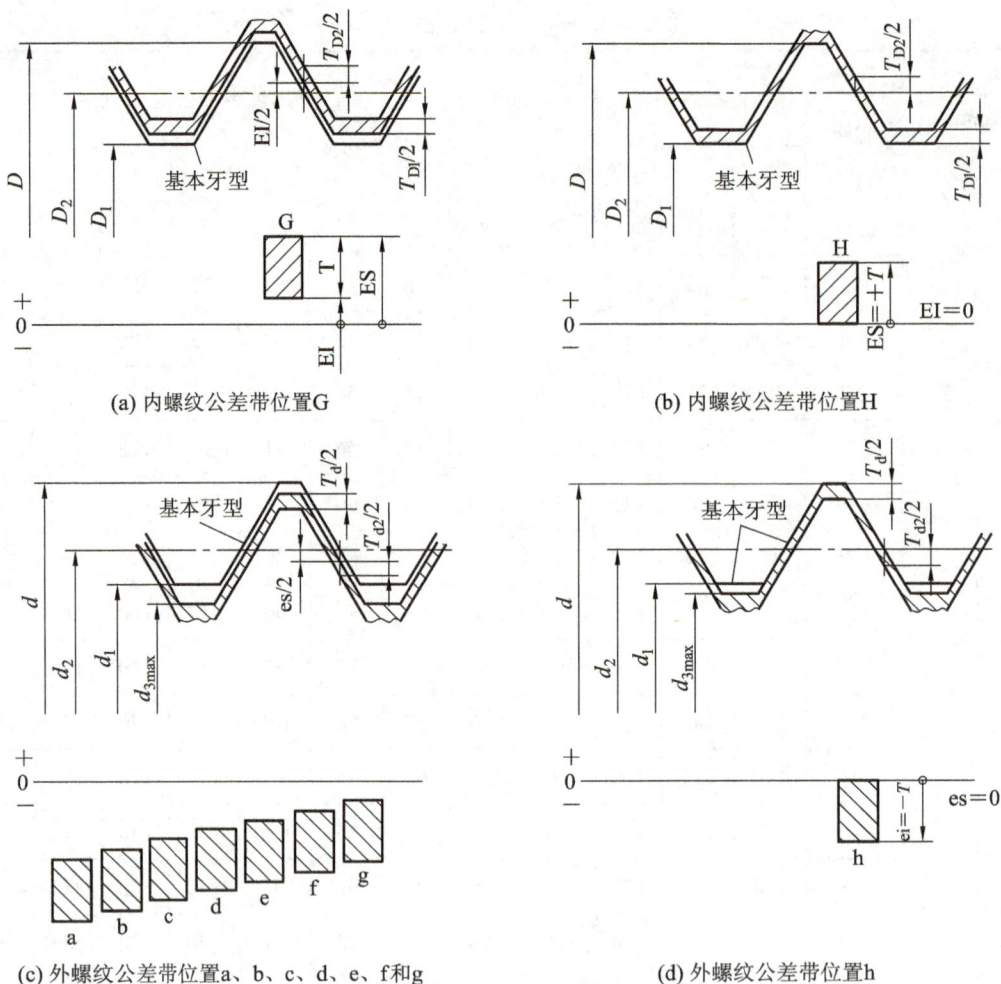

(a) 内螺纹公差带位置G

(b) 内螺纹公差带位置H

(c) 外螺纹公差带位置a、b、c、d、e、f和g

(d) 外螺纹公差带位置h

图 7-26 内、外螺纹的基本偏差

国家标准对内螺纹规定了两种基本偏差 G、H，其基本偏差为 EI ≥ 0，如图 7-26(a)、(b) 所示。国家标准对外螺纹规定了 8 种基本偏差 a、b、c、d、e、f、g、h，其基本偏差为 es ≤ 0，如图 7-26(c)、(d) 所示。在图 7-26(c)、(d) 中，d_{3max} 为外螺纹的最大底 (小) 径。

普通螺纹的公差带代号由表示公差等级的数字和基本偏差字母组成，如 6H、5g 等。与一般的尺寸公差带代号不同，普通螺纹的公差带代号中，公差等级数字在前，基本字母在后。

2. 旋合长度

由于外螺纹的小径和内螺纹的大径是由刀具在切制螺纹时形成的，由刀具保证，因此国家标准中对内螺纹的大径和外螺纹的小径均未规定具体的公差值，只规定内、外螺纹牙底实际轮廓的任何点不能超过基本偏差所确定的最大实体牙型。

螺纹的旋合长度与螺纹的精度密切相关。旋合长度愈长，螺距累积误差愈大，对螺纹旋合性的影响也愈大。国家标准按螺纹公称直径和螺距基本值规定了三组旋合长度：短旋合长度 (S)、中等旋合长度 (N) 和长旋合长度 (L)。各组的长度范围见表 7-22。设计时一般优先采用中等旋合长度。

表 7-22　螺纹的旋合长度　　　　　　　　mm

公称直径 D、d		螺距 P	旋合长度			
			S	N		L
>	≤		≤	>	≤	>
5.6	11.2	0.75	2.4	2.4	7.1	7.1
		1	3	3	9	9
		1.25	4	4	12	12
		1.5	5	5	15	15
11.2	22.4	1	3.8	3.8	11	11
		1.25	4.5	4.5	13	13
		1.5	5.6	5.6	16	16
		1.75	6	6	18	18
		2	8	8	24	24
		2.5	10	10	30	30
22.4	45	1	4	4	12	12
		1.5	6.3	6.3	19	19
		2	8.5	8.5	25	25
		3	12	12	36	36
		3.5	15	15	45	45
		4	18	18	53	53
		4.5	21	21	63	63

3. 普通螺纹配合的选用

按螺纹的公差等级和基本偏差可以组成很多种的公差带，但为了减少实际生产中刀具、量具的规格和种类，国家标准中规定了既能满足当前生产需要，又能减少刀具、量具规格和种类的常用公差带，见表 7-23。其中只有一个公差带代号的 (如 6H) 表示中径和顶径的公差带相同；有两个公差带代号的 (如 7g6g) 表示中径公差带 (前者) 与顶径公差带 (后者) 不相同。表中规定了"优先、其次和尽可能不用"的选用顺序。除非特殊情况，否则不可选用标准规定以外的其他公差带。如果螺纹旋合长度未知,推荐按中等旋合长度组 (N) 选取。

表 7-23　普通螺纹的推荐公差带 (参考 GB/T 197—2018)

公差精度	内螺纹推荐公差带			外螺纹推荐公差带		
	S	N	L	S	N	L
精密	4H	5H	6H	(3h4h)	4h[*] (4g)	(5h4h) (5g4g)
中等	5H[*] (5G)	6H[*] 6G[*]	7H[*] (7G)	(5h6h) (5g6g)	6h、6g[*] 6f[*]、6e[*]	(7h6h) (7g6g) (7e6e)
粗糙	—	7H (7G)	8H (8G)	—	8g (8e)	(9g8g) (9e8e)

注：(1) 优先选用带*的公差带，其次选用不带*的公差带，加( )的公差带尽可能不用。

　　(2) 带方框及*的公差带用于大批量生产的紧固件。

GB/T 197—2018 规定螺纹的配合精度等级分为精密级、中等级和粗糙级 3 个等级。

(1) 精密级：用于精密螺纹，以保证内、外螺纹具有稳定的配合性质。

(2) 中等级：用于一般用途的螺纹。

(3) 粗糙级：用于不重要或制造困难的螺纹，如在热轧棒料上或深盲孔内加工的螺纹。

上述内、外螺纹的公差带可以任意组合，但在实际生产中，为了保证内、外螺纹旋合后有足够的连接强度、接触高度和方便装拆，国家标准要求完工后的内、外螺纹最好组成 H/g、H/h 或 G/h 的配合。在实际选用螺纹配合时，应主要依据使用要求。如果要求内、外螺纹旋合后具有较好的同轴度和足够的连接强度，可选用间隙最小的 H/h 配合；对于经常拆卸、工作温度较高的螺纹，可选用间隙较小的 H/g、G/h 配合；对于需要涂镀保护层的螺纹，根据镀层的厚度不同选用 6H/6e 或 6G/6e 的配合。一般情况下，选用中等精度、中等旋合长度的公差带，即内螺纹公差带选用 6H，外螺纹公差带选用 6h，6g 应用较广。

4. 普通螺纹的标记

螺纹的完整标记由螺纹特征代号、尺寸代号、公差带代号及其他有必要进一步说明的相关信息组成，如图 7-27 所示。

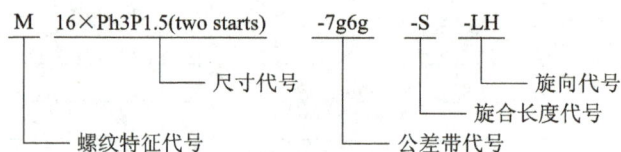

图 7-27 普通螺纹的标记

1) 特征代号

普通螺纹特征代号用字母"M"表示。

2) 尺寸代号

尺寸代号包括公称直径、导程、螺距等，单位为 mm。对于粗牙螺纹，可以省略标注其螺距。

① 单线螺纹的尺寸代号为"公称直径×螺距"。

② 多线螺纹的尺寸代号为"公称直径×导程 Ph 螺距 P"。如要进一步表明螺纹的线数，可在后面加括号予以说明(使用英语进行说明，例如双线采用 two starts，三线采用 three starts)。

3) 公差带代号

公差带代号包含中径公差带代号和顶径公差带代号。公差带代号由表示公差等级的数值和表示公差带位置的字母组成。中径公差带代号在前，顶径公差带代号在后。如果中径公差带代号与顶径公差带代号相同，则应只标注一个公差带代号。螺纹尺寸代号与公差带间用"-"隔开。

国家标准规定，下列中等精度螺纹不标注公差带代号(省略)：

内螺纹：5H，公称直径≤1.4 mm；6H，公称直径≥1.6 mm。

外螺纹：6h，公称直径≤1.4 mm；6g 公称直径≥1.6 mm。

表示内、外螺纹配合时，内螺纹公差带代号在前，外螺纹公差带代号在后，中间用"／"

分开。

4) 旋合长度代号

对短旋合长度和长旋合长度的螺纹，应在公差带代号后分别标注"S"和"L"。旋合长度代号与公差带间用"-"分开。中等旋合长度螺纹不标注旋合长度代号 (N)。

5) 旋向代号

对左旋螺纹，应在旋合长度代号之后标注"LH"。旋合长度代号与旋向代号间用"-"分开。右旋螺纹不标注旋向代号。

例 7.3　M 24 × 2-5g6g-S 表示：公称直径为 24 mm，螺距为 2 mm，中径和顶径公差带代号分别为 5g 和 6g，短旋合长度的单线右旋普通细牙外螺纹。

例 7.4　M × 30-6H-LH 表示：公称直径为 30 mm，中径和顶径公差带代号为 6H，中等旋合长度的单线左旋普通粗牙内螺纹。

例 7.5　M16 × Ph3P1.5(two starts)-6H 表示：公称直径为 16 mm，螺距为 1.5 mm，导程为 3 mm，中径和顶径公差带代号为 6H，中等旋合长度的双线右旋普通细牙内螺纹。

7.3.5　普通螺纹的检测

普通螺纹的检测分为综合检验和单项测量。

1. 综合检验

螺纹的综合检验是指一次同时检验螺纹的几个参数，以几个参数的综合误差来判断螺纹的合格性。综合检验效率高，适合成批生产中对精度要求不太高的螺纹件的检测。螺纹综合检验是用螺纹量规来进行的，这种方法只能判断螺纹是否合格，而不能测得其实际尺寸。

螺纹量规按泰勒原则设计，用于检验内螺纹的螺纹量规称为螺纹塞规，如图 7-28 所示；用于检验外螺纹的螺纹量规称为螺纹环规，如图 7-29 所示。无论是螺纹塞规，还是螺纹环规，都有通规和止规之分。

螺纹量规的通规用来检验螺纹的作用中径，控制其不得超出最大实体牙型中径。由于作用中径包括螺距和牙侧角误差的补偿值，所以通规必须制成完整牙型，其螺纹长度等于被测螺纹的旋合长度。螺纹量规的通规还用来检验被测螺纹的底径。

螺纹量规的止规用来检验螺纹的实际中径 (用单一中径表示)，控制其不得超出最小实体牙型中径。为了避免牙侧角误差的影响，止规的牙型制成截短牙型；为了避免螺距误差的影响，螺纹长度只有 2 ～ 3 个螺距长。

用螺纹量规检验时，若螺纹通规能够与被测螺纹旋合并通过整个被测螺纹，则说明被测螺纹的作用中径和底径合格 (即旋合性合格)，否则不合格；若螺纹止规不能旋入或不能完全旋入被测螺纹 (只允许与被测螺纹的两端旋合，旋合量不得超过两个螺距)，则说明被测螺纹的单一中径合格 (即连接强度合格)，否则不合格。

螺纹顶径用光滑极限量规来检验，如图 7-28 和图 7-29 所示。若通规能通过，止规不能通过，则说明被测螺纹的顶径合格。

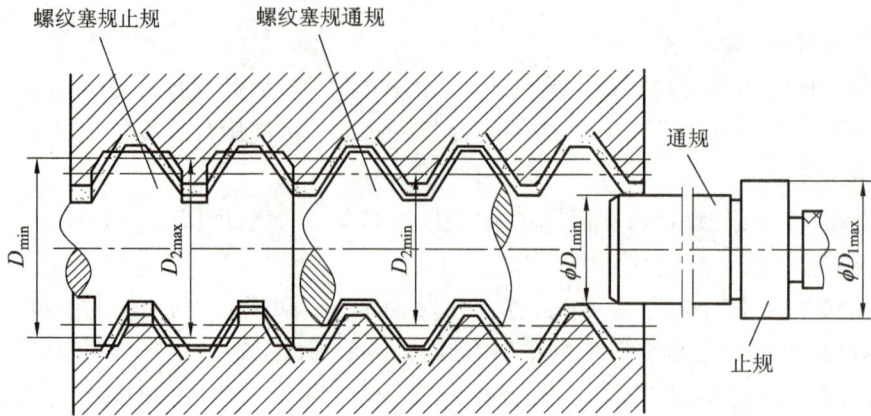

图 7-28   用螺纹塞规和光滑极限塞规检验内螺纹

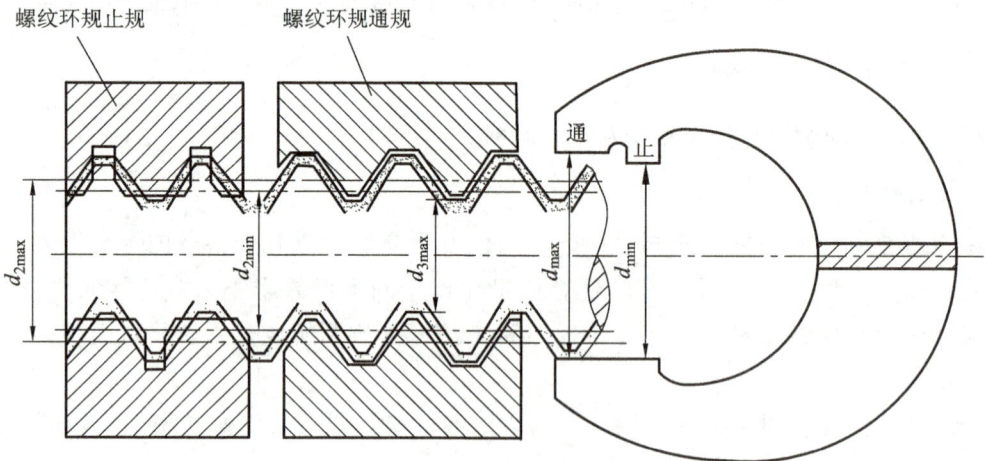

图 7-29   用螺纹环规和光滑极限卡规检验外螺纹

2. 单项测量

螺纹的单项测量是指用指示量仪测量螺纹的实际值，且每次只测量螺纹的一项几何参数，并以所得的实际值来判断螺纹是否合格。单项测量精度较高，主要用于检查精密螺纹，如检查螺纹量规、螺纹刀具等。对于较高精度的螺纹工件，为分析有关误差产生的原因，也可用这种方法测量。生产中常用的单项测量方法有以下几种：

1) 用螺纹千分尺测量

螺纹千分尺是测量低精度外螺纹中径的常用量具，其结构与外径千分尺基本一样，所不同的是它的两个测量头形状与牙型相吻合：一端为 V 形，与牙型凸起部分相吻合；另一端为圆锥形，与牙槽吻合，如图 7-30 所示。

螺纹千分尺配备一套可换测量头，根据被测螺纹的螺距不同可选用合适的测量头。测量前先换上合适的测量头，再校正零点，最后进行测量。

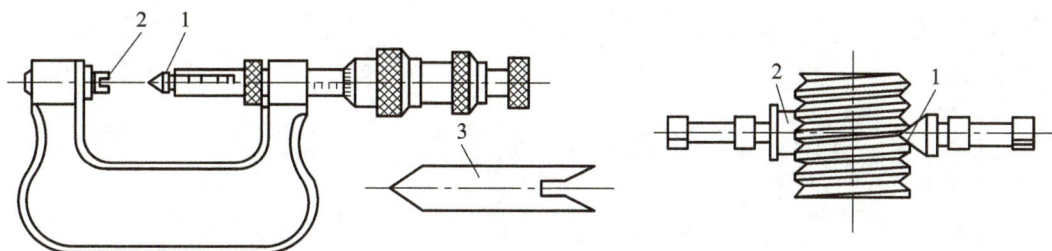

1、2—测头；3—尺寸样板。

图 7-30　螺纹千分尺

2) 用三针法测量

三针法是一种比较精密的测量方法，主要用于测量精密外螺纹的单一中径，如测量螺纹塞规。测量时，把三根直径相同的精密量针分别放在被测外螺纹的沟槽中，然后用量具或量仪测出三根量针外母线之间的跨距 M，如图 7-31(a) 所示。

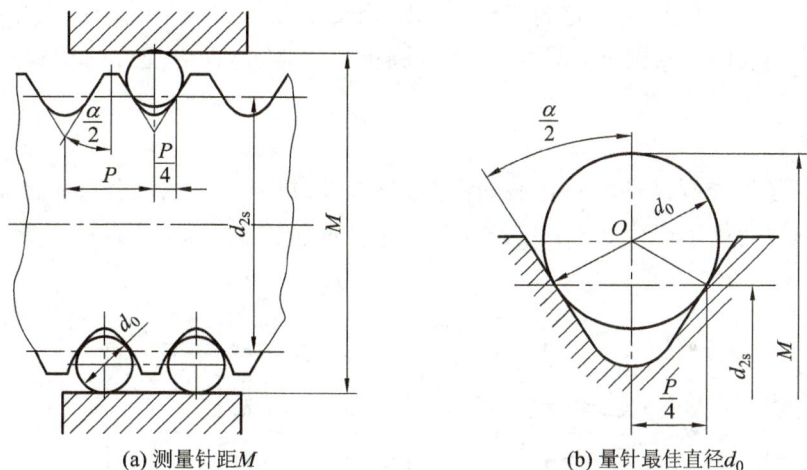

(a) 测量针距M　　　　　　(b) 量针最佳直径d_0

图 7-31　三针法测外螺纹单一中径

为避免牙侧角误差对测量结果的影响，应尽量选用最佳直径的量针，使量针与螺纹牙侧面在中径处相切，两个切点间的轴向距离等于 $P/2$，如图 7-31(b) 所示。因此最佳直径应为

$$d_0 = \frac{P}{2}\cos\frac{\alpha}{2} \tag{7-9}$$

根据被测螺纹的螺距 P、牙型半角 $\alpha/2$ 和最佳直径 d_0，算出螺纹单一中径 d_{2s}，即

$$d_{2s} = M - 3d_0 + 0.866P \tag{7-10}$$

在实际测量中，如果成套的三针中没有所需的最佳直径，可选择与最佳直径相近的三针来测量。

3) 用影像法测量

用影像法测量是指用工具显微镜将被测螺纹的牙型轮廓放大成像，按被测螺纹的影像测量其螺距、牙型半角和中径等。这种方法测量精度较高，适用于测量精密螺纹，如螺纹量规、丝杠等。

7.4 圆锥配合的互换性

7.4.1 概述

圆锥配合是机器、仪表及工具中常用的典型结合。与圆柱配合相比，具有同轴精度高、紧密性好、间隙或过盈可以调整、可利用摩擦力传递转矩等优点。但圆锥配合在结构上较为复杂，影响互换性的参数比较多，加工和检测也较麻烦，故其应用不如圆柱配合广泛。

1. 圆锥配合的基本参数

圆锥表面是指与轴线呈一定角度，且一端相交于轴线的一条线段（母线），围绕着该轴线旋转形成的表面。内圆锥（圆锥孔）、外圆锥（圆锥轴）两者配合的基本参数如图 7-32 所示。

1) 圆锥直径

圆锥直径是指与圆锥轴线垂直截面内的直径。圆锥直径有内、外圆锥的最大直径 D_i、D_e，内、外圆锥的最小直径 d_i、d_e 以及任意给定截面圆锥直径 d_x（距端面一定距离）。

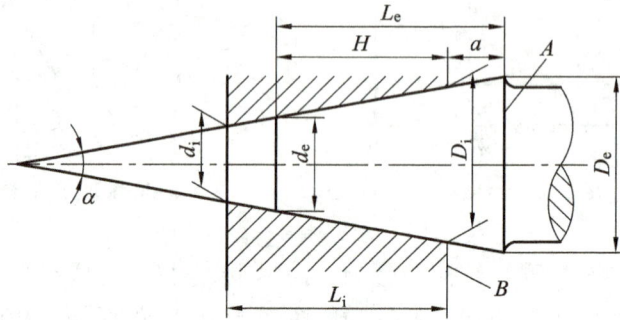

图 7-32　圆锥配合中的基本参数

2) 圆锥角

圆锥角是指在通过圆锥轴线的截面内，两条素线之间的夹角，用 α 表示。

3) 圆锥长度

圆锥长度是指圆锥最大直径与最小直径所在截面之间的轴向距离。内、外圆锥长度分别用 L_i、L_e 表示。

4) 锥度

锥度是指圆锥最大直径与最小直径之差与圆锥长度之比，用 C 表示，即

$$C = \frac{D-d}{L} = 2\tan\frac{\alpha}{2} \tag{7-11}$$

锥度常用比例或者分数形式表示，如 $C = 1 : 20$ 或 $C = 1/20$ 等。

5) 圆锥配合长度

圆锥配合长度指内、外圆锥配合面间的轴向距离，用 H 表示。

在零件图样上，对圆锥只要标注一个圆锥直径 (D、d 或 d_x)、圆锥角和圆锥长度 L(或 L_x)，或者标注最大与最小圆锥直径 D、d 和圆锥长度 L，就能完全确定一个圆锥。

7.4.2　锥度、圆锥角及圆锥公差

1. 锥度与圆锥角系列

为了便于圆锥配合的设计和减少加工圆锥工件所用的专用刀具、量具种类和规格，满足生产需要，国家标准 GB/T 157—2001 定义了一般用途和特殊用途的圆锥的锥度与圆锥角系列，并给出了锥度和圆锥角的推荐值。

2. 圆锥公差

GB /T 11334—2005《产品几何量技术规范 (GPS) 圆锥公差》适用于圆锥体锥度1∶3～1∶500、长度 L 从 6～630 mm 的光滑圆锥。该标准中规定了 4 个圆锥公差项目。

1) 圆锥直径公差 T_D

圆锥直径公差是指圆锥直径的允许变动量。它适用于圆锥全长，其公差带为两个极限圆锥所限定的区域。极限圆锥是最大、最小极限圆锥的统称，它们与基本圆锥共轴且圆锥角相等，在垂直于轴线的任意截面上两个极限圆锥的直径差相等，如图 7-33 所示。圆锥直径公差为

$$T_D = D_{max} - D_{min} \tag{7-12}$$

为了统一公差标准，圆锥直径公差带的标准公差和基本偏差都从光滑圆柱体的公差标准中选取。

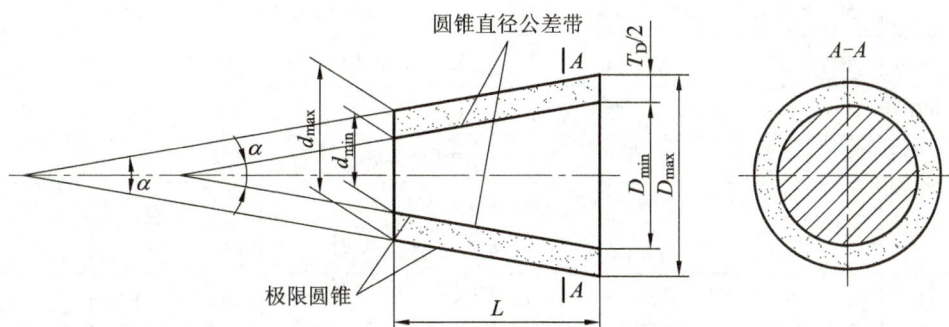

图 7-33　极限圆锥与圆锥直径公差带

2) 圆锥角公差 AT

圆锥角公差是指圆锥角的允许变动量。以弧度或角度为单位时用 AT_a 表示，以长度为单位时用 AT_D 表示。由图 7-34 可知，在圆锥轴向截面内，由最大和最小圆锥角所限定的区域为圆锥角公差带。国家标准对圆锥角公差规定了 12 个等级，其中 $AT1$ 精度最高，其余依次降低。表 7-24 列出了 $AT4$ ～ $AT9$ 级圆锥角公差。

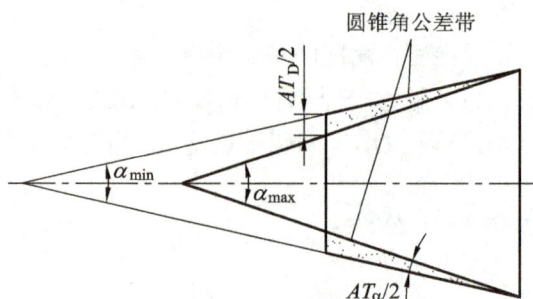

图 7-34　极限圆锥角与圆锥角公差带

表 7-24 中，在每一基本圆锥长度 L 的尺寸段内，当公差等级一定时，AT_α 为一定值，对应的 AT_D 随长度不同而变化，即

$$AT_D = AT_\alpha \times L \times 10^{-3} \tag{7-13}$$

式中：AT_α 单位为 μrad；AT_D 单位为 μm；L 单位为 mm。

表 7-24　圆锥角公差（参考 GB/T 11334—2005）

公称圆锥长度 L/mm		圆锥公差等级								
		AT4			AT5			AT6		
		AT_α		AT_D	AT_α		AT_D	AT_α		AT_D
大于	至	μrad	(″)	μm	μrad	(″)	μm	μrad	(″)	μm
25	40	100	21	>2.5～4.0	160	33	>4.0～6.3	250	52	>6.3～10
40	63	80	16	>3.2～5.0	125	26	>5.0～8.0	200	41	>8.0～12.5
63	100	63	13	>4.0～6.3	100	21	>6.3～10	160	33	>10～16
100	160	50	10	>5.0～8.0	80	16	>8.0～12.5	125	26	>12.5～20
160	250	40	8	>6.3～10	63	13	>10～16	100	21	>16～25
250	400	31.5	6	>8.0～12.5	50	10	>12.5～20	80	16	>20～32

公称圆锥长度 L/mm		圆锥公差等级								
		AT7			AT8			AT9		
		AT_α		AT_D	AT_α		AT_D	AT_α		AT_D
大于	至	μrad	(′)(″)	μm	μrad	(′)(″)	μm	μrad	(′)(″)	μm
25	40	400	1′22″	>10～16	630	2′10″	>16～25	1000	3′26″	>25～40
40	63	315	1′05″	>12.5～20	500	1′43″	>20～32	800	2′45″	>32～50
63	100	250	52″	>16～25	400	1′22″	>25～40	630	2′10″	>40～63
100	160	200	41″	>20～32	315	1′05″	>32～50	500	1′43″	>50～80
160	250	160	33″	>25～40	250	52″	>40～63	400	1′22″	>63～100
250	400	125	26″	>32～50	200	41″	>50～80	315	1′05″	>80～125

3) 给定截面圆锥直径公差 T_{DS}

给定截面圆锥直径公差是指在垂直圆锥轴线的给定截面内，圆锥直径的允许变动量。它仅适用于该给定截面的圆锥直径，其公差带是在给定的截面内两同心圆所限定的区域，如图 7-35 所示。T_{DS} 公差带所限定的是平面区域，而 T_D 公差带限定的是空间区域。

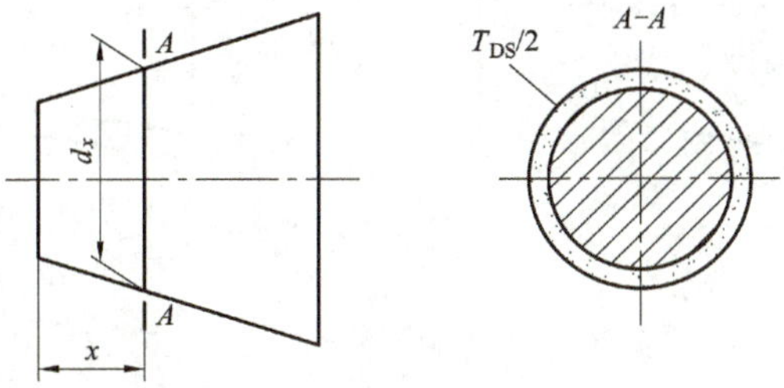

图 7-35　给定截面圆锥直径公差带

4) 圆锥的形状公差 T_F

圆锥的形状公差 T_F 包括素线直线度公差和截面圆度公差等。T_F 的数值从 GB/T 1184—1996《形状和位置公差　未注公差值》中选取。

7.4.3　圆锥公差与配合

1. 圆锥配合的种类

1) 间隙配合

这类配合具有间隙，而且在装配和使用过程中间隙大小可以调整，常用于有相对运动的机构中，如某些车床主轴的圆锥轴颈与圆锥滑动轴承衬套的配合。

2) 过盈配合

这类配合具有过盈，它能借助相互配合的圆锥面之间的自锁，产生较大的摩擦力来传递转矩，例如钻头 (或铰刀) 的圆锥柄与机床主轴圆锥孔的配合、圆锥形摩擦离合器中的配合等。

3) 过渡配合

这类配合很紧密，间隙为零或略小于零，主要用于定心或密封场合，如奶锥形旋塞、发动机中的气阀与阀座的配合等。通常要将内、外锥成对研磨，故这类配合一般没有互换性。

2. 圆锥公差的给定方法

对于一个具体的圆锥工件，根据工件使用要求来提出公差项目。GB/T 11334—2005 中规定了两种圆锥公差的给定方法。

(1) 给出圆锥的公称圆锥角 α (或锥度 C) 和圆锥直径公差 T_D，由 T_D 确定两个极限圆锥。此时，圆锥角误差和圆锥的形状误差均应在极限圆锥所限定的区域内。这相当于包容要求。图 7-36(a) 所示为此种给定方法的标注示例，图 7-36(b) 所示为其公差带。

当对圆锥角公差、形状公差有更高要求时，可再给出圆锥角公差 AT、形状公差 T_F，此时 AT、T_F 仅占 T_D 的一部分。

(2) 给出给定截面圆锥直径公差 T_{DS} 和圆锥角公差 AT。此时，T_{DS} 和 AT 是独立的，应分别满足。此方法是在假定圆锥素线为理想直线的情况下给出的。当对形状公差有更高要求时，可再给出圆锥的形状公差 T_F，如图 7-37 所示。

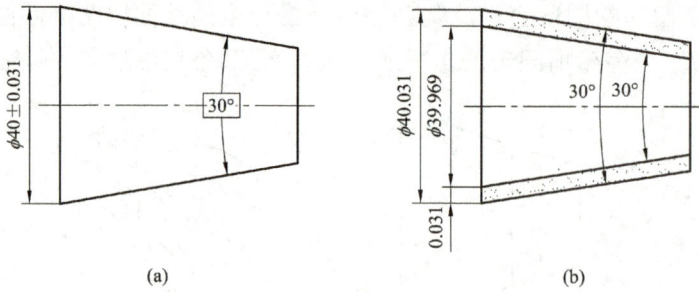

图 7-36   第一种圆锥公差的给定方法

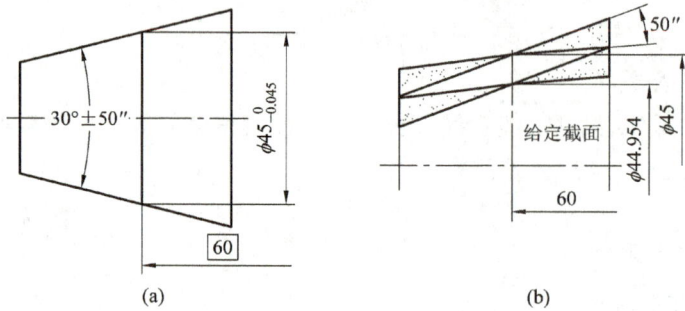

图 7-37   第二种圆锥公差的给定方法

7.4.4   圆锥锥度的检测

1. 间接测量法

间接测量法通过测量与锥度有关的尺寸，按几何关系换算出被测的锥度 (或锥角)。图 7-38 所示为用正弦规测量外圆锥的锥度。先按公式 $h = L\sin\alpha$ 计算并组合量块组 (式中 α 为公称圆锥角，L 为正弦规两圆柱中心距)，然后按图 7-38 进行测量。工件的锥度偏差 $\Delta C = (h_a - h_b)/l$，式中 h_a、h_b 分别为指示表在 a、b 两点的读数，l 为 a、b 两点间距离。

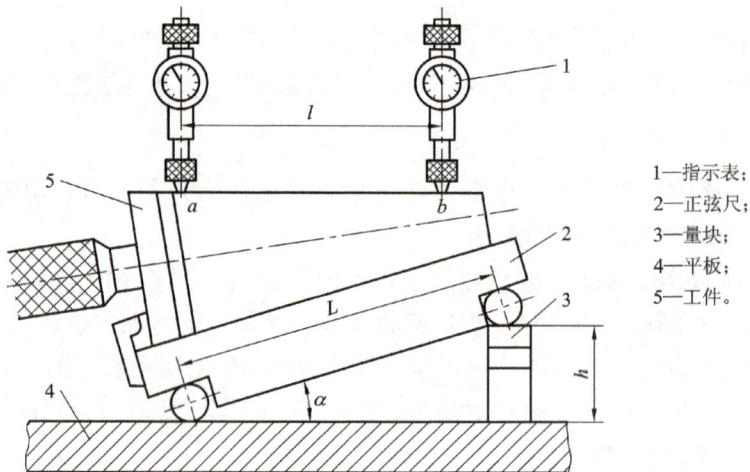

1—指示表；
2—正弦尺；
3—量块；
4—平板；
5—工件。

图 7-38   用正弦尺测量圆锥锥度

2. 比较测量法

比较测量法用角度量块或锥度样板、圆锥量规与被测圆锥比较，观察在接触比较时两者之间的缝隙所透过的光线颜色（不同颜色的光波长不同）或涂色来判断圆锥角偏差的大小。比较测量法的常用量具有角度量块、锥度样板、圆锥量规等。

大批量生产的圆锥零件可采用量规作为检验工具。检验内圆锥用塞规，如图 7-39(a)所示，检验外圆锥用环规，如图 7-39(b) 所示。

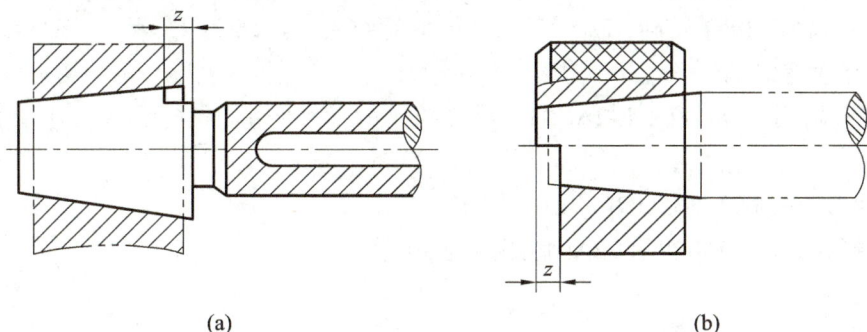

(a)　　　　　　　　　　　　　　　　　(b)

图 7-39　圆锥量规

检测锥度时，先在量规圆锥面素线的全长上涂 3 ～ 4 条极薄的显示剂，然后把量规与被测圆锥对旋（来回旋转角应小于 180°）。根据被测圆锥上的着色或量规上擦掉的痕迹，来判断被测锥度或圆锥角是否合格。

此外，在量规的基准端部刻有两条刻线或小台阶，它们之间的距离为 z，有

$$z = \frac{T_D}{C} \times 10^{-3} \text{ mm} \tag{7-14}$$

式中：T_D 为被检验圆锥直径公差，单位为 μm；C 为锥度，用以检验实际圆锥的直径偏差、圆锥角偏差和形状误差的综合结果。若被测圆锥的端面介于量规的两刻线之间，则表示合格。

知识拓展：国外螺纹标准简介

随着我国经济的发展，国际间贸易更加密切，国内企业不断承接国外产品零部件生产订单，这使得英标（英国标准）螺纹、美标（美国标准）螺纹在国内生产制造与使用中很常见，为此，这里对国外常见螺纹进行简单介绍。

1. 英标螺纹（螺纹牙型角 55°）

英标螺纹包括 BSW（英国标准惠氏螺纹（粗牙））、BSF（英国标准惠氏螺纹（细牙））、G（非密封管螺纹）、PT(55° 密封管螺纹)、R(锥管外螺纹)、RC(锥管内螺纹) 等。

PT 是 PipeThread 的缩写，指 55° 密封管螺纹，属惠氏螺纹，多用于欧洲。它常用于煤气管道行业，锥度规定为 1：16。

G 指 55° 非密封管螺纹，属惠氏螺纹，标记为 G，代表圆柱螺纹。另外螺纹中的 1/4、1/2、1/8 标记是指螺纹尺寸的直径，单位是英寸 (in)，行内人通常用分来称呼螺纹尺寸，1

英寸等于 8 分，1/4 英寸就是 2 分，如此类推。

2. 美标螺纹 (螺纹牙型角 60°)

美标螺纹主要分为统一螺纹 (代号：UN)、60 度密封管螺纹 (代号：NPT)、机械连接螺纹 (代号：NPSM)。其中 NPT 是 National (American) PipeThread 的缩写，属于美国标准的 60° 密封管螺纹，用于北美地区。

美标常用螺纹由螺纹直径、特征代号、精度等级构成。例如：

(1) 粗牙系列：3/8-16UNC-2A(其中 3/8in 为螺纹直径，16 为 16 牙 /in，UNC 为粗牙代号，2A 为精度等级)。

(2) 细牙系列：3/8-28UNF-2A(细牙是 28 牙 /in，大于粗牙 16 牙 /in，小于特细牙 32 牙 /in)。

(3) 特细牙系列：3/8-32UNEF-2A。

(4) 定螺距系列：3/8-20UN-2A(螺距定为 20 牙)。

习　　题

一、填空题

1. 滚动轴承的精度是根据＿＿＿＿＿＿和＿＿＿＿＿＿划分的。

2. 平键连接的主要配合尺寸是指＿＿＿＿＿＿，配合制采用＿＿＿＿＿＿。

3. 国标规定矩形花键的定心方式为＿＿＿＿＿＿。

4. 根据用途不同，螺纹分为＿＿＿＿＿＿、＿＿＿＿＿＿和＿＿＿＿＿＿三类。

5. 影响螺纹互换性的主要因素有＿＿＿＿＿＿、＿＿＿＿＿＿和＿＿＿＿＿＿。

二、选择题

1. 某滚动轴承的内圈转动、外圈固定，则当它受方向固定的径向载荷作用时，外圈所受的是 (　　)。

　A. 局部载荷　　　　　　　　B. 循环载荷

　C. 摆动载荷　　　　　　　　D. 以上答案都不是

2. 滚动轴承内圈与 $\phi50$js6 轴颈形成的配合与普通孔轴 $\phi50$H 7/js6 配合的松紧程度相比，(　　)。

　A. 前者较松　　　　　　　　B. 前者较紧

　C. 两者松紧程度相同　　　　D. 无法比较

3. 为保证矩形花键定心表面的配合性质，内、外花键小径的几何公差和尺寸公差遵守的公差原则是 (　　)。

　A. 独立原则　　　　　　　　B. 最大实体要求

　C. 包容要求　　　　　　　　D. 最小实体要求

4. 为了保证可旋合性和连接的可靠性，紧固螺纹采用 (　　) 牙型。

A. 梯形　　　　　B. 矩形　　　　　C. 锯齿形　　　D. 三角形

5. 外螺纹代号 M24-5g6g 中，5g 指的是（　　）公差带。

A. 大径　　　　　B. 中径　　　　　C. 小径　　　　D. 螺距

三、简答题

1. 为了保证滚动轴承的工作性能，其内圈与轴颈配合、外圈与外壳孔配合，应满足什么要求？

2. 选择滚动轴承与轴颈、外壳孔的配合时，应考虑的主要因素有哪些？

3. 平键连接为什么只对键（或键槽）宽规定较严的公差？

4. 平键和矩形花键连接采用哪种基准制？为什么？

5. 国标为何不单独规定螺距公差和牙侧角公差，而只规定一个中径公差？

6. 解释下列螺纹标记的含义：

　　M24-6H　　　　　M30 × 2-6H/5g6g　　　　　M36 × 2-5g6g-L-LH

7. 与圆柱配合相比，圆锥配合有哪些优点？对圆锥配合有哪些基本要求？

8. 某圆锥最大直径为 100 mm，最小直径为 90 mm，圆锥长度为 100 mm，试确定圆锥角和锥度。

四、综合题

1. 试确定如图 7-40 所示的车床床头箱所用滚动轴承的精度等级、进给轴承与主轴、轴颈和箱体孔的配合。轴承为深沟球轴承，内径和外径分别为 $\phi55$ mm 和 $\phi95$ mm，主轴转速较高，承受轻载荷。

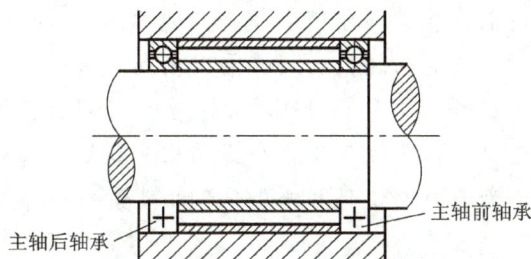

图 7-40　综合题 1 图

2. 根据国家标准的规定，按小径定心的矩形花键副在装配图上的标注为 ⌐⌐ 6 × 23H7/g7 × 26H10/a11 × 6H11/f9。试确定：

(1) 内、外花键的小径、大径、键槽宽度、键宽度的极限偏差；

(2) 键槽和键的两侧面的中心平面对定心表面轴线的位置度公差；

(3) 位置度公差与键槽宽度尺寸公差及定心表面尺寸公差的关系应采用的公差原则；

(4) 内、外花键的表面粗糙度参数允许值；

(5) 画出内、外花键截面图并标注尺寸公差及几何公差和表面粗糙度。

3. 已知某螺纹的标记为 M24 × 2-6g，加工后测得实际大径 d = 23.850 mm，实际中径 d_{2s} = 23.521 mm，螺距累积偏差 ΔP_{Σ} = +0.05 mm，牙侧角误差为 Δa_1 = +20′，Δa_2 = −25′。试判断该螺纹中径和顶径是否合格，并计算所需旋合长度的范围。

第8章 渐开线圆柱齿轮传动的互换性

学习目标

(1) 了解齿轮传动的基本使用要求及齿轮误差产生的原因和误差特性；
(2) 掌握齿轮精度评定指标；
(3) 掌握齿轮精度等级的表示方法；
(4) 了解齿轮精度评定指标的检测方法及检测设备；
(5) 了解齿轮传动精度设计的基本方法。

课程思政

早期，我国盾构机的核心部件依赖进口，其中高精度圆柱齿轮的制造技术长期被国外垄断。为了打破这一局面，我国科研团队和企业迎难而上，针对圆柱齿轮传动的互换性难题展开攻关。他们深入研究齿轮的齿廓精度、齿向误差、齿距偏差等参数，严格控制公差范围，通过不断创新加工工艺和检测技术，实现了圆柱齿轮的高精度制造和高度互换性。如今，国产盾构机不仅满足了国内建设需求，还远销海外。这一成果背后，是科研人员和技术工人的创新精神与责任担当，他们用实际行动推动我国高端装备制造业迈向新台阶。

学习导航

齿轮传动是机械传动中最主要的一类传动，主要用来传递运动和动力。齿轮传动的质量对机械产品的工作性能、承载能力、工作精度及使用寿命等都有很大的影响。为了保证齿轮传动的质量和互换性，必须研究齿轮误差对使用性能的影响，探讨提高齿轮加工和测量精度的途径，并制定出相应的精度标准。齿轮传动的传动质量主要取决于齿轮本身的制造精度及齿轮副的安装精度。为了满足渐开线圆柱齿轮传动的使用要求，保证其互换性，我国颁布了 GB/T 10095.1—2022《圆柱齿轮 ISO 齿面公差分级制 第 1 部分：齿面偏差的定义和允许值》、GB/T 10095.2—2023《圆柱齿轮 ISO 齿面公差分级制 第 2

部分：径向综合偏差的定义和允许值》、GB/Z 18620.1—2008《圆柱齿轮 检验实施规范 第1部分：轮齿同侧齿面的检验》、GB/Z 18620.2—2008《圆柱齿轮 检验实施规范 第 2 部分：径向综合偏差、径向跳动、齿厚和侧隙的检验》、GB/Z 18620.3—2008《圆柱齿轮 检验实施规范 第 3 部分：齿轮坯、轴中心距和轴线平行度的检验》、GB/Z 18620.4—2008《圆柱齿轮检验实施规范 第 4 部分：表面结构和轮齿接触斑点的检验》等国家标准。

8.1　概　　述

8.1.1　齿轮传动的使用要求

齿轮是用来传递运动和动力（即传动）的。从传递运动角度出发，应保证传递运动准确、平稳；从传递动力角度出发，则应保证传动可靠和灵活。因此，一般对齿轮传动提出以下 4 个方面的要求。

1. 传递运动的准确性（运动精度）

传递运动的准确性要求齿轮在一转范围内，传动比的变化应限制在一定的范围内，以保证从动件与主动件运动协调一致。它可用一转过程中产生的最大转角误差 $\Delta\varphi_\Sigma$ 来表示，如图 8-1 所示。齿轮作为传动的主要元件，要求它能准确地传递运动，即保证主动轮转过一定转角时，从动轮按传动比关系转过一个相应的转角。

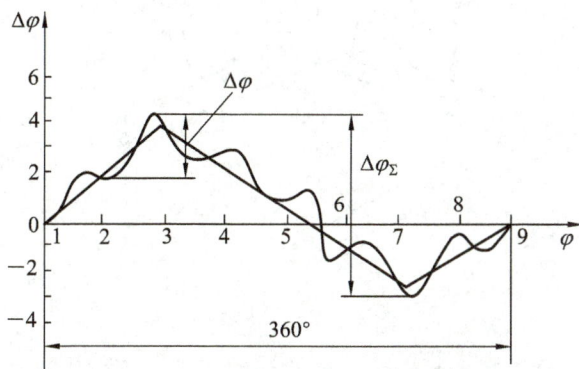

图 8-1　齿轮转角误差曲线

2. 传递运动的平稳性（平稳性精度）

传递运动的平稳性要求齿轮在转过一个轮齿范围内，瞬时传动比变化应限制在一定的范围内，因为瞬时传动比的突变将会引起齿轮传动产生冲击、振动和噪声。它可以用转一个轮齿过程中的最大转角误差 $\Delta\varphi$ 来表示，如图 8-1 所示。

应当指出，传递运动不准确和传动不平稳都是由于齿轮传动比变化引起的，实际上在齿轮回转过程中，两者是同时存在的。引起传递运动不准确的传动比的最大变化量以齿轮一转为周期，波幅大；而瞬时传动比的变化是由齿轮每个齿距角内的单齿误差引起的，在齿轮一转内，单齿误差频繁出现，波幅小，它会影响齿轮传动的平稳性。

3. 载荷分布的均匀性（接触精度）

载荷分布的均匀性要求一对齿轮啮合时，工作齿面应接触良好，以免引起应力集中，造成齿面局部磨损，影响齿轮的使用寿命。这项要求可用在齿长和齿高方向上的接触区域来保证，如图 8-2 所示。

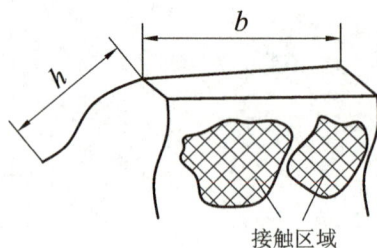

图 8-2　接触精度

4. 传动侧隙的合理性

传动侧隙的合理性要求一对齿轮啮合时，在非工作齿面间应具有一定的间隙，如图 8-3 所示。这是为了使齿轮传动灵活，用以存储润滑油，补偿齿轮的制造与安装误差以及热变形等所需的侧隙。

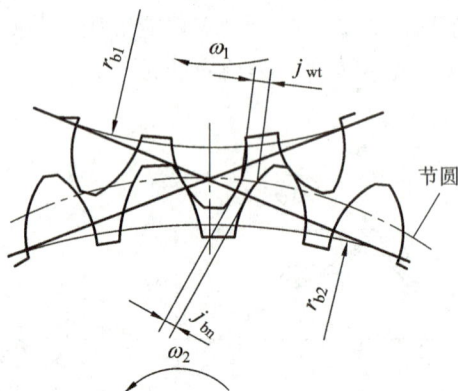

图 8-3　齿轮副侧隙

上述 4 项要求中，前 3 项是对齿轮传动的精度要求。不同用途的齿轮对每项精度要求的侧重点是不同的。例如，对于精密机床中的分度机构、控制系统和测试机构中使用的齿轮，对传递运动的准确性要求较高，以保证主、从动齿轮运动协调一致。这类齿轮一般传递动力较小，齿轮模数、齿宽也不大，对载荷分布的均匀性要求并不高。对于轧钢机、矿山机械和起重机械中主要用于传递动力的齿轮，其特点是传递功率大，圆周速度低，选用齿轮的模数和齿宽都较大，对载荷分布的均匀性要求较高。对于汽轮机、高速发动机中的齿轮，其传递功率大，圆周速度高，工作时的振动、冲击和噪声小，对传递运动的平稳性有极其严格的要求，对传递运动的准确性和载荷分布的均匀性也有较高的要求。

传动侧隙与前 3 项要求有所不同，是独立于精度要求的另一类要求。齿轮副所要求的侧隙大小主要取决于齿轮副的工作条件。对重载、高速齿轮传动，由于受力、受热变形较大，侧隙也应大一些，以补偿较大的变形和存储润滑油；而对于经常正转、反转的齿轮，为了减小回程误差，应适当减小侧隙。

8.1.2　齿轮误差的来源

影响上述 4 项要求的误差因素主要包括齿轮副的安装误差和齿轮的加工误差。齿轮副的安装误差来源于箱体、轴和轴承等零部件的制造和装配误差。齿轮的加工误差来源于机床、刀具、夹具误差和齿坯的制造、定位等误差。现以生产中广泛采用的滚齿为例（见图8-4)，分析齿轮加工误差的主要原因及特点。

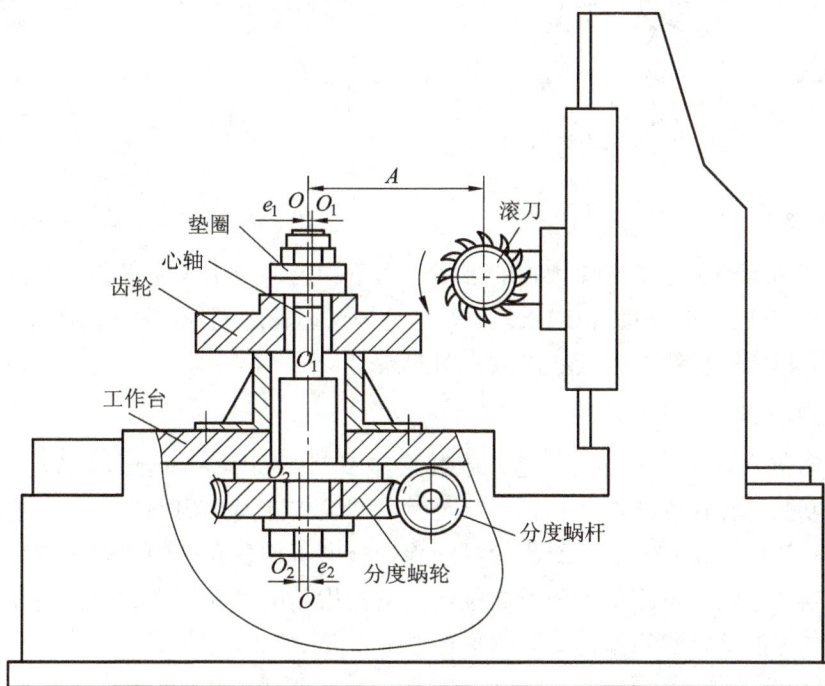

图 8-4　滚齿加工示意图

1. 几何偏心

几何偏心是指齿坯定位孔轴线 O_1O_1 与加工齿轮机床心轴 OO 之间存在间隙，造成齿坯孔基准轴线与机床工作台的回转轴线不重合而产生偏心，如图8-4所示。几何偏心使加工过程中齿坯孔的基准轴线 O_1O_1 与滚刀的相对距离发生变化，使切出的齿轮轮齿一边短而肥、一边瘦而长，如图8-5所示。当以齿轮孔的基准轴线 O_1O_1 定位检测时，在一转范围内产生周期性齿圈径向跳动，同时齿距和齿厚也产生周期性变化。当这种齿轮与理想齿轮啮合传动时，必然产生转角误差，影响齿轮传递运动的准确性。

2. 运动偏心

运动偏心是指机床分度蜗轮轴线 O_2O_2 与工作台回转中心轴线 OO 不重合形成的偏心，

如图 8-4 所示。由于分度蜗轮带动机床工作台以 OO 轴线为中心转动，分度蜗轮的转动半径在最大值 ($r_{涡轮} + e_2$) 与最小值 ($r_{涡轮} - e_2$) 之间变化。此时，即使机床传动链的分度蜗杆匀速转动，但由于蜗杆与蜗轮的中心距周期性变化，使工作台带动齿坯非匀速 (时快时慢) 转动，因此产生的运动偏心使齿轮齿距产生切向误差，如图 8-6 所示。运动偏心也影响齿轮传递运动的准确性。

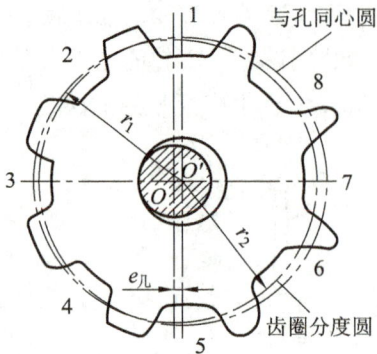

图 8-5   具有几何偏心的齿轮

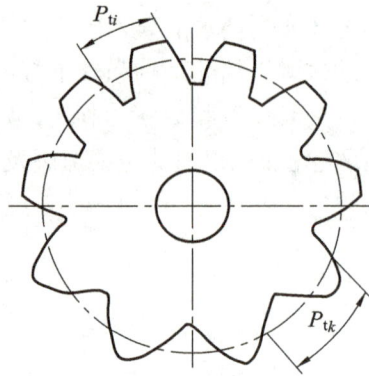

图 8-6   具有运动偏心的齿轮

几何偏心和运动偏心都将使齿轮的齿距分布不均匀，产生齿距累积误差。几何偏心影响齿廓沿径向方向变动，故称径向误差 (刀具与被切齿轮之间径向距离的变化)；而运动偏心使齿廓位置沿圆周切线方向变动，故称切向误差。

3. 机床传动链的高频误差

机床传动链中各传动元件的制造、安装误差及其磨损等，都会影响齿轮的加工精度。当滚齿机分度蜗杆存在安装偏心和轴向窜动时，蜗轮转速发生周期性变化，使被加工齿轮出现齿距偏差和齿形误差。加工斜齿轮时，除受分度机构各元件的误差影响外，还受到差动传动链误差的影响。机床传动链的高频误差引起齿轮的齿面产生波纹，会使齿轮啮合时瞬时传动比产生波动，影响齿轮传动的平稳性。

4. 滚刀的制造和安装误差

滚刀本身存在的径向跳动、轴向窜动和齿形误差等都会影响齿轮的加工精度，使齿轮产生齿形误差和基节偏差。加工误差主要指滚刀一转中各刀齿周期性地产生过切或空切现象，造成被切齿轮的齿廓形状产生偏差，引起瞬时传动比变化，影响传递运动的平稳性。

滚刀的安装偏心使齿轮产生径向误差。滚刀刀架导轨或齿坯轴线相对于工作台回转轴线的倾斜及轴向窜动，使滚刀的进刀方向与轮齿的理论方向不一致，直接造成齿面沿轴向方向歪斜，产生齿廓倾斜偏差和螺旋线偏差，从而影响载荷分布的均匀性。

在上述 4 种齿轮误差因素中，前两种因素 (几何偏心和运动偏心) 所产生的加工误差在齿轮一转中只出现一次，属于长周期误差，主要影响齿轮传递运动的准确性。而后两种因素产生的误差，在齿轮一转中，多次重复出现，称为短周期误差，主要影响齿轮传递运动的平稳性和载荷分布的均匀性。

8.2　齿轮的精度评定指标及检测

为了保证装配后齿轮传动的工作质量，必须控制单个齿轮的误差。齿轮的误差分为综合误差和单项误差。根据齿轮各项误差对齿轮传动使用性能的主要影响，GB/T 10095.1—2022《圆柱齿轮　ISO 齿面公差分级制　第 1 部分：齿面偏差的定义和允许值》和 GB/T 10095.2—2023《圆柱齿轮　ISO 齿面公差分级制　第 2 部分：径向综合偏差的定义和允许值》等国家标准，对圆柱齿轮、齿轮副的误差及齿轮副的侧隙规定了若干个精度评定指标。

8.2.1　齿轮同侧齿面偏差

圆柱齿轮同侧齿面的精度适用于通用机械和重型机械所用的单个渐开线齿轮，包括外齿轮、内齿轮、直齿轮和斜齿轮等。通常齿轮精度主要从齿距、齿形和齿向 3 个方面加以检测，齿轮的基本参数有单个齿距偏差、齿距累积总偏差、齿廓总偏差和螺旋线总偏差。可检参数有切向综合总偏差、一齿切向综合偏差、径向综合总偏差、一齿径向综合偏差和径向跳动。

1. 齿距偏差

1) 任一单个齿距偏差 f_{pi}

任一单个齿距偏差 f_{pi} 是指在齿轮的端平面内、测量圆上，实际齿距与理论齿距的代数差，如图 8-7 所示。该偏差是任一齿面相对于相邻同侧齿面偏离其理论位置的位移量。左侧齿面及右侧齿面的 f_{pi} 值的个数均等于齿数。

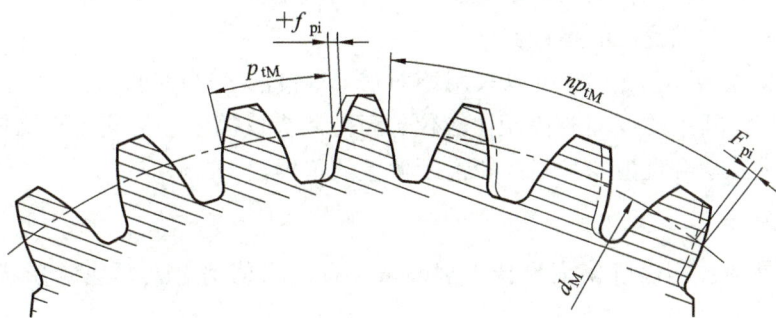

图 8-7　齿距偏差

滚齿加工时，任一单个齿距偏差 f_{pi} 主要是由分度蜗杆跳动及轴向窜动，即机床传动链误差造成的，所以任一单个齿距偏差 f_{pi} 可以用来揭示传动链的短周期误差或加工中的分度误差，在某种程度上反映齿距偏差或齿廓形状偏差对齿轮传递运动平稳性的影响。故任一单个齿距偏差 f_{pi} 可作为齿轮传递运动平稳性中的单项指标。

2) 单个齿距偏差 f_p

单个齿距偏差 f_p 是指所有任一单个齿距偏差的最大绝对值，即 $f_p = \max|f_{pi}|$。

3) 任一齿距累积偏差 F_{pi}

任一齿距累积偏差 F_{pi} 是指 n 个相邻齿距的弧长与理论弧长的代数差，如图 8-7 所示。n 的范围为 $1 \sim z$，左侧齿面和右侧齿面 F_{pi} 值的个数均等于齿数。理论上 F_{pi} 等于这 n 个齿距的任一单个齿距偏差的代数和。

4) 齿距累积总偏差 F_p

齿距累积总偏差 F_p 是指所有齿的指定齿面的任一齿距累积偏差的最大代数差，即 $F_p = F_{pi,max} - F_{pi,min}$，如图 8-8 所示。图 8-8(a) 中的细虚线表示公称齿廓，粗实线表示实际齿廓，第 2 ~ 4 齿的实际齿距比公称齿距大，是"正"的齿距偏差；第 5 ~ 8 齿的齿距偏差为"负"偏差，逐齿累积齿距偏差并按齿序将其画到坐标图上，如图 8-8(b) 所示，其中的任一齿距累积偏差变动的最大幅度就是齿距累积总偏差 F_p。

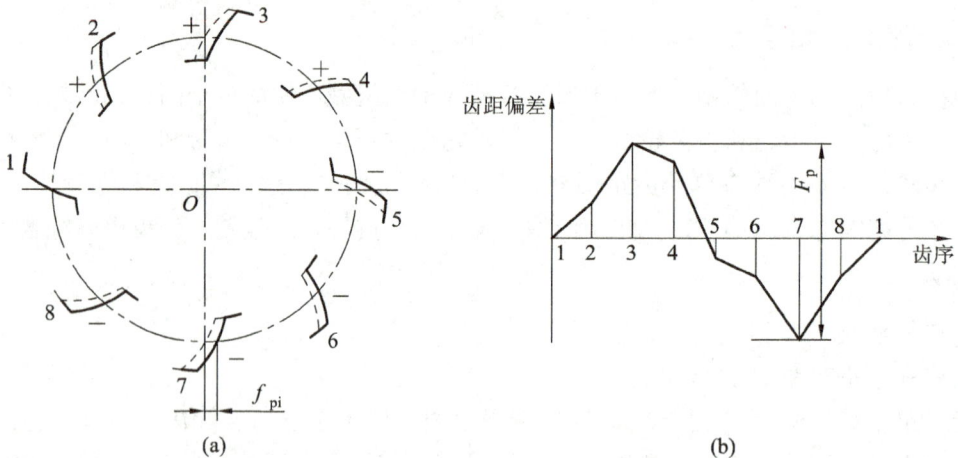

图 8-8 齿距累积总偏差

任一齿距累积偏差 F_{pi} 和齿距累积总偏差 F_p 反映了齿轮一转中传动比的变化，故可作为评定齿轮传递运动准确性的指标。

测量齿距偏差 $(F_{pi}、F_p、f_p)$ 可以采用绝对法（直接法）和相对法。其中相对法测量齿距偏差比较常用，所用的仪器有齿距比较仪、万能测齿仪等。手持式齿距比较仪是采用相对法，用于测量外啮合直齿轮和斜齿轮齿距偏差的仪器。

2. 齿廓偏差

齿廓偏差是指被测齿廓偏离设计齿廓的量，有齿廓总偏差 F_α、齿廓形状偏差 $f_{f\alpha}$ 和齿廓倾斜偏差 $f_{H\alpha}$。

1) 齿廓总偏差 F_α

齿廓总偏差是指在齿廓计值范围 L_α 内，包容被测齿廓的两条设计齿廓平行线之间的距离，如图 8-9(a) 所示。

齿廓总偏差是由于刀具的制造误差和安装误差及机床传动链误差等引起的。

2) 齿廓形状偏差 $f_{f\alpha}$

齿廓形状偏差是指在齿廓计值范围 L_α 内，包容被测齿廓的两条平均齿廓线平行线之间的距离，如图 8-9(b) 所示。

3) 齿廓倾斜偏差 $f_{H\alpha}$

齿廓倾斜偏差是指以齿廓控制圆直径为起点，以平均齿廓线的延长线与齿顶圆直径这两点相交的两条设计齿廓平行线间的距离，如图 8-9(c) 所示。

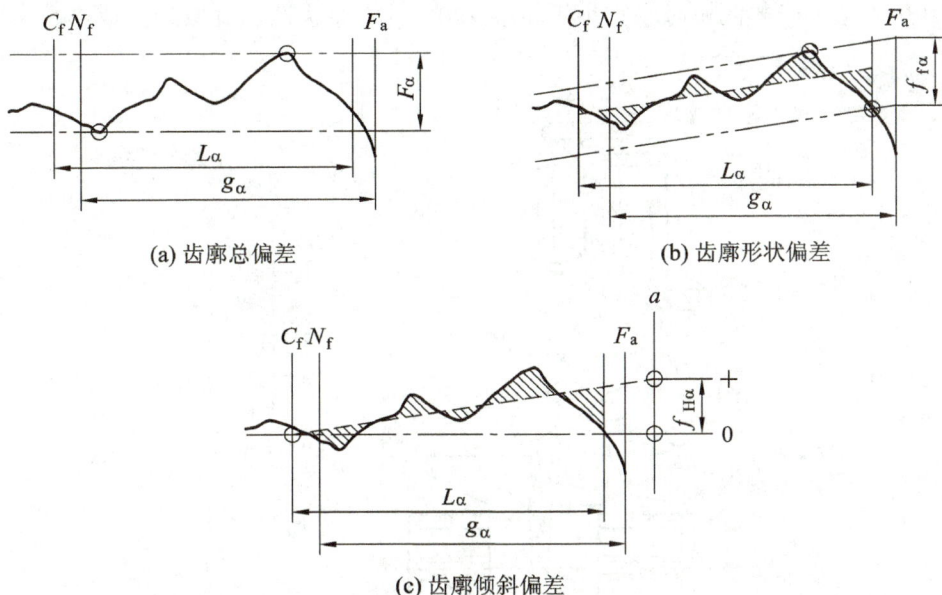

(a) 齿廓总偏差　　(b) 齿廓形状偏差

(c) 齿廓倾斜偏差

——被测齿廓；————设计齿廓平行线；——平均齿廓线；————平均齿廓平行线；
C_f—齿廓控制点；N_f—有效齿根点；F_a—齿顶形成点(修项起始点)；a—齿顶点。

图 8-9　齿廓偏差

齿廓偏差对传递运动平稳性的影响如图 8-10 所示，两理想齿廓应在啮合线上的 a 点接触，由于存在齿廓偏差，而在 a' 点接触，即接触点偏离了啮合线，引起瞬时传动比发生变化。这种现象在齿轮啮合过程中不断出现，导致齿轮在啮合过程中的速比不断变化，从而造成一对齿轮啮合中的传递运动不平稳，产生噪声和振动。因此，齿廓偏差在影响齿轮传递运动平稳性中属于转齿性质的单项指标，它必须与揭示换齿性质的单项指标组合，才能评定齿轮传递运动平稳性。

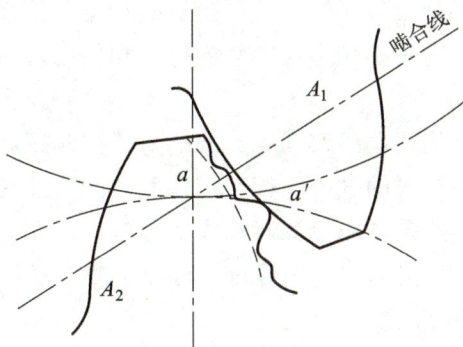

图 8-10　有齿形误差时的啮合情况

渐开线齿轮的齿廓总偏差通常使用角盘式或万能式渐开线检查仪来测量。图 8-11 所示是单盘式渐开线检查仪原理图。被测齿轮 2 与可换基圆盘 1 同轴安装，当转动手轮 6 使丝杠 5 带动滑板 7 纵向移动时，滑板 7 上的直尺 3 与基圆盘 1 紧密接触，致使基圆盘 1 与直尺 3 产生纯滚动。此时，渐开线齿廓将永远通过直尺边缘上一点。在此点处放一触头，经杠杆 4 传至指示表 8，若被测齿廓不是理想渐开线，触头将摆动，经杠杆 4 在指示表 8 上读出其偏差值。一般测量时不宜少于相隔 120° 的 3 个齿廓，并取最大值作为齿廓总偏差值。

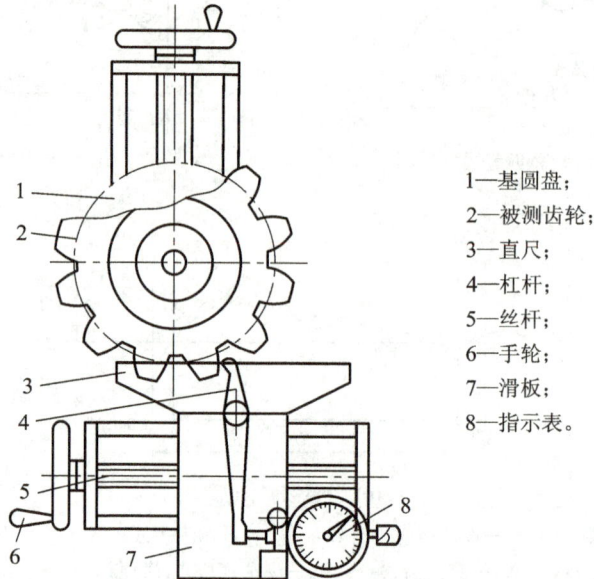

1—基圆盘；
2—被测齿轮；
3—直尺；
4—杠杆；
5—丝杠；
6—手轮；
7—滑板；
8—指示表。

图 8-11　单盘式渐开线检查仪工作原理

单盘式渐开线检查仪结构简单，测量精度高，但测量不同基圆直径的齿轮时，必须配换与其直径相等的基圆盘，所以仅用于品种少的大批量生产。多品种小批量生产的不同基圆半径的齿轮，可用万能式渐开线检查仪来测量。

3. 螺旋线偏差

在理论上，一对齿轮的啮合过程，若不考虑弹性变形的影响，其啮合是由齿顶到齿根每一瞬间都沿着全齿宽成一直线接触。但由于齿轮存在制造和安装误差，在啮合过程中沿齿长方向和齿高方向并不都是全齿接触，实际接触线只是理论接触线的一部分，因此存在着载荷分布的均匀性问题，它将影响齿轮的承载能力和使用寿命。国家标准规定用螺旋线偏差来评定载荷分布均匀性。

螺旋线偏差是指被测螺旋线偏离设计螺旋线的量。被测螺旋线是指测量螺旋线时，两端面之间的齿面全长与测头接触的部分。如存在倒角、圆角及其他类型的修角，即为修角起始点间的部分。设计螺旋线是指由设计者给定的螺旋线，在展开图中，竖向代表对理论螺旋线进行的修正，横向代表齿宽。齿轮螺旋线偏差主要包括螺旋线总偏差 F_β、螺旋线形状偏差 $f_{f\beta}$ 和螺旋线倾斜偏差 $f_{H\beta}$。

1) 螺旋线总偏差 F_β

螺旋线总偏差是指在螺旋线计值范围 L_β 内，包容被测螺旋线的两条设计螺旋线平行线之间的距离，如图 8-12(a) 所示。

螺旋线总偏差是齿轮的轴向误差，是评定载荷分布均匀性的单项指标。

2) 螺旋线形状偏差 $f_{f\beta}$

螺旋线形状偏差是指在计值范围 L_β 内，在螺旋线计值范围内，包容被测螺旋线的两条平均螺旋线平行线之间的距离，如图 8-12(b) 所示。

3) 螺旋线倾斜偏差 $f_{H\beta}$

螺旋线倾斜偏差是指在齿轮全齿宽内，通过平均螺旋线的延长线和两端面的交点的两条设计螺旋线平行线之间的距离，如图 8-12(c) 所示。

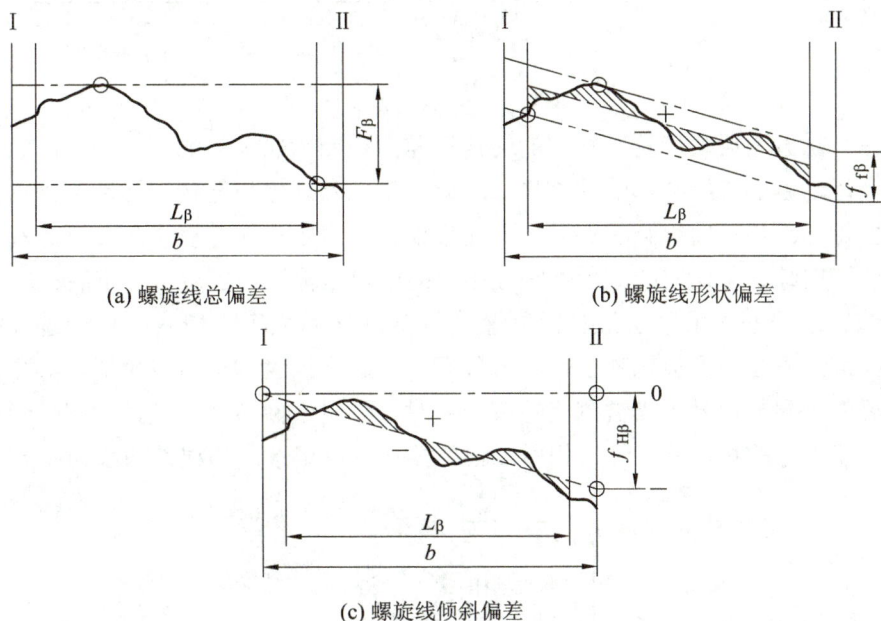

(a) 螺旋线总偏差　　　　　　　　　(b) 螺旋线形状偏差

(c) 螺旋线倾斜偏差

——被测螺旋线；－－－平均螺旋线；— — —设计螺旋线平行线；－－－－平均螺旋线平行线。

图 8-12　齿廓偏差

在两齿轮啮合过程中，影响齿长方向接触的主要因素是螺旋线总偏差；影响齿高方向接触的主要因素是齿廓形状偏差，齿廓形状偏差在考虑传递运动平稳性时已加以限制。因此，就齿轮本身来说，影响载荷分布均匀性的只有螺旋线总偏差。

加工中引起齿轮螺旋线偏差的主要因素是机床导轨倾斜和齿坯装歪，它使齿轮的实际接触面积减小，从而引起载荷分布均匀性问题。螺旋线偏差通常用单盘式渐开线螺旋检查仪、分级圆盘式渐开线螺旋检查仪等来测量。

4. 切向综合偏差

1) 切向综合总偏差 F_i'

切向综合总偏差 F_i' 是指被测齿轮与测量齿轮单面啮合检验时，被测齿轮一转内，齿轮分度圆上实际圆周位移与理论圆周位移的最大差值。图 8-13 所示为单面啮合仪上画出的切向综合偏差曲线，横坐标表示被测齿轮转角，纵坐标表示偏差。如果齿轮没有偏差，偏差曲线应是与横坐标重合的直线。在齿轮一转范围内，过曲线最高点、最低点作与横坐标平行的两条直线，则此平行线间的距离为 F_i' 值。

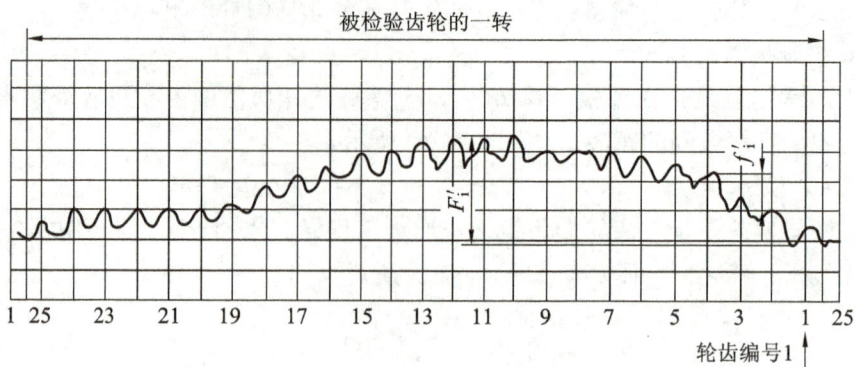

图 8-13　切向综合偏差

　　切向综合总偏差反映齿轮一转中的转角误差，说明齿轮运动的不均匀性。它是齿轮的几何偏心、运动偏心等综合影响的结果，因此该指标是评定齿轮传递运动准确性的较为完善的综合性指标。当切向综合总偏差小于允许值时，表示齿轮可以满足传递运动准确性的使用要求。切向综合总偏差的测量不是强制性的检验指标，一般用于评定高精度的齿轮。

　　切向综合总偏差采用单啮仪进行测量，图 8-14 所示为用光栅式单啮仪进行测量的工作原理。标准蜗杆与被测齿轮啮合，两者各有一个圆光栅盘和信号发生器，其角位移信号经分频器后变为同频信号。当被测齿轮有误差时，将引起回转角误差，此回转角的微小误差将变为两路信号的相位差，经比相器、记录器记录，记录出的误差曲线如图 8-15 所示。

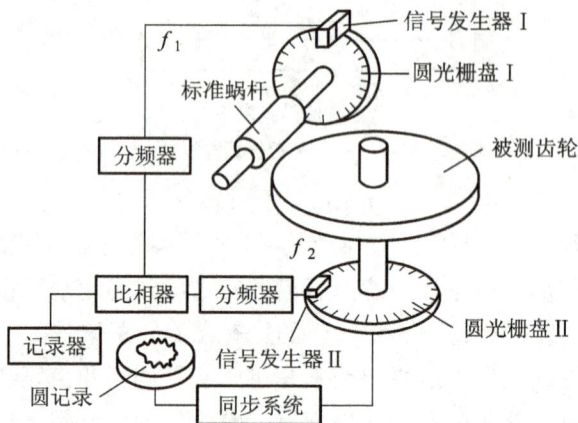

图 8-14　光栅式单啮仪工作原理

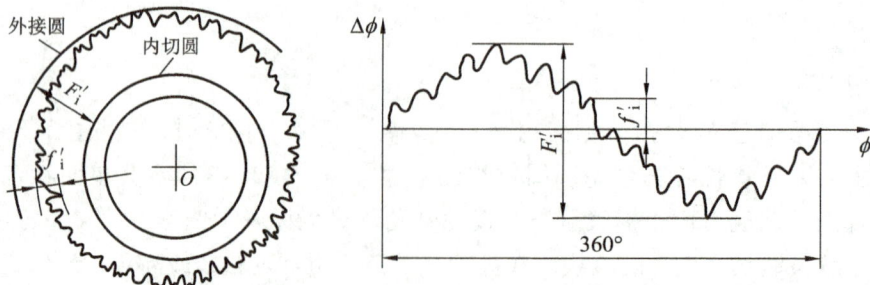

图 8-15　切向综合偏差曲线

2) 一齿切向综合偏差 f_i'

一齿切向综合偏差 f_i' 是指在一个齿距内的切向综合偏差值 (取所有齿的最大值)。f_i' 反映齿轮传递运动的平稳性。

8.2.2　齿轮径向综合偏差与径向跳动

1. 径向综合偏差

1) 径向综合总偏差 F_i''

径向综合总偏差 F_i'' 是指在径向 (双面) 综合检验时，被测齿轮的左右齿面同时与测量齿轮接触并转过一整圈时出现的中心距最大值和最小值之差。

径向综合总偏差用齿轮双面啮合综合测量仪 (双啮仪) 来测量。图 8-16 所示为双啮仪测量原理示意图，将被测齿轮 2 与测量齿轮 3 分别安装在双啮仪的两平行心轴上，在弹簧 6 的作用下，两齿轮做紧密无侧隙的双面啮合，并使被测齿轮回转一周，带动测量齿轮转动。被测齿轮的几何偏心和单个齿距偏差、左右齿面的齿廓偏差、螺旋线偏差等误差，会使测量齿轮连同可移动拖板 4 相对被测齿轮的基准轴线做径向位移，造成齿轮双面啮合时的中心距 a'' 产生变动，其变动量由指示表 7 读出，在被测齿轮一转范围内指示表最大示值与最小示值之差即为径向综合总偏差 F_i'' 的数值。齿轮双面啮合时的中心距 a'' 的变化，还可由记录器记录下来从而得到径向综合偏差曲线，如图 8-17 所示。

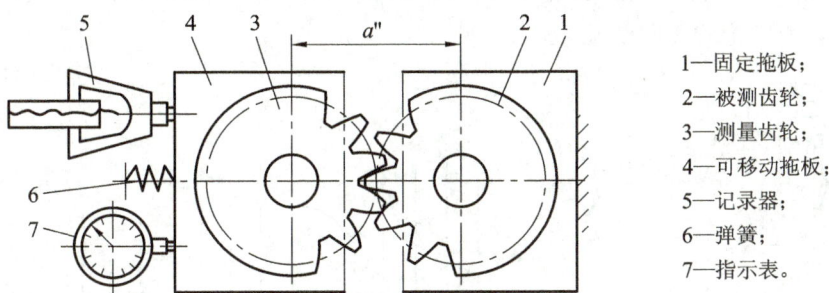

1—固定拖板；
2—被测齿轮；
3—测量齿轮；
4—可移动拖板；
5—记录器；
6—弹簧；
7—指示表。

图 8-16　双啮仪测量原理示意图

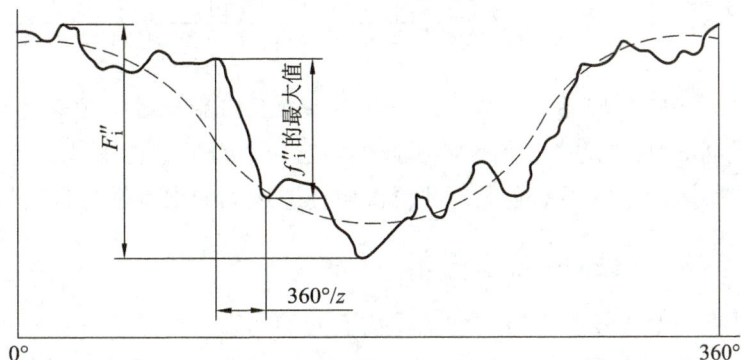

图 8-17　径向综合偏差曲线

径向综合总偏差主要反映径向误差，它可代替径向跳动 F_r，并且可以综合反映齿形、齿厚均匀性等误差在径向上的影响。因此，径向综合总偏差也是作为影响齿轮传递运动准确性指标中属于径向性质的单项指标。

2) 一齿径向综合偏差 f_i''

一齿径向综合偏差是指当被测齿轮与测量齿轮双面啮合一整圈时，对应一个齿距 ($360°/z$) 的径向综合偏差值，如图 8-17 所示。它是一个齿距内的双面啮合中心距的最大变动量。被测齿轮 f_i'' 的最大值不应超过规定的允许值。

一齿径向综合偏差主要反映了短周期径向误差 (基节偏差和齿廓偏差) 的综合结果，但由于这种测量方法受左、右齿面误差的共同影响，评定齿轮传递运动平稳性不如一齿切向综合偏差 f_i' 准确。

一齿径向综合偏差 f_i'' 是在双啮仪上，测量径向综合总偏差的同时测出的。由于双啮仪结构简单、操作方便，所以在成批生产中，常用一齿径向综合偏差作为评定齿轮传递运动平稳性的代用综合指标。

2. 径向跳动 F_r

齿轮径向跳动是指将测头 (球形或圆柱形、砧形) 相继置于每个齿槽内时，从它到齿轮轴线的最大和最小径向距离之差。检测时，测头在近似齿高中部与左、右齿面接触。

齿轮径向跳动可以用齿轮径向跳动测量仪来测量，如图 8-18 所示。测量时，被测齿轮绕其基准轴线 O 间断地转动，同时测头依次地放入每一个齿槽内，对所有的齿槽进行测量。与测头连接的指示表的示值变动曲线如图 8-19 所示，指示表的最大示值与最小示值之差就是被测齿轮的径向跳动 F_r。

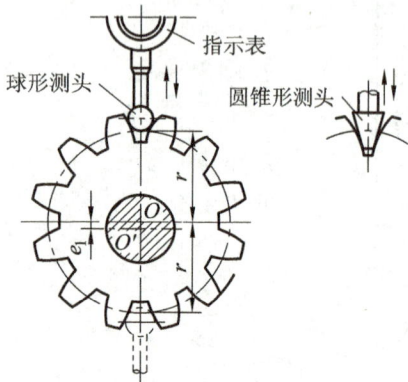

图 8-18   齿轮径向跳动测量

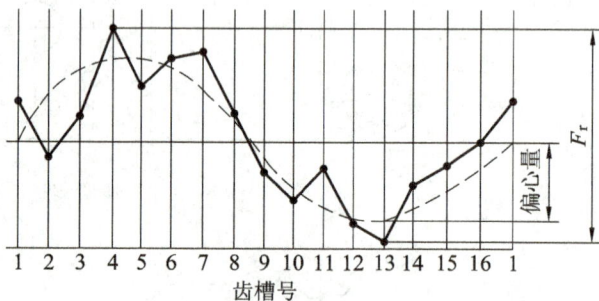

图 8-19   齿轮径向跳动测量示值变动曲线 (16 个齿)

齿轮径向跳动 F_r 主要是由几何偏心引起的，它可以反映齿距累积误差中的径向误差，但并不反映切向误差，所以不能全面地评价齿轮传递运动的准确性，只能作为单项指标。

8.2.3   评定齿侧间隙的指标及检测

齿侧间隙是指一对齿轮啮合时在非工作齿面间的间隙。为了保证齿轮润滑、补偿齿轮的制造和安装误差及热变形等造成的误差，必须使齿轮具有合理的齿侧间隙。齿轮与配对齿槽间的配合相当于圆柱孔与轴的配合，这里采用的是"基中心距制"，即在中心距一定的情况下，用控制齿轮齿厚的方法获得必要的侧隙。侧隙可在啮合齿轮法向平面上或沿啮

合线 (见图 8-20) 进行测量，但它是在端平面上或啮合平面 (基圆切平面) 上计算和规定的。

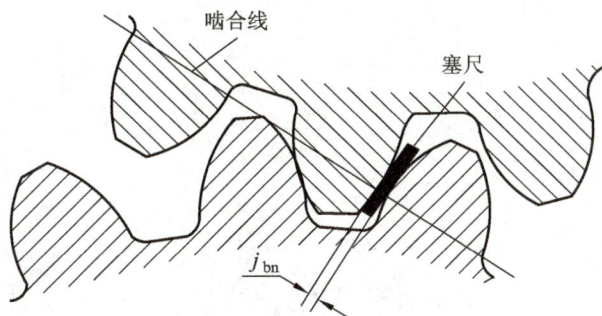

图 8-20　法向平面的侧隙

1. 最小侧隙 j_{bnmin}

最小侧隙是当一个齿轮的齿以最大允许实体实效齿厚与另一个也具有最大允许实体实效齿厚的齿在最紧的允许中心距下相啮合时，在静态条件下存在的最小允许侧隙。表 8-1 列出了对工业传动装置推荐的最小侧隙，以保证齿轮机构正常工作。

表 8-1　中、小模数齿轮最小侧隙 j_{bnmin} 的推荐值 (参考 GB/Z 18620.2—2008)　mm

m_n	最小中心距 a_i					
	50	100	200	400	800	1600
1.5	0.09	0.11	—	—	—	—
2	0.10	0.12	0.15	—	—	—
3	0.12	0.14	0.17	0.24	—	—
5	—	0.18	0.21	0.28	—	—
8	—	0.24	0.27	0.34	0.47	—
12	—	—	0.35	0.42	0.55	—
18	—	—	—	0.54	0.67	0.94

注：适用于黑色金属制造的齿轮和箱体，节圆线速度小于15 m/s的传动。

2. 齿侧间隙的评定指标

由于齿轮的啮合配合采用"基中心距制"，所以齿侧间隙的大小与齿轮齿厚减薄量有着密切关系。齿厚减薄量可以用齿厚偏差或公法线长度偏差来评定。

1) 齿厚偏差 E_{sn}

齿厚偏差是指在分度圆柱面上，齿厚的实际值与公称值之差，如图 8-21 所示。为了获得侧隙，齿厚上极限偏差 E_{sns} 偏差和下极限偏差 E_{sni} 均为负值。对于斜齿轮，齿厚偏差指法向齿厚。

为了获得法向最小侧隙 j_{bnmin}，齿厚应保证有最小减薄量，它是由分度圆齿厚允许的上极限偏差 E_{sns} 形成的，如图 8-21 所示。当主动齿轮与被动齿轮齿厚都为最大极限尺寸时，可获得最小侧隙 j_{bnmin}。通常取两齿轮的齿厚允许的上极限偏差相等，此时

$$j_{bnmin} = 2|E_{sns}|\cos\alpha_n \qquad (8\text{-}1)$$

即

$$E_{sns} = \frac{j_{bnmin}}{2\cos\alpha_n}(E_{sns}\text{取负值}) \qquad (8\text{-}2)$$

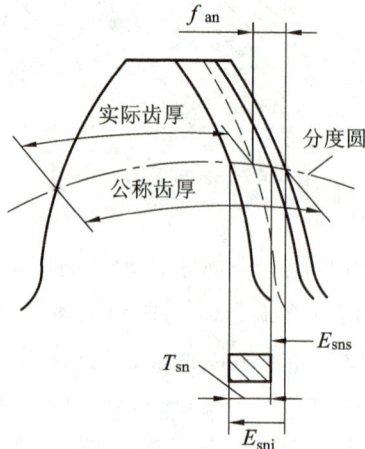

图 8-21　齿厚偏差

齿厚公差 T_{sn} 大体上与齿轮精度无关，如对最大侧隙有要求时，就必须进行计算。齿厚公差的选择要适当，公差过小势必增加齿轮的制造成本；公差过大会使侧隙加大，使齿轮正、反转时空行程过大。齿厚公差的大小主要取决于齿轮径向跳动 F_r 和切齿加工时的径向进刀公差 b_r。按独立随机误差变量合成，并把它们从径向计值换算到齿厚偏差方向，则齿厚公差 T_{sn} 可按下式计算，即

$$T_{sn} = \sqrt{F_r^2 + b_r^2} \times 2\tan\alpha_n \qquad (8\text{-}3)$$

式中：F_r 的数值按齿轮传递运动准确性的精度等级、分度圆直径和法向模数确定，b_r 的数值推荐从表 8-2 里选取。

表 8-2　切齿时的径向进刀公差

齿轮精度等级	5	6	7	8	9
b_r	IT8	1.26IT8	IT9	1.26IT9	IT10

注：标准公差值IT按齿轮分度圆直径通过表2-3查取。

齿厚允许的下极限偏差 E_{sni} 由齿厚允许的上极限偏差 E_{sns} 和齿厚公差 T_{sn} 求得，即

$$E_{sni} = E_{sns} - T_{sn} \qquad (8\text{-}4)$$

按照齿厚的定义，齿厚以分度圆弧长计值，但弧长不便于测量。因此，实际上是按分度圆上的弦齿高定位来测量分度圆弦齿厚，如图 8-22 所示。用齿厚游标卡尺测量分度圆弦齿厚是以齿顶圆为测量基准的，测量结果受齿顶圆精度影响较大，此法仅适用于精度较低、模数较大的齿轮。

测量时，先将齿厚游标卡尺的垂直游标尺调至对应于分度圆弦齿高 h 的位置，再用水平游标尺测出分度圆弦齿厚 s_a 值，将其与理论值比较即可得到齿厚偏差 E_{sn}。

直齿轮分度圆上的公称弦齿高 h_c 与公称弦齿厚 s_{nc} 的计算式为

$$h_c = r_a - \frac{mz}{2}\cos\delta \tag{8-5}$$

$$s_{nc} = mz\sin\delta \tag{8-6}$$

式中：δ 为分度圆弦齿厚之半所对应的中心角，$\delta = \dfrac{\pi}{2z} + \dfrac{2x}{z}\tan\alpha$；$r_a$ 为齿轮齿顶圆半径的公称值；m、z、α、x 分别为齿轮的模数、齿数、标准压力角、变位系数。

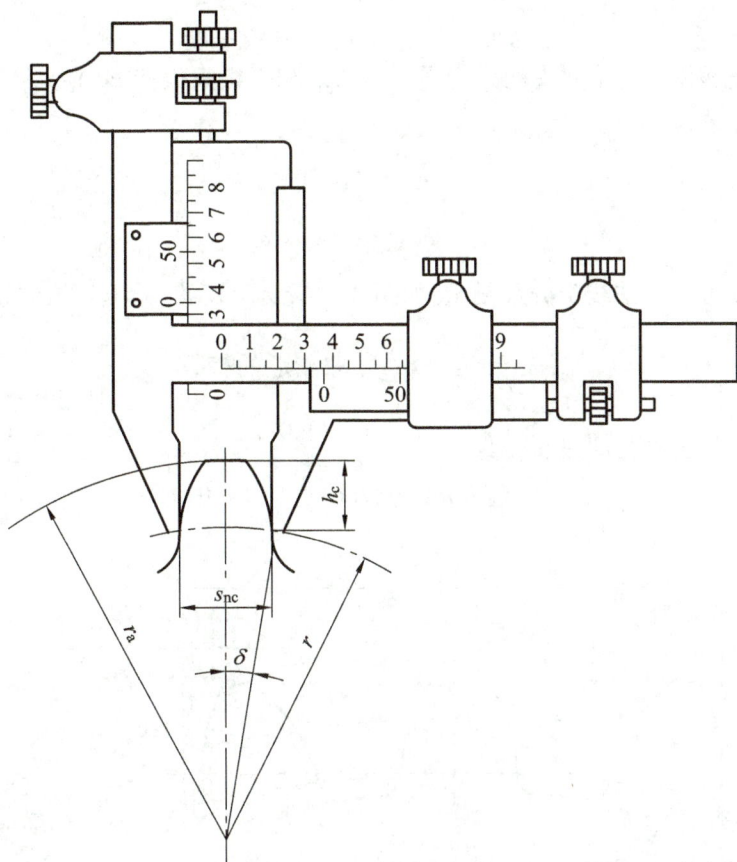

图 8-22　分度圆弦齿厚的测量

2) 公法线长度偏差

齿轮齿厚的实际尺寸发生变化，必然引起公法线长度相应发生变化，因此测量公法线长度可代替测量齿厚，以评定齿厚减薄量。

公法线长度是指齿轮上几个轮齿的两端异向齿廓间所包含的一段基圆圆弧，即该两端异向齿廓间基圆切线线段的长度，如图 8-23 所示。公法线长度偏差是指实际公法线长度

W_k 与公称公法线长度 W_{kt} 之差。

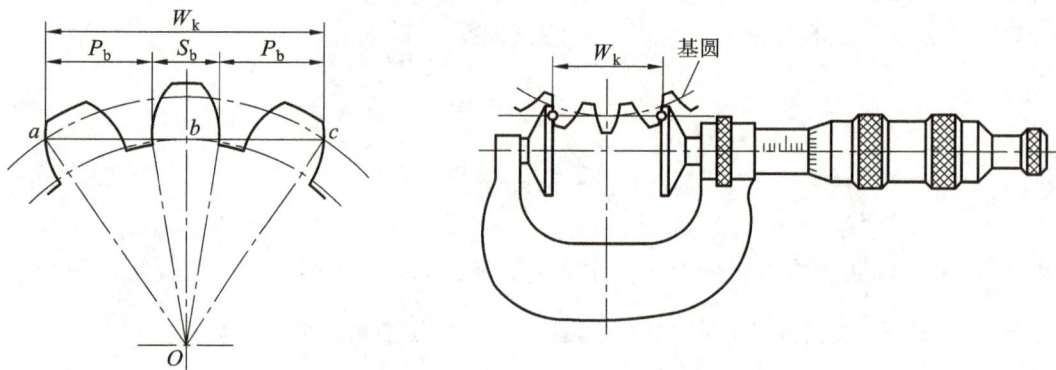

图 8-23　直齿圆柱齿轮公法线长度

公法线长度极限偏差 (允许的上极限偏差 E_{bns} 和下极限偏差 E_{bni})(见图 8-24) 与齿厚极限偏差有如下关系:

$$E_{bns} = E_{sns} \cos \alpha_n \tag{8-7}$$

$$E_{bni} = E_{sni} \cos \alpha_n \tag{8-8}$$

公法线长度可用公法线千分尺测量,如图 8-23 所示。标准直齿轮的跨齿数 k 可按下式:

$$k = \frac{z}{9} + 0.5 \quad (\text{取相近的整数}) \tag{8-9}$$

标准直齿轮的公称公法线长度为

$$W_{kt} = m[2.952(k - 0.5) + 0.014z] \tag{8-10}$$

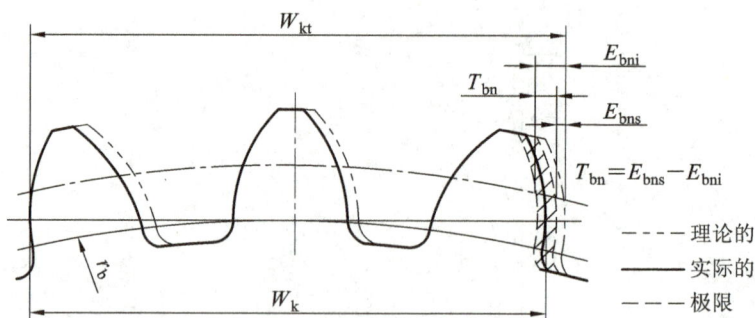

图 8-24　公法线长度极限偏差

由于公法线长度偏差的测量不受齿顶圆直径偏差和齿顶圆柱面对齿轮基准线的径向圆跳动的影响,故采用公法线长度偏差比采用齿厚偏差来评定齿轮齿厚减薄量更有优势。

公法线长度变动量 ΔF_W 指在齿轮一周范围内实际公法线长度最大值与最小值之差。公法线平均长度偏差指所有公法线长度的平均值与公法线公称长度之差。

8.3　齿轮副的精度评定指标

齿轮副的安装误差也会影响齿轮传动的使用性能，如啮合齿轮中心距误差会影响传动侧隙的大小，而齿轮轴线平行度误差会影响齿轮载荷分布的均匀性，因此对齿轮副的误差也应加以控制。

8.3.1　中心距偏差

中心距偏差是指在齿轮副的齿宽中间平面内，实际中心距与公称中心距之差。实际中心距小于公称中心距时，会使齿轮侧隙减小；反之会使侧隙增大。为了保证侧隙的要求，需用中心距允许偏差来控制中心距偏差。

GB/Z 18620.3—2008 没有给出中心距允许偏差的数值，设计者可参考某些成熟产品的设计来确定，或参照表 8-3 的规定来选择。

表 8-3　中心距极限偏差 $\pm f_a$（单位：μm）

中心距 a/mm	齿轮精度等级				
	3、4	5、6	7、8	9、10	11、12
≥ 6 ～ 10	4.5	7.5	11.0	18.0	45
> 10 ～ 18	5.5	9.0	13.5	21.5	55
> 18 ～ 30	6.5	10.5	16.5	26.0	65
> 30 ～ 50	8.0	12.5	19.5	31.0	80
> 50 ～ 80	9.5	15.0	23.0	37.0	90
> 80 ～ 120	11.0	17.5	27.0	43.5	110
> 120 ～ 180	12.5	20.0	31.5	50.0	125
> 180 ～ 250	14.5	23.0	36.0	57.5	145
> 250 ～ 315	16.0	26.0	40.5	65.0	160
> 315 ～ 400	18.0	28.5	44.5	70.0	180
> 400 ～ 500	20.0	31.5	48.5	77.5	200

8.3.2　轴线平行度偏差

由于齿轮副两条轴线之间平行度偏差与向量的方向有关，因此国家标准 GB/Z 18620.3—2008 对轴线平面内的平行度偏差 $f_{\Sigma\delta}$ 和垂直平面上的平行度偏差 $f_{\Sigma\beta}$ 给出了不同的规定，如图 8-25 所示，并推荐了偏差的最大允许值。

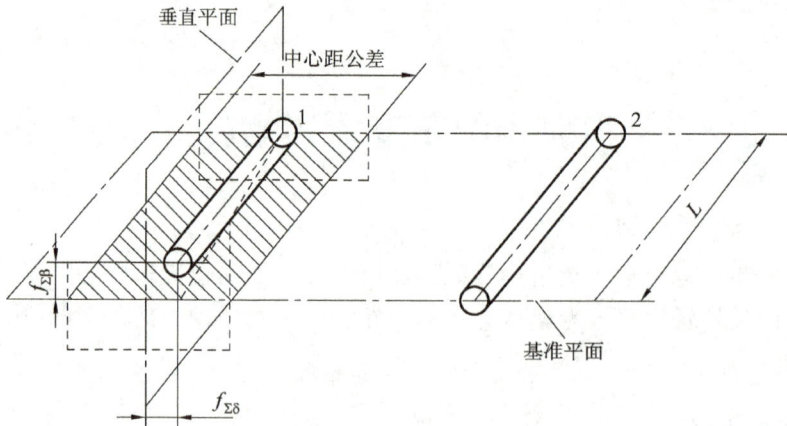

图 8-25   轴线平行度偏差

轴线平面内的平行度偏差 $f_{\Sigma\delta}$ 是指一对啮合齿轮的轴线在其两轴线的公共平面上测得的平行度偏差；垂直平面上的平行度偏差 $f_{\Sigma\beta}$ 是指一对啮合齿轮的轴线在与轴线公共平面相垂直的"交错平面"上测得的平行度偏差。

$f_{\Sigma\delta}$ 和 $f_{\Sigma\beta}$ 主要影响齿轮的侧隙和载荷分布均匀性，而且 $f_{\Sigma\beta}$ 的影响比 $f_{\Sigma\delta}$ 更为明显，国家标准推荐的 $f_{\Sigma\delta}$ 和 $f_{\Sigma\beta}$ 的最大允许值分别是

$$f_{\Sigma\beta} = 0.5\left(\frac{L}{b}\right)F_{\beta} \tag{8-11}$$

$$f_{\Sigma\delta} = 2f_{\Sigma\beta} \tag{8-12}$$

式中，L、b 和 F_{β} 分别为两轴承跨距、齿轮齿宽和齿轮螺旋线总偏差。

8.3.3   接触斑点

接触斑点是指装配好的齿轮副在轻微制动下，运转后齿面上分布的接触擦亮痕迹。轻微制动是指所加制动扭矩应保证齿面不脱离啮合，而又不会使零件产生人眼可察觉的弹性变形。

被测齿轮与测量齿轮的接触斑点可以从安装在机架上的齿轮相啮合得到，用于对齿轮的螺旋线和齿廓精度进行评估。接触斑点的大小在齿面展开图上用百分数计算。图 8-26 为接触斑点分布示意图，图中 b_{c1} 和 b_{c2} 分别为接触斑点的较大长度和较小长度，h_{c1} 和 h_{c2} 分别为接触斑点的较大高度和较小高度。表 8-4 给出了齿轮各精度等级的接触斑点的推荐值。

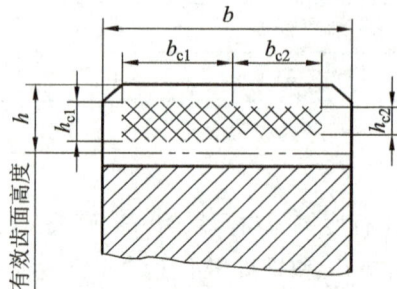

图 8-26   接触斑点分布示意图

表 8-4 齿轮装配后接触斑点 (参考 GB/Z 18620.4—2008)

精度等级	$b_{c1}/b \times 100\%$		$h_{c1}/h \times 100\%$		$b_{c2}/b \times 100\%$		$h_{c2}/h \times 100\%$	
	直齿轮	斜齿轮	直齿轮	斜齿轮	直齿轮	斜齿轮	直齿轮	斜齿轮
≤ 4	50	50	70	50	40	40	50	30
5、6	45	45	50	40	35	35	30	20
7、8	35	35	50	40	35	35	30	20
9 ～ 12	25	25	50	40	25	25	30	20

沿齿长方向的接触斑点主要影响齿轮副的承载能力，沿齿高方向的接触斑点主要影响工作平稳性。齿轮副的接触斑点综合反映了齿轮副的加工误差和安装误差，是一个特殊的非几何量的检验项目。

8.4 渐开线圆柱齿轮精度标准

8.4.1 齿轮精度等级

国家标准对单个齿轮齿面的基本偏差规定了 11 个精度等级，从高到低分别用阿拉伯数字 1，2，…，11 表示。

同一齿轮的三项精度 (传递运动的准确性、传递运动的平稳性和载荷分布的均匀性精度) 要求，可以取成相同的精度等级，也可以采用不同的精度等级组合。设计者应根据所设计的齿轮传动在工作中的具体使用条件，对齿轮的加工精度规定最合理的技术要求。

齿轮精度等级的选择是否恰当，不仅影响齿轮传递运动的质量，而且影响制造成本。选择齿轮精度等级的主要依据是齿轮的用途、使用要求及工作条件等，并综合考虑传递运动的精度、齿轮圆周速度的大小、传递功率的高低、润滑条件、持续工作时间的长短、制造成本和使用寿命等因素。在满足使用要求的前提下，应尽量选择较低精度等级。精度等级的选择方法有计算法和类比法。高精度齿轮，其精度等级的确定一般采用计算法；普通精度齿轮，其精度等级的确定大多数采用类比法。所谓类比法，是指根据生产实践中总结出来的同类产品的经验资料，经过比对来确定齿轮的精度等级。

表 8-5 列出了各种机器中齿轮传动所需的精度等级，各级精度齿轮的工作条件和圆周速度等的关系见表 8-6。一般可根据齿轮的圆周速度来选择齿轮的精度等级。

表 8-5 不同用途齿轮精度等级的选用

齿轮用途	精度等级	齿轮用途	精度等级	齿轮用途	精度等级
测量齿轮	3 ～ 5	轻型汽车	5 ～ 8	拖拉机、轧钢机	6 ～ 10
汽轮机减速器	3 ～ 6	重载汽车	6 ～ 9	起重机	7 ～ 10
金属切削机床	3 ～ 8	一般减速器	6 ～ 9	矿山绞车	8 ～ 10
航空发动机	3 ～ 7	机车	6 ～ 7	企业机械	8 ～ 11

表 8-6   不同工作条件下齿轮精度等级的选用

精度等级	圆周速度 /(m/s)		齿面的终加工	工 作 条 件
	直齿轮	斜齿轮		
3 级 （极精密）	≤ 40	≤ 75	特别精密的磨削和研齿，用精密滚刀或单边剃齿后大多数不经淬火的齿轮	要求特别精密的或在最平稳且无噪声的特别高速工作的传动齿轮，特别精密结构中的齿轮，特别高速透平传动齿轮，检测 5～6 级齿轮用的测量齿轮
4 级 （特别精密）	≤ 35	≤ 70	精密磨齿，用精密滚刀和挤齿或单边剃齿后的大多数齿轮	特别精密分度机构中或在最平稳且无噪声的极高速下工作的传动齿轮，特别精密分度机构中的齿轮，高速透平传动齿轮，检测 7 级齿轮用的测量齿轮
5 级 （高精密）	≤ 20	≤ 40	精密磨齿，大多数用精密滚刀加工，进而挤齿或剃齿的齿轮	精密分度机构中或要求极平稳且无噪声的高速工作的传动齿轮，精密刷机构用齿轮，透平传动齿轮，检测 8 级和 9 级齿轮用的测量齿轮
6 级 （高精密）	≤ 15	≤ 30	精密磨齿或剃齿	要求最高效率且无噪声的高速下平稳工作的传动齿轮，分度机构的传动齿轮，特别重要的航空齿轮、汽车齿轮，读数装置用的特别精密传动的齿轮
7 级 （精密）	≤ 10	≤ 15	无须热处理，仅用精确刀具加工的齿轮，淬火齿轮必须精整加工（磨齿、挤齿、珩齿等）	增速和减速用的传动齿轮，金属切削机床送刀机构用的齿轮，高速减速器用的齿轮，航空、汽车用的齿轮，读数装置用的齿轮
8 级 （中等精密）	≤ 6	≤ 10	不磨齿，不必光整加工或对研	无须特别精密的一般机械制造用齿轮，包括在分度链中的机床传动齿轮，飞机、汽车制造业中的不重要齿轮，起重机构用的齿轮，农业机械中的重要齿轮，通用减速器齿轮
9 级 （较低精度）	≤ 2	≤ 4	无须特殊光整工作	用于粗糙工作的齿轮

8.4.2   齿轮检验项目的选择

在检验中，测量全部齿轮要素的偏差既不经济又没有必要。选择检验项目时，应根据齿轮精度等级、齿轮加工方式、齿轮规格、用途、生产规模、检测仪器等因素综合分析、合理选择。

1. 精度等级

当齿轮精度低，机床精度可足够保证时，由机床产生的误差可不检验。当齿轮精度高时，可选用综合性检验项目。

2. 齿轮加工方式

不同的加工方式产生不同的齿轮误差，如滚齿加工时，机床分度机构因蜗轮偏心而产生公法线长度变动偏差，而磨齿加工时则由于分度机构误差将产生齿距累积偏差，故实际应根据不同的加工方式选择不同的检验项目。

3. 齿轮规格

直径 ≤ 400 mm 的齿轮可放在固定仪器上进行检验。大尺寸齿轮一般将量具放在齿轮上进行单项检验。

4. 检验目的

终结检验应选用综合性检验项目，工艺检验可选用单项检验项目以便于分析误差产生的原因。

5. 生产规模和检测设备条件

单件、小批量生产一般采用单项检验，大批量生产应采用综合性检验项目。选择检验项目时还应考虑工厂现有的检测仪器、设备条件及习惯检验方法等因素。

单个齿轮的主要检验项目如表 8-7 所示。齿轮主要的检验项目为单个齿距偏差、齿距累积总偏差、齿廓总偏差和螺旋线总偏差，齿厚按齿轮副侧隙要求来计算确定。齿轮新标准没有像旧标准那样规定检验组，建议供货方根据目前齿轮生产的技术与质量控制水平、齿轮的使用要求和生产批量，在表 8-8 中选取一个检验组评定齿轮质量。

表 8-7　单个齿轮的主要检验项目

项目名称			代号	对传动的影响
齿轮同侧齿面偏差	齿距偏差	任一单个齿距偏差	f_{pi}	平稳性
		任一齿距累积偏差	F_{pi}	准确性
		齿距累积总偏差	F_p	
	齿廓偏差	齿廓总偏差	F_α	平稳性
		齿廓形状偏差	$f_{f\alpha}$	
		齿廓倾斜偏差	$f_{H\alpha}$	
	螺旋线偏差	螺旋线总偏差	F_β	载荷分布均匀性
		螺旋线形状偏差	$f_{f\beta}$	
		螺旋线倾斜偏差	$f_{H\beta}$	
	切向综合偏差	切向综合总偏差	F_i'	准确性
		一齿切向综合偏差	f_i'	平稳性
径向综合偏差与径向跳动	径向综合偏差	径向综合总偏差	F_i''	准确性
		一齿径向综合偏差	f_i''	平稳性
	径向跳动		F_r	准确性
齿厚偏差			E_{sn}	侧隙

表 8-8　推荐的齿轮检验组

检验组	检验项目	测 量 仪 器	备注
1	F_p、F_α、F_β、E_{sn}	齿距仪、齿形仪、齿向仪、齿厚卡尺	小批量
2	F_p、F_{pi}、F_α、F_β、E_{sn}	齿距仪、齿形仪、导程仪、公法线千分尺	高速齿轮
3	F_p、f_{pi}、F_α、F_β、E_{sn}	齿距仪、齿形仪、齿向仪、公法线千分尺	小批量
4	F_i'、f_i'、F_β、E_{sn}	单面啮合测量仪、齿向仪、齿厚卡尺或公法线千分尺	大批量
5	F_r、f_{pi}、E_{sn}	摆差测定仪、齿距仪、齿厚卡尺	—
6	F_i''、f_i''、F_β、E_{sn}	双面啮合测量仪、齿厚卡尺或公法线千分尺	大批量
7	F_r、f_{pi}、E_{sn}	摆差测定仪、齿距仪、公法线千分尺	—

8.4.3　齿轮坯的精度

齿轮坯是指在齿轮加工前供制造齿轮用的工件，齿轮坯的内孔或轴颈、端面和顶圆常作为齿轮加工、装配和检验的基准。因此，齿轮坯的精度将直接影响齿轮的加工精度和安装精度。提高齿轮坯的加工精度，要比提高齿轮的加工精度经济得多。因此，应根据现场的制造设备条件，尽量使齿轮坯的制造公差保持最小值。这样可使加工的齿轮具有较大的公差从而获得更为经济的整体设计。国家标准对齿轮坯公差给出了具体规定，表 8-9、表 8-10 是 GB/Z 18620.3—2008《圆柱齿轮 检验实施规范 第 3 部分：齿轮坯、轴中心距和轴线平行度的检验》推荐的基准面与安装面的公差要求。

表 8-9　基准面与安装面的形状公差（摘自 GB/T 18620.3—2008)

确定轴线的基准面	公 差 项 目		
	圆度	圆柱度	平面度
两个"短的"圆柱或圆锥形基准面	$0.04(L/b)F_\beta$ 或 $0.1F_p$ 取两者中的小值		
一个"长的"圆柱或圆锥形基准面		$0.04(L/b)F_\beta$ 或 $0.1F_p$ 取两者中的小值	
一个"短的"圆柱面和一个端面	$0.06F_p$		$0.06(D_d/b)F_\beta$

注：(1) 齿轮坯的公差应减至能经济制造的最小值。

　　(2) 表中 L 为较大的轴承跨距，D_d 为基准面直径，b 为齿宽。

表 8-10　安装面的跳动公差（摘自 GB/T 18620.3—2008)

确定轴线的基准面	跳动量（总的指示幅度）	
	径向	轴线
仅指圆柱或圆锥形基准面	$0.15(L/b)F_\beta$ 或 $0.3F_p$ 取两者中的大值	
一个圆柱基准面和一个端面基准面	$0.3F_p$	$0.2(D_d/b)F_\beta$

注：齿轮坯的公差应减至能经济制造的最小值。

齿轮坯的尺寸公差（盘形齿轮基准孔尺寸公差、齿轮轴轴颈尺寸公差、齿轮齿顶圆直径公差）可参考表 8-11 选取。

表 8-11　齿轮坯的尺寸公差

齿轮精度等级	盘形齿轮基准孔尺寸公差	齿轮轴轴颈直径公差和形状公差	齿顶圆柱面的直径公差	基准端面对齿轮基准孔轴线的轴向圆跳动公差 t_t	齿顶圆柱面对齿轮基准孔轴线的径向圆跳动公差 t_r
1	IT4	通常按滚动轴承的公差等级确定	IT6	$t_t = 0.2\left(\dfrac{D_d}{b}\right)F_\beta T$	$t_r = 0.3F_p T$
2	IT4		IT6		
3	IT4		IT7		
4	IT4		IT7		
5	IT5		IT8		
6	IT6		IT8		
7	IT7		IT8		
8	IT7		IT8		
9	IT8		IT9		
10	IT8		IT9		
11	IT9		IT11		

8.4.4　齿轮齿面和齿轮坯基准面的表面粗糙度

齿轮齿面的表面粗糙度影响齿轮的传动精度、表面承载能力和弯曲强度。齿轮齿面和基准面的表面粗糙度值可从表 8-12 中选取。

表 8-12　齿轮齿面和齿轮坯基准面的表面粗糙度 *Ra* 推荐值（单位：μm）

齿轮的精度等级	齿面	盘形齿轮的基准孔	齿轮轴的轴颈	端面、齿顶圆柱面
3	≤ 0.63	≤ 0.2	≤ 0.1	0.1 ~ 0.2
4	≤ 0.63	≤ 0.2	0.1 ~ 0.2	0.2 ~ 0.4
5	≤ 0.63	0.2 ~ 0.4	≤ 0.2	0.4 ~ 0.8
6	≤ 0.63	≤ 0.8	≤ 0.4	0.4 ~ 0.8
7	≤ 1.25	0.8 ~ 1.6	≤ 0.8	0.8 ~ 1.6
8	≤ 5	≤ 1.6	≤ 1.6	1.6 ~ 3.2
9	≤ 10	≤ 3.2	≤ 1.6	≤ 3.2
10	≤ 10	≤ 3.2	≤ 1.6	≤ 3.2

8.4.5　齿轮精度等级在图样上的标注

当齿轮的检验项目同为某一精度等级时，图样上可标注该精度等级和标准号。例如，同为 8 级精度时，可标注为

GB/T 10095.L—2022，等级 7

当齿轮偏差项目的公差的精度等级不同时，图样上可按齿轮传递运动的准确性、传递运动的平稳性和载荷分布均匀性的顺序分别标注它们的精度等级及对应公差符号和标

准号，或分别标注它们的精度等级和标准号。例如，齿距累积总偏差 F_p、单个齿距偏差 f_p 同为 6 级，而齿廓总偏差 F_α 和螺旋线总偏差 F_β 均为 7 级时，可标注为

$$GB/T\ 10095.1—2022，等级\ 6(F_p、f_p)、7(F_\alpha、F_\beta)$$

8.5 渐开线圆柱齿轮精度设计及应用

渐开线圆柱齿轮精度设计一般包括下列内容：① 确定齿轮的精度等级；② 确定齿轮检验项目及允许值；③ 确定齿轮的侧隙指标及其极限偏差；④ 确定齿轮坯精度和齿轮各表面的表面粗糙度。此外，还包括确定齿轮副中心距的极限偏差和两轴线的平行度偏差。

例 8.1 某减速器中输出轴直齿圆柱齿轮，已知：模数 $m = 2.75$ mm，齿数 $z = 82$，两齿轮的中心距 $a = 143$ mm，孔径 $D = 56$ mm，压力角 $\alpha_n = 20°$，齿宽 $b = 63$ mm，转速 $n = 805$ r/min，轴承孔的跨距 L 为 110 mm。齿轮材料为 $45^\#$ 钢，箱体材料为铸铁，齿轮工作温度为 55°，减速器箱体工作温度为 35°，单件小批量生产。试确定齿轮的精度等级、检验项目、有关侧隙的指标、齿轮坯公差和表面粗糙度，并将所确定的各项技术要求标注在齿轮工作图样上。

解 (1) 确定齿轮的精度等级。

因为该齿轮为机床主轴箱传动齿轮，由表 8-5 可以大致得出，齿轮精度在 6 ~ 9 级之间，进一步分析，该齿轮既传递运动又传递动力，可根据圆周速度确定其精度等级。圆周速度为

$$v = \frac{\pi dn}{1000 \times 60} = \frac{3.14 \times 2.75 \times 82 \times 805\ \text{r/min}}{1000 \times 60} = 9.5\ \text{m/s}$$

参照表 8-6 确定齿轮精度等级为 7 级，则齿轮精度在图样上的标注为

$$GB/T\ 10095.1—2022，等级\ 7$$

(2) 确定齿轮的检验项目及允许值。

参考表 8-8，该齿轮属于小批量生产，中等速度，无特殊要求，可选检验项目为 F_p、F_α、F_β、E_{sn}。查相关表得，$F_p = 0.050$ mm，$F_\alpha = 0.018$ mm，$F_\beta = 0.021$ mm。

(3) 确定最小侧隙和齿厚极限偏差。

最小侧隙为

$$j_{bmin} = \frac{2}{3} \times (0.006 + 0.0005a + 0.03m)$$

$$= \frac{2}{3} \times (0.006 + 0.0005 \times 143 + 0.03 \times 2.75)\ \text{mm} = 0.107\ \text{mm}$$

齿轮的法向齿厚为

$$s_n = m\left(\frac{\pi}{2} + 2x\tan\alpha_n\right) = 2.75 \times \left(\frac{\pi}{2} + 2 \times 0 \times \tan 20°\right) = 4.320\ \text{mm}$$

齿厚上极限偏差为

$$E_{sns} = -\frac{j_{bnmin}}{2\cos\alpha_n} = -\frac{0.107 \text{ mm}}{2\cos 20°} = -0.057 \text{ mm}$$

根据小齿轮分度圆直径

$$d = mz = (2.75 \times 82) \text{ mm} = 225.5 \text{ mm}$$

查表 8-2 得 b_r = IT9 = 0.115 mm，查相关表得 F_r = 0.040 mm。

齿厚公差为

$$T_{sn} = \sqrt{F_r^2 + b_r^2} \times 2\tan\alpha_n = \sqrt{0.040^2 + 0.115^2} \times 2\tan 20° \text{ mm} = 0.089 \text{ mm}$$

齿厚下极限偏差为

$$E_{sni} = E_{sns} - T_{sn} = -0.057 \text{ mm} - 0.089 \text{ mm} = -0.146 \text{ mm}$$

齿厚公称尺寸及上、下极限偏差为

$$s_n = 4.320_{-0.146}^{-0.057} \text{ mm}$$

对于中等模数齿轮，通常用检查公法线长度极限偏差来代替齿厚偏差：

$$E_{bns} = E_{sns}\cos a_n - 0.72 F_r \sin a_n = [(-0.057 \times \cos 20°) - 0.72 \times 0.040 \times \sin 20°] \text{mm} = -0.063 \text{ mm}$$

$$E_{bni} = E_{sni}\cos a_n + 0.72 F_r \sin a_n = [(-0.146 \times \cos 20°) + 0.72 \times 0.040 \times \sin 20°] \text{mm} = -0.127 \text{ mm}$$

跨齿数为

$$k = \frac{z}{9} + 0.5 = \frac{82}{9} + 0.5 = 9.61 \text{ (取 } k = 9)$$

公称公法线长度为

$$W_{kt} = m[2.952 \times (k - 0.5) + 0.014z] = 72.16 \text{ mm}$$

则公法线长度及偏差为 $72.1_{-0.127}^{-0.063}$ mm。

(4) 确定齿轮坯精度。

① 确定基准孔的尺寸公差和几何公差。

查表 8-11，取基准孔尺寸公差为 IT7，并采用包容要求，即 $\phi 56 \text{H} 7(_0^{+0.030})$ mm。

由表 8-9 推荐值可知

$$0.04\frac{L}{b}F_\beta = 0.04 \times \frac{110}{63} \times 0.021 \text{ mm} = 0.002 \text{ mm}$$

$$0.1F_p = 0.1 \times 0.050 \text{ mm} = 0.005 \text{ mm}$$

取两者中的小值，即内孔圆柱度公差 t_1 = 0.002 mm。

② 确定齿顶圆的尺寸公差和几何公差。

查表 8-11 得齿顶圆尺寸为 $(\phi 231 \pm 0.138)$ mm。

由表 8-10 可得齿顶圆径向跳动公差 $t_2 = 0.3F_p = 0.3 \times 0.050$ mm = 0.015 mm。

③ 确定基准端面的圆跳动公差。

由表 8-10 可得基准端面圆跳动公差 $t_3 = 0.2(D_d / b)\ F_\beta = 0.2 \times (231/263) \times 0.021 \text{mm}$ = 0.015 mm。

(5) 确定齿轮各表面粗糙度。

查表 8-12 取齿面和齿轮内孔表面粗糙度 Ra 上限值为 1.6 μm，齿轮左右端面表面粗糙度 Ra 上限值为 3.2 μm，齿顶圆表面粗糙度 Ra 上限值为 6.3 μm，其余表面的表面粗糙度 Ra 上限值为 12.5 μm。

(6) 标注零件图。

将上述各项要求标注在齿轮零件图上，则得到如图 8-27 所示的齿轮工作图。

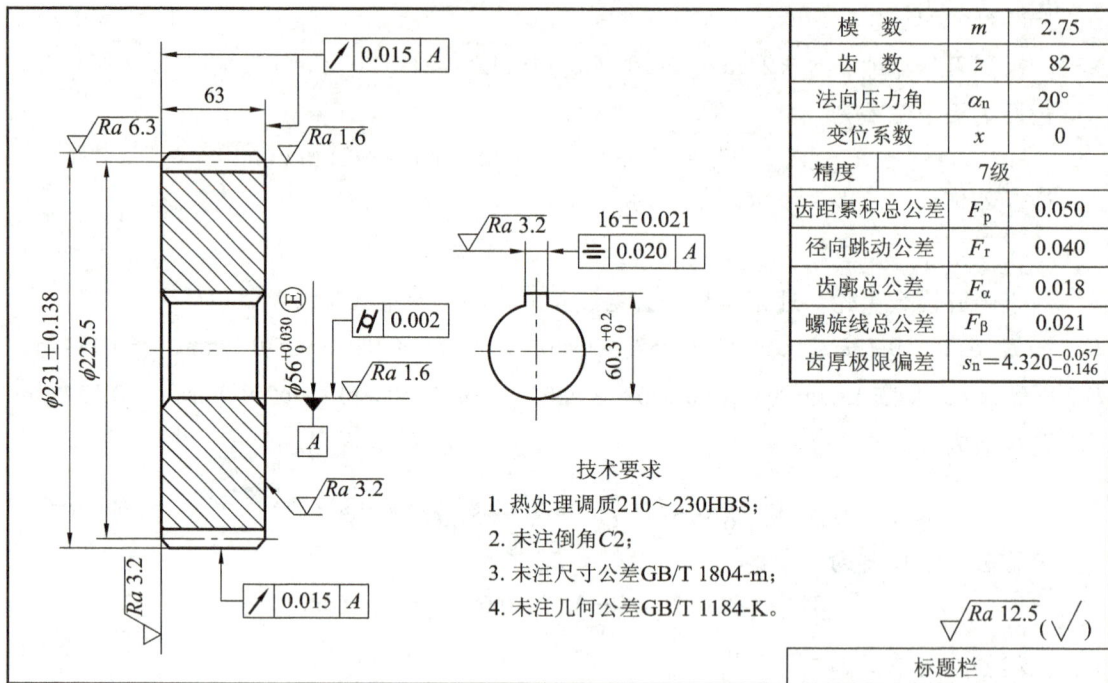

图 8-27　齿轮工作图

知识拓展：汽车变速器简介

汽车变速器主要由变速齿轮、换挡同步器、换挡拨叉、传动轴及中间轴、轴承和油封、倒挡齿轮、变速器外壳等组成。

1. 汽车变速器功能

(1) 改变传动比，扩大驱动轮转矩和转速的变化范围，以适应经常变化的行驶条件，同时使发动机在有利的工况下工作。

(2) 在发动机旋转方向不变的情况下，使汽车能倒退行驶。

(3) 利用空挡中断动力传递，使发动机能够启动、怠速，并便于变速器换挡或进行动力输出。

2. 汽车变速器类型

汽车变速器有手动变速器、自动变速器之分。

手动变速器通过不同的齿轮组合产生变速变矩。

最常见的自动变速器是液力自动变速器，由液力变矩器、行星齿轮和液压操纵系统组成，通过液力传递和齿轮组合的方式来达到变速变矩。

无级变速器也属于自动变速器，具有比传统自动变速器结构简单、体积更小等优点。它由两组变速轮盘和一条传动带组成，可自由改变传动比，实现全程无级变速，能克服普通自动变速器突然换挡、节气门反应慢、油耗高等缺点，使汽车的车速变化更平稳。

习　　题

一、填空题

1. 齿轮传动的使用要求包括_____、_____、_____和_____。

2. 齿轮传动规定齿侧间隙主要是为了储存_____、补偿齿轮_____的误差，以及_____等所需的侧隙。

3. 齿轮回转一周出现一次的周期性偏差称为_____偏差。齿轮转动一个齿距过程中出现一次或多次的周期性偏差称为_____偏差。

4. 齿轮传递运动准确性的评定指标规有_____、_____、_____和_____。

二、选择题

1. 公法线平均长度偏差用来评定齿轮的 (　　) 指标。

A. 传递运动的准确性　　　　　　　B. 传递运动的平稳性

C. 载荷分布的均匀性　　　　　　　D. 齿侧间隙

2. 影响齿轮载荷分布均匀性的误差项目有 (　　)。

A. 切向综合误差　　　　　　　　　B. 齿形误差

C. 齿向误差　　　　　　　　　　　D. 一齿径向综合误差

3. 影响齿轮传递运动平稳性的误差项目有 (　　)。

A. 一齿切向综合误差　　　　　　　B. 齿圈径向跳动

C. 基节偏差　　　　　　　　　　　D. 齿距累积误差

4. 齿轮公差项目中属于综合性项目的有 (　　)。

A. 一齿切向综合公差　　　　　　　B. 一齿径向公差

C. 齿圈径向跳动公差　　　　　　　D. 齿距累积公差

5. 齿轮径向跳动 F_r 主要是由 (　　) 引起的。

A. 运动偏心　　　　　　　　　　　B. 几何偏心

C. 分度蜗杆安装偏心　　　　　　　D. 滚刀安装偏心

三、综合题

1. 有一直齿圆柱齿轮，$m = 2.5$ mm，$z = 40$，$b = 25$ mm，$\alpha = 20°$。经检验知其各参数实际偏差值为：$F_\alpha = 12$ μm，$f_p = -10$ μm，$F_p = 35$ μm，$F_\beta = 20$ μm。该齿轮可达几级精度？

2. 某减速器中有一直齿圆柱齿轮，模数 $m = 3$ mm，齿数 $z = 32$，齿宽 $b = 60$ mm，压力角 $\alpha = 20°$，传递最大功率为 5 kW，转速为 960 r/min。该齿轮在修配厂小批量生产，试确定：

(1) 齿轮精度等级；

(2) 齿轮的齿廓、齿距、齿向精度项目中各项参数的偏差允许值。

3. 某直齿圆柱齿轮副，模数 $m = 5$ mm，齿宽 $b = 50$ mm，压力角 $\alpha = 20°$，齿数 $z_1 = 20$、$z_2 = 50$，已知其精度等级为 6 级。假设采用大批量生产，试确定齿轮副的精度检验项目组合及其偏差的允许值。

4. 某普通车床主轴变速箱中的一个直齿圆柱齿轮如图 8-28 所示，传递功率 $P = 7.5$ kW，转速 $n = 750$ r/min，模数 $m = 3$ mm，齿数 $z = 50$，压力角 $\alpha = 20°$，齿宽 $b = 25$ mm，齿轮内孔直径 $d = 45$ mm。齿轮副中心距 $a = 180$ mm，最小侧隙 $j_{bnmin} = 0.13$ mm，采用大批量生产。试确定：

(1) 齿轮精度等级；

(2) 齿轮的检验项目及各项参数的偏差允许值；

(3) 齿轮的齿厚偏差；

(4) 齿轮坯的尺寸公差和几何公差；

(5) 齿轮齿面和其他主要表面的表面粗糙度允许值；

(6) 键槽宽度和深度的公称尺寸和极限偏差。

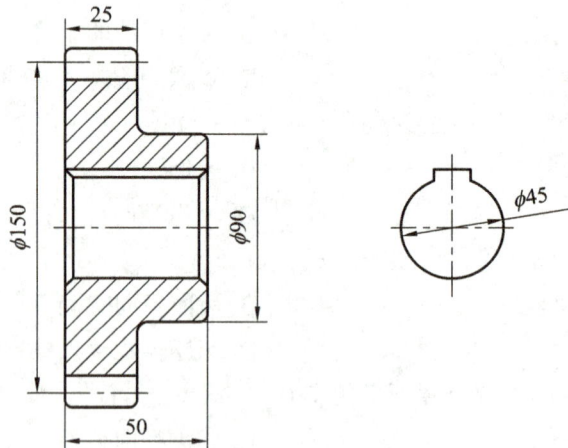

图 8-28　综合题 4 图

第9章 尺 寸 链

学习目标

(1) 了解尺寸链在精度设计中的作用及其在制造、装配中的应用；

(2) 理解尺寸链的概念、组成、特点及分类；

(3) 初步具有建立、分析尺寸链并用完全互换法计算尺寸链的能力。

课程思政

　　光刻机是制造芯片的核心设备，其内部精密部件的尺寸链控制达到了纳米级精度。在我国光刻机技术研发过程中，科研团队面临着国外技术封锁和诸多技术难题。尺寸链中微小的误差，在芯片制造的纳米尺度下都可能导致光刻图案失真，影响芯片性能。为了实现技术突破，科研人员深入研究尺寸链理论，创新设计方法和制造工艺，自主研发高精度的加工设备和检测仪器，对尺寸链中的每一个尺寸进行精准控制和优化。他们不断尝试新的技术方案，以顽强的毅力和勇于创新的精神日夜攻关，逐步缩小与国际先进水平的差距。这一过程不仅体现了科研人员对科学真理的执着追求，更彰显了为实现我国芯片产业自主可控的爱国情怀和使命担当。

学习导航

　　在机器或仪器的设计工作中，除需要进行运动、强度和刚度等计算外，通常还需要进行几何量分析计算（即所谓精度设计）。为了保证机器或仪器能顺利地进行装配，并保证达到预定的工作性能要求，还应从总体装配考虑，合理地确定构成机器的有关零部件的几何精度。它们之间的关系要用尺寸链来计算和处理。我国已颁发这方面的国家标准 GB/T 5847—2004《尺寸链计算方法》，供设计时参考使用。

9.1 概　　述

9.1.1 尺寸链的定义

1. 尺寸链

在机器装配或零件加工过程中，由相互连接的尺寸形成封闭的尺寸组称为尺寸链。

如图 9-1(a) 所示，车床尾座顶尖轴线与主轴轴线的高度差 A_0 是车床的主要指标之一，影响该项精度的尺寸有车床主轴轴线高度 A_1，尾座轴线高度 A_2 和垫板厚度 A_3。图 9-1(b) 所示为以上 4 个尺寸形成的封闭尺寸组 (即为尺寸链)。A_1、A_2、A_3 是车床装配时不同零件的设计尺寸，该尺寸链为装配尺寸链。

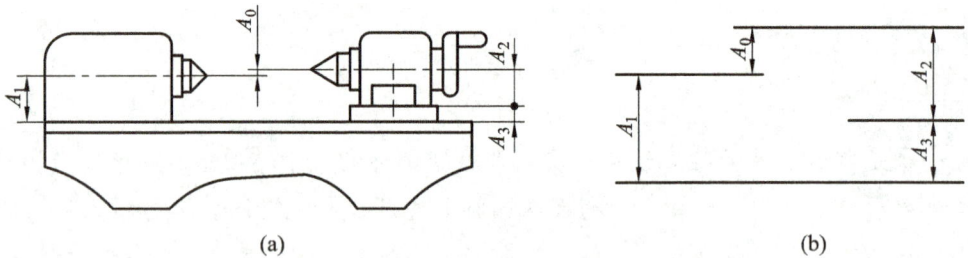

图 9-1　装配尺寸链

图 9-2(a) 所示为阶梯轴零件图，轴向尺寸 A_1、A_2、A_3、A_4 为零件设计尺寸。依次加工的尺寸 A_1、A_2、A_3、A_4 和完成加工后的尺寸 A_0 构成封闭尺寸组，形成尺寸链，如图 9-2(b) 所示。A_1、A_2、A_3、A_4 是阶梯轴的设计尺寸，该尺寸链为零件尺寸链。

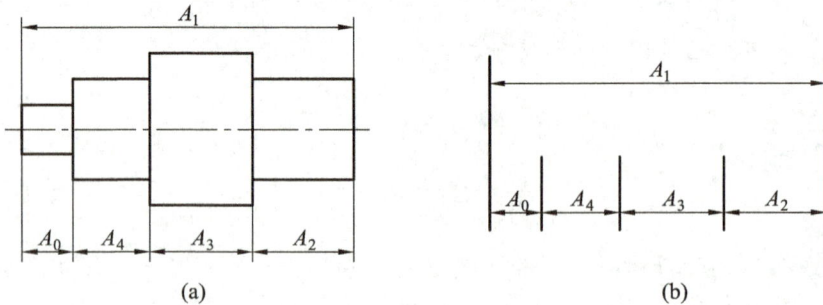

图 9-2　零件尺寸链

图 9-3(a) 中轴外圆需要镀铬。镀铬前按工序尺寸 (直径)A_1 加工轴，轴壁镀铬厚度为 A_2、$A_3(A_2 = A_3)$，镀铬后得到轴径 A_0。A_0 的大小取决于 A_1、A_2 和 A_3 的大小。A_0 和 A_1、A_2、A_3 形成尺寸链，如图 9-3(b) 所示。A_1、A_2 和 A_3 都为同一零件的工艺尺寸，该尺寸链为工艺尺寸链。

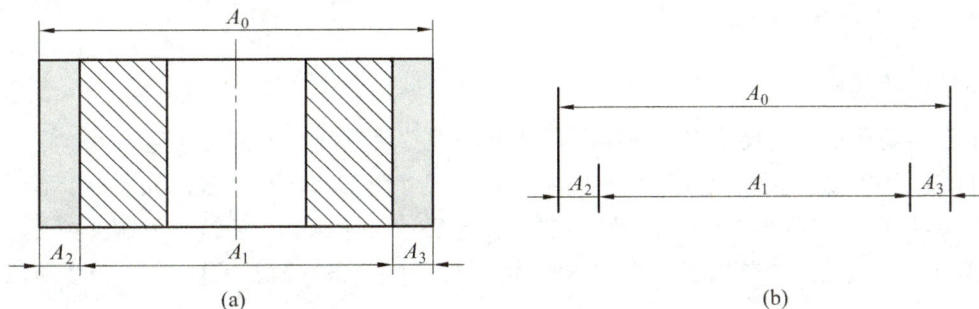

图 9-3　工艺尺寸链

综合上述，尺寸链有以下两个基本特征：

(1) 封闭性：尺寸链必须由一系列相互关联的尺寸排列成封闭的形式。

(2) 函数性：某一尺寸变化，必将引起其他尺寸的变化，彼此之间具有某一函数关系。

2. 环

尺寸链中的每一个尺寸称为环。图 9-3 中的 A_0、A_1、A_2 和 A_3 都是尺寸链的环。环分为封闭环和组成环。

1) 封闭环

尺寸链中，在装配或加工过程最后形成的环称为封闭环。每一个尺寸链中有且只有一个封闭环，封闭环以符号 A_0 表示。

在装配尺寸链中，封闭环是各个零件组装在一起之后形成的，其表现形式可能是间隙、过盈、相关要素的相对位置或距离等，这些通常是设计人员提出的技术装配要求，需要严格保证，如图 9-1 中的尺寸 A_0。对于零件尺寸链，封闭环一般是零件图样上未标注的尺寸，即最不重要的尺寸，如图 9-2 中的尺寸 A_0。在工艺尺寸链中，封闭环是相对加工顺序而言的，加工顺序不同，封闭环也可能不同，因此需要在加工顺序确定之后获得封闭环。

2) 组成环

尺寸链中，对封闭环有影响的每个环称为组成环，即尺寸链中除封闭环以外的其他环均为组成环。每一个组成环的尺寸发生变化都将引起封闭环的尺寸发生变化。组成环符号用拉丁字母 A、B、C 等或希腊字母 α、β、γ 等再加下标 "i" 表示，$i = 1$，2，3，$\cdots$，$n - 1$(其中 n 为尺寸链的总环数)，如图 9-1 中的尺寸 A_1、A_2、A_3。同一尺寸链的各组成环一般用同一字母表示。

组成环按其对封闭环影响的不同，又分为增环和减环。

(1) 增环。

在其他组成环不变的情况下，某一组成环的尺寸增大，封闭环的尺寸随之增大；该组成环的尺寸减小，封闭环的尺寸也随之减小，则该组成环称为增环。如图 9-1 中的尺寸 A_2、A_3。增环以符号 $A_{(+)}$ 表示。

(2) 减环。

在其他组成环不变的情况下，某一组成环的尺寸增大，封闭环的尺寸随之减小；该组成环的尺寸减小，封闭环的尺寸随之增大，则该组成环称为减环。如图 9-1 中的尺寸 A_1。减环以符号 $A_{(-)}$ 表示。

9.1.2 尺寸链的分类

1. 按应用场合分

按应用场合不同，尺寸链分为装配尺寸链、零件尺寸链和工艺尺寸链。

(1) 装配尺寸链：全部组成环为不同零件设计尺寸所形成的尺寸链，如图 9-1 所示。

(2) 零件尺寸链：全部组成环为同一零件设计尺寸所形成的尺寸链，如图 9-2 所示。

(3) 工艺尺寸链：全部组成环为同一零件工艺尺寸所形成的尺寸链，如图 9-3 所示。

2. 按各环的相互位置分

按各环的相互位置来分，尺寸链分为直线尺寸链、平面尺寸链和空间尺寸链。

(1) 直线尺寸链：全部组成环平行于封闭环的尺寸链，如图 9-1 所示。

(2) 平面尺寸链：尺寸链各环位于一个或几个平行平面内，但其中有些环彼此不平行，如图 9-4 所示。

将平面尺寸链中各有关组成环按平行于封闭环方向投影，就可将平面尺寸链简化为直线尺寸链来计算。

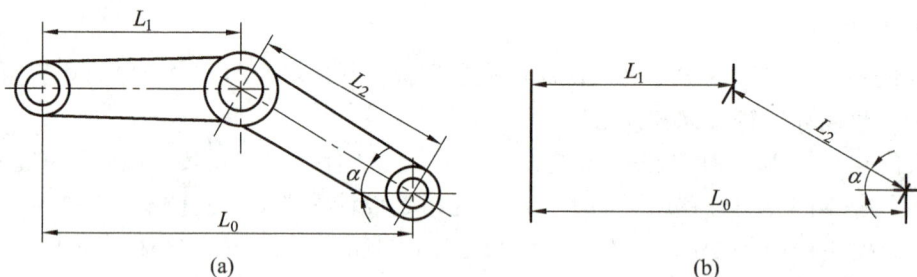

图 9-4 摇杆的平面尺寸链

(3) 空间尺寸链：尺寸链各环位于不平行的平面内。

对于空间尺寸链，一般按三维坐标分解，化成平面尺寸链或直线尺寸链，然后根据需要，在特定平面上求解。

3. 按几何特征分

按几何特征不同，尺寸链分为长度尺寸链和角度尺寸链。

(1) 长度尺寸链：尺寸链各环均为直线尺寸，如图 9-1 所示。

(2) 角度尺寸链：尺寸链各环均为角度尺寸，如图 9-5 所示，角度 α_0、α_1、α_2 及 α_3 形成封闭的多边形，构成一个角度尺寸链。

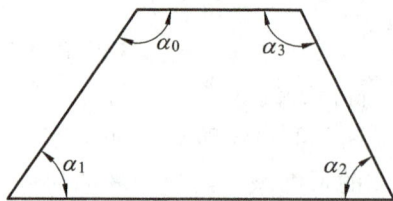

图 9-5 角度尺寸链

9.1.3 尺寸链的作用

在拟定加工工艺时，若测量基准、定位基准或工序基准与设计基准不重合，需按照工艺尺寸链原理进行工序尺寸及其公差的计算。在零件加工(测量)或机械的装配过程中，遇到的尺寸往往不是孤立的，是相互联系的。

机器是由许多零件装配而成的，这些零件的加工误差将影响装配精度。在分析具有累积误差的装配精度时，首先应找出影响这项精度的相关零件，并分析其具体影响因素，然后确定各相关零件具体影响因素的加工精度。为便于分析，可将有关影响因素按照一定的顺序连接起来，形成装配尺寸链。显然，装配后的精度或技术要求是把零部件装配后形成的，是由相关零部件上的有关尺寸和角度位置关系间接保证的。因此，在装配尺寸链中，装配精度是封闭环，相关零件的设计尺寸是组成环。如何查找对某装配精度有影响的相关零件，进而选择合理的装配方法和确定这些零件的加工精度，是建立装配尺寸链和求解装配尺寸链的关键。

9.1.4　尺寸链的建立与分析

尺寸链中的封闭环与组成环是一个误差彼此制约的尺寸系统。通过分析装配图上零部件之间的尺寸位置关系，或分析零件加工过程中形成的各个尺寸，来建立尺寸链。正确建立尺寸链是进行尺寸链综合精度分析计算的基础。尺寸链的建立可按照如下步骤进行。

1. 确定封闭环

装配尺寸链中的封闭环，是产品装配图上注明的装配精度要求所限定的尺寸。如某一部件的各个零件之间的相互位置要求的尺寸，或保证相互配合的间隙、过盈量等。它是装配后自然形成的尺寸，通常对每一项装配精度要求均应建立一个尺寸链。

零件尺寸链的封闭环是公差等级要求最低的环，一般在零件图样上不进行标注，避免在加工时误导加工过程。

工艺尺寸链的封闭环是加工后自然形成的。加工顺序不同，封闭环也不同，只有加工顺序确定后才能给出封闭环。

2. 查找组成环

查找对封闭环有影响的各个组成环，使之与封闭环形成一个封闭的尺寸回路。

对于装配尺寸链，从封闭环两端中的任一端开始，依次找出影响封闭环的有关零件尺寸，一环接一环，直到与封闭环的另一端相连接为止，其中每一个尺寸就是一个组成环。如图 9-1 所示，车床主轴线与尾座轴线高度差 A_0 是装配技术要求，为封闭环。组成环可从尾座顶尖开始查找，尾座顶尖轴线到底面的高度 A_2、与床身导轨面相连的底板厚度 A_3、床身导轨面到主轴轴线的距离 A_1，最后回到封闭环，A_1、A_2 和 A_3 均为组成环。

对于零件尺寸链和工艺尺寸链，从封闭环一端开始，按加工先后顺序，依次找出对封闭环有直接影响的尺寸，一直到封闭环的另一端为止。

3. 画尺寸链图

为了描述尺寸链的组成，将尺寸链中的封闭环和组成环依次画出，形成封闭的回路图，该图称为尺寸链图。

画尺寸链时，通常先选择加工或装配基准，按加工或装配顺序，依次画出各环，最后形成封闭回路。尺寸链图不需要采用严格的比例关系，常用带箭头的线段表示各环，如图 9-2(b) 所示。需要注意的是，当某一环具有轴、孔等对称尺寸时，该环尺寸取一半。

4. 判断增环与减环

判断尺寸链图中各组成环是增环或减环，可采用下面两种方法。

1) 根据定义判断

保持其他组成环尺寸不变，增加或减小待判断的组成环尺寸，分析对封闭环尺寸的影响，从而根据增环与减环的定义判断该组成环的增减性。

2) 按箭头方向判断

从尺寸链上的封闭环开始，在该环上画一个箭头，按顺序依次在其他组成环上画箭头，使所画箭头依次首尾相连。组成环中，与封闭环箭头指向一致的为减环，指向相反的则为增环。

例 9.1　对于图 9-2 所示的阶梯轴，轴向加工顺序为：截取总共长度 A_1，再依次加工 A_2、A_3 和 A_4，A_0 为加工后自然形成的尺寸。试确定尺寸链的封闭环、增环和减环。

解　(1) 确定封闭环。由于 A_0 为加工后自然形成的尺寸，因此 A_0 是封闭环。

(2) 确定增环和减环。按图 9-6 所示箭头方向可以看出，与 A_0 方向相反的 A_1 为增环；与 A_0 方向相同的 A_2、A_3、A_4 为减环。

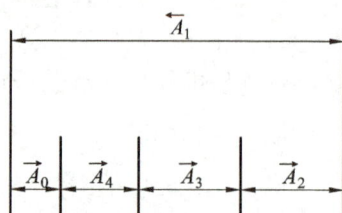

例 9.2　图 9-7(a) 所示的轴横截面图，其加工顺序为：先加工出直径为 A_1 的外圆，然后按尺寸 A_2 调整刀具位置加工平面，最后加工直径为 A_3 的内圆。试画出其尺寸链图，并确定封闭环、增环和减环。

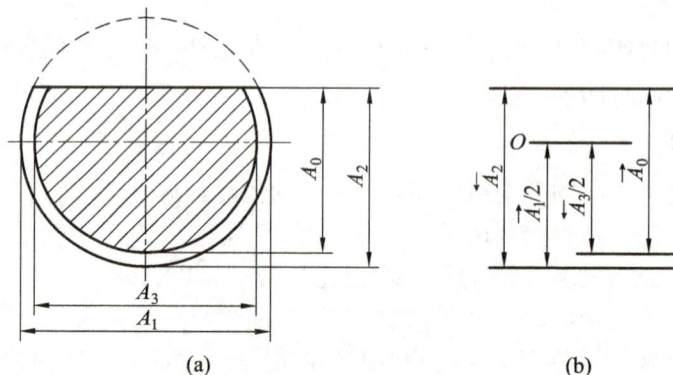

图 9-6　尺寸链增减环判断

图 9-7　轴横截面的尺寸链

解　(1) 画尺寸链。确定外圆的圆心为基准 O，按加工顺序分别画出 $A_1/2$、A_2 和 $A_3/2$，并用 A_0 把它们连接成封闭回路，如图 9-7(b) 所示。

(2) 确定封闭环。尺寸 A_0 是加工后自然形成的尺寸，因此 A_0 是封闭环。

(3) 确定增环和减环。按图 9-7(b) 所示箭头方向可以看出，与 A_0 方向相反的 A_2、$A_3/2$ 为增环；与 A_0 方向相同的 $A_1/2$ 为减环。

9.1.5　尺寸链计算的类型和方法

1. 尺寸链计算的类型

尺寸链计算的基本任务是正确、合理地确定各环的公称尺寸、公差及极限偏差。根据不同要求，尺寸链的计算主要有以下 3 种类型：

(1) 正计算。正计算也称校核计算，即已知组成环的公称尺寸和极限偏差，求封闭环的公称尺寸和极限偏差。通常由设计者在审阅时或者工艺人员在产品加工前进行计算，目的是验证设计的正确性。

(2) 中间计算。中间计算是指已知封闭环和部分组成环的公称尺寸和极限偏差，求某一组成环的公称尺寸和极限偏差。中间计算常用于零件尺寸链的工艺设计，如基准面的换算和工序尺寸的确定等。

(3) 反计算。反计算也称设计计算，即已知封闭环的公称尺寸和极限偏差及各组成环的公称尺寸，求各组成环的公差和极限偏差，即合理分配各组成环的公差。

2. 尺寸链计算方法

尺寸链的计算方法有极值法 (完全互换法)、概率法 (大数互换法) 等。

(1) 极值法 (完全互换法)：不考虑尺寸链中各环尺寸的分布情况，以极限尺寸进行计算，能实现完全互换性的方法。按此方法计算的尺寸来加工工件各组成环的尺寸，无须进行挑选、修配或调整就能将工件装到机器上，且能达到封闭环的精度要求。

(2) 概率法 (大数互换法)：考虑尺寸链中各环的分布情况，以统计公差进行计算，能保证尺寸链中的绝大多数组成环具有互换性。装配时，少数不合格零件需要适当处理。

9.2　尺寸链的计算

9.2.1　极值法计算尺寸链

极值法也称完全互换法，该方法是按照误差综合后最不利的情况进行分析，即若组成环中的增环都是上极限尺寸，减环都是下极限尺寸，则封闭环的尺寸必然是上极限尺寸；若增环都是下极限尺寸，而减环都是上极限尺寸，则封闭环的尺寸必然是下极限尺寸。该方法是尺寸链计算的一种基本方法，但当组成环数目较多而封闭环公差又较小时不宜采用。

1. 基本公式

1) 封闭环的公称尺寸

封闭环的公称尺寸等于所有增环的公称尺寸之和减去所有减环的公称尺寸之和，可表示为

$$A_0 = \sum_{i=1}^{r} A_{(+)i} - \sum_{i=r+1}^{n-1} A_{(-)i} \tag{9-1}$$

式中：A_0 为封闭环的公称尺寸；$n-1$ 为组成环的个数；r 为增环的个数；$A_{(+)i}$ 为第 i 个增环的公称尺寸；$A_{(-)i}$ 为第 i 个减环的公称尺寸。

2) 封闭环的极限尺寸

封闭环的上极限尺寸等于所有增环的上极限尺寸之和减去所有减环的下极限尺寸之

和；封闭环的下极限尺寸等于所有增环的下极限尺寸之和减去所有减环的上极限尺寸之和。封闭环的极限尺寸可以表示为如下两式：

$$A_{0\max} = \sum_{i=1}^{r} A_{(+)i\max} - \sum_{i=r+1}^{n-1} A_{(-)i\min} \tag{9-2}$$

$$A_{0\min} = \sum_{i=1}^{r} A_{(+)i\min} - \sum_{i=r+1}^{n-1} A_{(-)i\max} \tag{9-3}$$

式中：$A_{0\max}$、$A_{0\min}$ 为封闭环的上、下极限尺寸；$A_{(+)i\max}$、$A_{(+)i\min}$ 为第 i 个增环的上、下极限尺寸；$A_{(-)i\max}$、$A_{(-)i\min}$ 为第 i 个减环的上、下极限尺寸。

3) 封闭环的极限偏差

封闭环的上极限偏差等于所有增环的上极限偏差之和减去所有减环的下极限偏差之和；封闭环的下极限偏差等于所有增环的下极限偏差之和减去所有减环的上极限偏差之和。封闭环的极限偏差可以表示为如下两式：

$$ES_0 = A_{0\max} - A_0 = \sum_{i=1}^{r} ES_{(+)i} - \sum_{i=r+1}^{n-1} EI_{(-)i} \tag{9-4}$$

$$EI_0 = A_{0\min} - A_0 = \sum_{i=1}^{r} EI_{(+)i} - \sum_{i=r+1}^{n-1} ES_{(-)i} \tag{9-5}$$

式中：ES_0、EI_0 为封闭环的上、下极限偏差；$ES_{(+)i}$、$EI_{(+)i}$ 为第 i 个增环的上、下极限偏差；$ES_{(-)i}$、$EI_{(-)i}$ 为第 i 个减环的上、下极限偏差。

4) 封闭环的公差

封闭环的公差等于所有组成环的公差之和，可以表示为

$$T_0 = \sum_{i=1}^{n-1} T_{A_i} \tag{9-6}$$

式中：T_0 为封闭环的公差；T_{A_i} 为第 i 个组成环的公差。

式 (9-6) 表明，尺寸链中封闭环的公差最大，它是尺寸链中精度最低的环。因此，在零件设计时，应尽量选择不重要的尺寸作为封闭环。对于装配尺寸链和工艺尺寸链，封闭环是装配的最终要求，组成环的个数越多，每个环的精度要求越高。所以，为了保证封闭环的公差，应尽量减少尺寸链中组成环的个数，这被称为"最短尺寸链原则"。

2. 极值法计算尺寸链步骤

利用极值法进行尺寸链的计算时，一般按如下步骤进行：

(1) 画尺寸链图。

(2) 确定封闭环、增环和减环。

(3) 利用极值法计算公式进行相关计算。

(4) 校核计算结果。

3. 实例分析

1) 正计算

正计算就是已知组成环的公称尺寸和极限偏差，求封闭环的公称尺寸和极限偏差。

例 9.3　加工如图 9-8(a) 所示的零件，其加工过程为：车端面 A；车台阶面 B，保证尺寸 $A_1 = 49.5\,^{+0.3}_{0}$；车端面 C，保证总长度 $A_2 = 80\,^{0}_{-0.2}\,\text{mm}$；热处理，钻顶尖孔；磨台阶面 B，保证尺寸 $A_3 = 30\,^{0}_{-0.14}\,\text{mm}$。要求：(1) 画尺寸链图；(2) 判断封闭环、增环和减环；(3) 按极值法校核台阶面 B 的加工余量 A_0；(4) 校核结果的正确性。

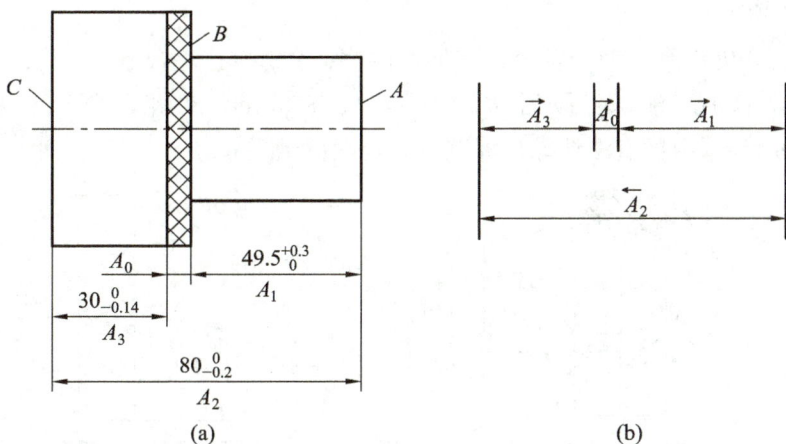

(a)　　　　　　　　　　　　　　　　(b)

图 9-8　例 9.3 图

解　(1) 画尺寸链图。

按加工顺序，从 A_1 左端开始，依次画出 A_1、A_2 和 A_3，并利用 A_0 把它们连接成封闭回路，如图 9-8(b) 所示。

(2) 判断封闭环、增环和减环。

由题意知，台阶面 B 的加工余量 A_0 为加工后自然形成的尺寸，故 A_0 为封闭环。画出各环箭头方向，如图 9-8(b) 所示。由图可以判断，A_2 为增环，A_1、A_3 为减环。

(3) 按极值法计算台阶面 B 的加工余量 A_0。

封闭环的公称尺寸 A_0，由式 (9-1) 可得

$$A_0 = A_2 - (A_1 + A_3) = 80\,\text{mm} - (49.5\,\text{mm} + 30\,\text{mm}) = 0.5\,\text{mm}$$

封闭环的上极限偏差 ES_0，由式 (9-4) 可得

$$\text{ES}_0 = \text{ES}_{A_2} - \left(\text{EI}_{A_1} + \text{EI}_{A_3}\right) = 0\,\text{mm} - \left[0\,\text{mm} + (-0.14\,\text{mm})\right] = +0.14\,\text{mm}$$

封闭环的下极限偏差 EI_0，由式 (9-5) 可得

$$\text{EI}_0 = \text{EI}_{A_2} - (\text{ES}_{A_1} + \text{ES}_{A_3}) = (-0.2\,\text{mm}) - (0.3\,\text{mm} + 0\,\text{mm}) = -0.5\,\text{mm}$$

(4) 校核计算结果。

由公差与上、下极限偏差的关系可得

$$T_0 = \left|\text{ES}_0 - \text{EI}_0\right| = \left|(+0.14\,\text{mm}) - (-0.5\,\text{mm})\right| = 0.64\,\text{mm}$$

由式 (9-6) 可得

$$T_0 = T_{A_1} + T_{A_2} + T_{A_3} = \left|\text{ES}_{A_1} - \text{EI}_{A_1}\right| + \left|\text{ES}_{A_2} - \text{EI}_{A_2}\right| + \left|\text{ES}_{A_3} - \text{EI}_{A_3}\right|$$

$$= \left|(+0.3\,\text{mm}) - 0\,\text{mm}\right| + \left|0\,\text{mm} - (-0.2\,\text{mm})\right| + \left|0\,\text{mm} - (-0.14\,\text{mm})\right| = 0.64\,\text{mm}$$

校核结果表明计算正确，所以台阶面 B 的加工余量为

$$A_0 = 0.5^{+0.14}_{-0.50}\ \text{mm}$$

2) 中间计算

中间计算就是指已知封闭环和其他组成环的公称尺寸和极限偏差，求某一组成环的公称尺寸和极限偏差。

例 9.4 图 9-9(a) 所示为一轴套，其加工顺序：首先按工序尺寸 $A_1 = \phi 57.8^{+0.074}_{0}\ \text{mm}$ 镗孔；然后插键槽 A_2，淬火；最后按尺寸 $A_3 = \phi 58^{+0.03}_{0}\ \text{mm}$ 磨孔。要求键槽尺寸实现 $A_4 = 62.3^{+0.2}_{0}\ \text{mm}$。试用极值法计算尺寸链，确定插键槽尺寸 A_2。

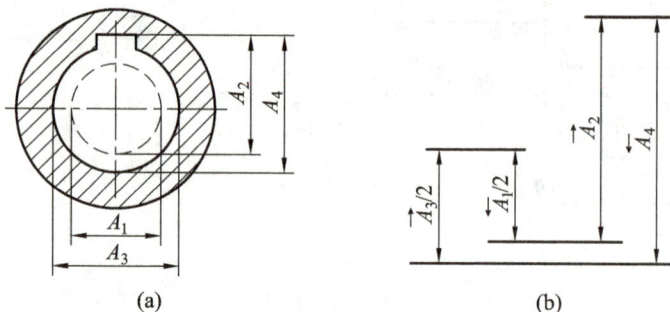

图 9-9　例 9.4 图

解 (1) 画尺寸链图。

确定镗内孔和磨内孔的基准为圆心。按加工顺序依次画出 $A_1/2$、A_2 和 $A_3/2$，并利用 A_4 把它们连接成封闭回路，如图 9-9(b) 所示。

(2) 判断封闭环、增环和减环。

由题意知，A_4 为最后自然形成的尺寸，即封闭环 $A_0 = A_4$。画出各环箭头方向，如图 9-9(b) 所示。由图可以判断，A_2、$A_3/2$ 为增环，$A_1/2$ 为减环。

(3) 按极值法计算插键槽 A_2 的公称尺寸和极限偏差。

由式 (9-1) 可得

$$A_0 = A_4 = \left(A_2 + \frac{A_3}{2} \right) - \frac{A_1}{2}$$

故 A_2 的公称尺寸为

$$A_2 = A_4 + \frac{A_1}{2} - \frac{A_3}{2} = \left(62.3 + \frac{57.8}{2} - \frac{58}{2} \right)\text{mm} = 62.2\ \text{mm}$$

A_2 的上极限偏差 ES_{A_2} 由式 (9-4) 可得

$$\text{ES}_0 = \text{ES}_{A_4} = \left(\text{ES}_{A_2} + \text{ES}_{A_3/2} \right) - \text{EI}_{A_1/2}$$

故

$$\text{ES}_{A_2} = \text{ES}_{A_4} + \text{EI}_{A_1/2} - \text{ES}_{A_3/2} = (+0.2)\,\text{mm} + 0\,\text{mm} - (+0.015)\,\text{mm} = +0.185\ \text{mm}$$

由式 (9-5) 可得

$$EI_0 = EI_{A_4} = \left(EI_{A_2} + EI_{A_3/2}\right) - ES_{A_1/2}$$

故 A_2 的下极限偏差 EI_{A_2} 为

$$EI_{A_2} = EI_{A_4} + ES_{A_1/2} - EI_{A_3/2} = 0\,\text{mm} + \left(+0.037\right)\text{mm} - 0\,\text{mm} = +0.037\,\text{mm}$$

(4) 校核计算结果。

由公差与上、下极限偏差的关系可得

$$T_{A_2} = \left|ES_{A_2} - EI_{A_2}\right| = \left|\left(+0.185\right)\text{mm} - \left(+0.037\right)\text{mm}\right| = 0.148\,\text{mm}$$

由式 (9-6) 可得

$$T_0 = T_{A_4} = T_{A_1/2} + T_{A_2} + T_{A_3/2}$$

故

$$T_{A_2} = \left|ES_{A_4} - EI_{A_4}\right| - \left|ES_{A_1/2} - EI_{A_1/2}\right| - \left|ES_{A_3/2} - EI_{A_3/2}\right|$$
$$= \left|\left(+0.2\,\text{mm}\right) - 0\,\text{mm}\right| - \left|\left(+0.037\,\text{mm}\right) - 0\,\text{mm}\right| - \left|\left(+0.015\,\text{mm}\right) - 0\,\text{mm}\right| = 0.148\,\text{mm}$$

校核结果表明计算正确，所以插键槽尺寸 A_2 为

$$A_2 = 62.2^{+0.185}_{+0.037}\,\text{mm}$$

例 9.5 图 9-10(a) 所示为一个零件的图样，在图样上的标注尺寸为 $A_1 = 70^{-0.02}_{-0.07}\,\text{mm}$，$A_2 = 60^{0}_{-0.04}\,\text{mm}$，$A_3 = 20^{+0.19}_{0}\,\text{mm}$。因为 A_3 不便测量，试给出测量尺寸 A_4 的公称尺寸和极限偏差。要求：(1) 画出尺寸链图；(2) 判断封闭环、增环和减环；(3) 按极值法计算测量尺寸 A_4 的公称尺寸和极限偏差；(4) 校核设计结果的正确性。

解 (1) 画尺寸链图。

可以从 A_1 的左端开始，依次画出 A_1、A_2、A_3 和 A_4，连接成封闭回路，如图 9-10(b) 所示。

(2) 判断封闭环、增环和减环。

由题意知，A_3 不便测量，所以将其作为最后自然形成的尺寸，即封闭环 $A_0 = A_3$。画出各环箭头方向，如图 9-10(b) 所示。由图可以判断，A_2、A_4 为增环，A_1 为减环。

(3) 按极值法计算测量尺寸 A_4 的公称尺寸和极限偏差。

由式 (9-1) 可得

$$A_0 = A_3 = (A_2 + A_4) - A_1$$

故 A_4 的公称尺寸为

$$A_4 = A_3 + A_1 - A_2 = 20\,\text{mm} + 70\,\text{mm} - 60\,\text{mm} = 30\,\text{mm}$$

由式 (9-4) 可得

$$ES_0 = ES_{A_3} = \left(ES_{A_2} + ES_{A_4}\right) - EI_{A_1}$$

故 A_4 的上极限偏差 ES_{A_4} 为

$$ES_{A_4} = ES_{A_3} + EI_{A_1} - ES_{A_2} = \left(+0.19\right)\text{mm} + \left(-0.07\right)\text{mm} - 0\,\text{mm} = +0.12\,\text{mm}$$

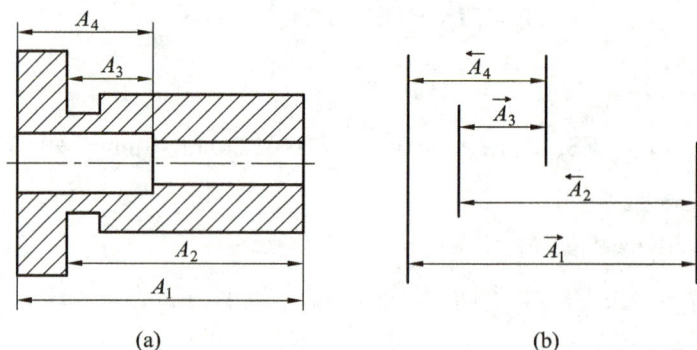

图 9-10 例 9.5 图

由式 (9-5) 可得

$$EI_0 = EI_{A_3} = \left(EI_{A_2} + EI_{A_4}\right) - ES_{A_1}$$

故 A_4 的下极限偏差 EI_{A_4} 为

$$EI_{A_4} = EI_{A_3} + ES_{A_1} - EI_{A_2} = 0\,\text{mm} + (-0.02)\,\text{mm} - (-0.04)\,\text{mm} = +0.02\,\text{mm}$$

(4) 校核计算结果。

由公差与上、下极限偏差的关系可得

$$T_{A_4} = \left|ES_{A_4} - EI_{A_4}\right| = \left|(+0.12)\,\text{mm} - (+0.02)\,\text{mm}\right| = 0.1\,\text{mm}$$

由式 (9-6) 可得

$$T_0 = T_{A_3} = T_{A_1} + T_{A_2} + T_{A_4}$$

故

$$T_{A_4} = \left|ES_{A_3} - EI_{A_3}\right| - \left|ES_{A_1} - EI_{A_1}\right| - \left|ES_{A_2} - EI_{A_2}\right|$$

$$= \left|(+0.19\,\text{mm}) - 0\,\text{mm}\right| - \left|(-0.02)\,\text{mm} - (-0.07)\right|\text{mm} - \left|0\,\text{mm} - (-0.04)\,\text{mm}\right| = 0.1\,\text{mm}$$

校核结果表明计算正确，所以插键槽尺寸 A_4 为

$$A_4 = 30^{+0.12}_{+0.02}\,\text{mm}$$

3) 反计算

反计算就是已知封闭环的公称尺寸和极限偏差及各组成环的公称尺寸，求各组成环的极限偏差。常用的反计算方法主要有两种：等公差法和等精度法。

(1) 等公差法。

设各组成环的公差相等，即将封闭环的公差平均分配给各组成环，可表示为

$$T_{av} = \frac{T_0}{n-1} \tag{9-7}$$

式中：T_{av} 为各组成环的公差。

等公差法适合尺寸链中各组成环的公称尺寸和加工难易程度相差不大的情况。

(2) 等精度法。

当各组成环公称尺寸差别较大时，所有组成环常采用相同的公差等级。在封闭环公差确定的情况下，各组成环的公差大小取决于其公称尺寸。

由第 2 章可知，当公称尺寸 $D \leqslant 500$ mm 时，公差值 T 可按下式计算

$$T = ai = a\left(0.45\sqrt[3]{D} + 0.001D\right)$$

当组成环的公差等级相同时，其公差等级系数相同，这里用 a_{av} 表示，则由式 (9-6) 可得

$$T_0 = \sum_{i=1}^{n-1} a_{av} i_i = a_{av} \sum_{i=1}^{n-1} i_i \tag{9-8}$$

根据式 (9-8) 可得

$$a_{av} = \frac{T_0}{\sum_{i=1}^{n-1} i_i} = \frac{T_0}{\sum_{i=1}^{n-1}\left(0.45\sqrt[3]{D_i} + 0.001D_i\right)} \tag{9-9}$$

为了计算方便，将常用尺寸段的公差因子 i_i 列于表 9-1 中。

表 9-1　公差因子 i_i

尺寸分段 /mm	i_i/μm	尺寸分段 /mm	i_i/μm
> 1 ~ 3	0.54	> 80 ~ 120	2.17
> 3 ~ 6	0.73	> 120 ~ 180	2.52
> 6 ~ 10	0.90	> 180 ~ 250	2.90
> 10 ~ 18	1.08	> 250 ~ 315	3.23
> 18 ~ 30	1.31	> 315 ~ 400	3.54
> 30 ~ 50	1.56	> 400 ~ 500	3.86
> 50 ~ 80	1.86		

按式 (9-9) 计算获得 a_{av} 后查表 2-1，取与之相近的公差等级，将 $n - 2$ 个组成环的公差等级确定为该等级。对于未确定公差等级的那个组成环，这里称为协调环，该组成环的公差值根据式 (9-6) 进行计算，从而保证封闭环的公差。

对于协调环以外的组成环极限偏差的确定采用入体原则，即如果组成环具有包容面尺寸时，则取基本偏差 H(下极限偏差为零)；如果组成环具有被包容面尺寸时，则取基本偏差 h(上极限偏差为零)。对于组成环不具有包容面和被包容面尺寸时，如中心距尺寸，则取基本偏差 JS，此时上极限偏差为 $+\frac{1}{2}T_{A_i}$，下极限偏差为 $-\frac{1}{2}T_{A_i}$。

例 9.6　在图 9-11(a) 所示的齿轮箱中，已知 $A_1 = 300$ mm，$A_2 = 52$ mm，$A_3 = 90$ mm，

$A_4 = 20\,\text{mm}$，$A_5 = 86\,\text{mm}$，$A_6 = A_2$。要求间隙 A_0 的变动范围为 $1.0 \sim 1.35\,\text{mm}$，试按极值法计算各组成环的公差和极限偏差。

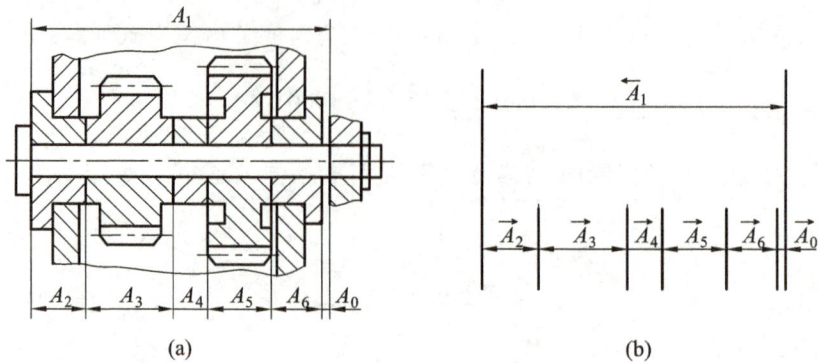

图 9-11   例 9.6 图

解   (1) 画尺寸链图。

按图 9-11(a) 中各零件位置顺序，依次画出 A_1、A_2、A_3、A_4、A_5 和 A_6，最后用 A_0 将其连接成封闭回路，如图 9-11(b) 所示。

(2) 确定封闭环、增环和减环。

间隙 A_0 尺寸为装配后自然形成的尺寸，故 A_0 为封闭环。画出各环箭头方向，如图 9-11(b) 所示。由图可以判断，A_1 为增环，A_2、A_3、A_4、A_5 和 A_6 为减环。

(3) 采用等精度法计算各组成环的极限偏差。

① 选择 A_4 为协调环。

② 确定封闭环的公称尺寸、极限偏差和公差。

由式 (9-1)，封闭环的公称尺寸 A_0 为

$$A_0 = A_1 - \left(A_2 + A_3 + A_4 + A_5 + A_6\right) = 300\,\text{mm} - (52 + 90 + 20 + 86 + 52)\,\text{mm} = 0\,\text{mm}$$

A_0 的上、下极限偏差为

$$\text{ES}_0 = A_{0\max} - A_0 = 1.35\,\text{mm} - 0\,\text{mm} = +1.35\,\text{mm}$$

$$\text{EI}_0 = A_{0\min} - A_0 = 1.0\,\text{mm} - 0\,\text{mm} = +1.0\,\text{mm}$$

A_0 的公差为

$$T_0 = A_{0\max} - A_{0\min} = 1.35\,\text{mm} - 1.0\,\text{mm} = 0.35\,\text{mm}$$

③ 确定各组成环公差。

由式 (9-9) 及通过表 9-1 获得对应的公差因子 i_i，可得各组成环公差等级系数 a_{av} 为

$$a_{\text{av}} = \frac{T_0}{\sum\limits_{i=1}^{n-1} i_i} = \frac{0.35\,\text{mm} \times 1000}{(3.23 + 1.86 + 2.17 + 1.31 + 2.17 + 1.86)\,\mu\text{m}} \approx 28\,\mu\text{m}$$

查表 2-1 确定各组成环 (协调环除外) 的公差等级为 IT8。查表 2-3 可得

$T_{A_1} = 0.081\,\text{mm}$，$T_{A_2} = 0.046\,\text{mm}$，$T_{A_3} = 0.054\,\text{mm}$，$T_{A_5} = 0.054\,\text{mm}$，$T_{A_6} = 0.046\,\text{mm}$

由式 (9-6) 计算协调环 A_4 的公差

$$T_{A_4} = T_0 - \left(T_{A_1} + T_{A_2} + T_{A_3} + T_{A_5} + T_{A_6}\right)$$
$$= 0.35\,\text{mm} - \left(0.081 + 0.046 + 0.054 + 0.054 + 0.046\right)\text{mm} = 0.069\,\text{mm}$$

④ 确定各组成环上、下极限偏差。

除协调环外，按入体原则确定各组成环的极限偏差。由图 9-11(a) 可以看出，A_1 为包容面尺寸，取基本偏差为 H，A_2、A_3、A_5 和 A_6 为被包容面尺寸，取基本偏差为 h，则各组成环的极限偏差为

$$A_1 = 300^{+0.081}_{0}\,\text{mm}，\quad A_2 = 52^{0}_{-0.046}\,\text{mm}，\quad A_3 = 90^{0}_{-0.054}\,\text{mm}，$$
$$A_5 = 86^{0}_{-0.054}\,\text{mm}，\quad A_6 = 52^{0}_{-0.046}\,\text{mm}$$

由式 (9-4) 计算协调环的下极限偏差

$$\text{EI}_{A_4} = \text{ES}_{A_1} - \left(\text{EI}_{A_2} + \text{EI}_{A_3} + \text{EI}_{A_5} + \text{EI}_{A_6}\right) - \text{ES}_0$$
$$= \left[0.081 - (-0.046) - (-0.054) - (-0.054) - (-0.046) - 1.35\right]\text{mm}$$
$$= -1.069\,\text{mm}$$

由式 (9-5) 计算协调环的上极限偏差

$$\text{ES}_{A_4} = \text{EI}_{A_1} - \left(\text{ES}_{A_2} + \text{ES}_{A_3} + \text{ES}_{A_5} + \text{ES}_{A_6}\right) - \text{EI}_0$$
$$= \left[0 + (0 + 0 + 0 + 0) - (+1.0)\right]\text{mm}$$
$$= -1.0\,\text{mm}$$

则有 $A_4 = 20^{-1.000}_{-1.069}\,\text{mm}$ 。

(4) 校核计算结果。

由计算结果，根据式 (9-6) 可得

$$T_0 = T_{A_1} + T_{A_2} + T_{A_3} + T_{A_4} + T_{A_5} + T_{A_6}$$
$$= T_{A_1} + T_{A_2} + T_{A_3} + \left(\text{ES}_{A_4} - \text{EI}_{A_4}\right) + T_{A_5} + T_{A_6}$$
$$= 0.081\,\text{mm} + 0.046\,\text{mm} + 0.054\,\text{mm} + \left[(-1.0) - (-1.069)\right]\text{mm} + 0.054\,\text{mm} + 0.046\,\text{mm}$$
$$= 0.35\,\text{mm}$$

可以看出，此处求取的封闭环公差与前述已知条件获得的相同，这表明计算无误。所以，最终的尺寸结果为

$$A_1 = 300^{+0.081}_{0}\,\text{mm}，\quad A_2 = 52^{0}_{-0.046}\,\text{mm}，\quad A_3 = 90^{0}_{-0.054}\,\text{mm}，$$
$$A_4 = 20^{-1.000}_{-1.069}\,\text{mm}，\quad A_5 = 86^{0}_{-0.054}\,\text{mm}，\quad A_6 = 52^{0}_{-0.046}\,\text{mm}$$

9.2.2　概率法计算尺寸链

从尺寸链各环分布的实际可能性出发进行尺寸链计算，称为概率法 (也称为不完全互

换法)。在大批量生产中，零件实际尺寸的分布是随机的，多数情况下可考虑成正态分布或偏态分布。换句话说，如果加工中工艺调整中心接近公差带中心，则大多数零件的尺寸分布于公差中心附近，靠近极限尺寸的零件数目极少。因此，利用这一规律，将组成环公差放大，不但能使零件易于加工，而且能满足封闭环的技术要求，从而给生产带来明显的经济效益。当然，此时封闭环超出技术要求的情况是存在的，但其概率很小，所以概率法又称为大数互换法。

1. 基本公式

采用概率法时，假设各组成环实际尺寸的分布规律服从正态分布，则封闭环的实际尺寸也将满足正态分布。根据正态分布规律，各组成环的标准偏差与封闭环的标准偏差应满足

$$\sigma_0 = \sqrt{\sum_{i=1}^{n-1} \sigma_{A_i}^2} \tag{9-10}$$

式中：σ_0 为封闭环的标准偏差；σ_{A_i} 为第 i 个组成环的标准偏差。

进一步假定各组成环实际尺寸分布中心与公差带中心重合，当各环均具有相同的置信概率 (99.73%) 时，其分布范围与公差带范围重合，则封闭环和各组成环的公差与各自标准偏差关系如下

$$T_0 = 6\sigma_0, \quad T_{A_i} = 6\sigma_{A_i} \tag{9-11}$$

根据式 (9-10) 和式 (9-11) 可得

$$T_0 = \sqrt{\sum_{i=1}^{n-1} T_{A_i}^2} \tag{9-12}$$

式 (9-12) 表明，尺寸链中封闭环的公差等于所有组成环公差的平方和的平方根。

尺寸链中各环的上极限偏差与下极限偏差的平均值称为中间偏差，用符号 Δ 表示。尺寸链中任何一环的公称尺寸 A、上极限尺寸 A_{max}、下极限尺寸 A_{min}、上极限偏差 ES、下极限偏差 EI、公差 T 以及中间偏差 Δ 的关系可用图 9-12 描述。

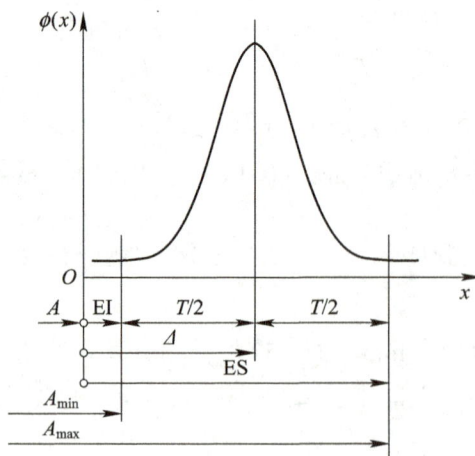

(x 表示尺寸，$\phi(x)$ 表示概率密度)

图 9-12　极限偏差与中间偏差、公差的关系

封闭环的中间偏差 Δ_0 可表示为

$$\Delta_0 = \frac{1}{2}\left(\mathrm{ES}_0 + \mathrm{EI}_0\right) \tag{9-13}$$

组成环的中间偏差 Δ_i 可表示为

$$\Delta_i = \frac{1}{2}\left(\mathrm{ES}_{A_i} + \mathrm{EI}_{A_i}\right) \tag{9-14}$$

封闭环的上、下极限偏差，中间偏差及公差之间的关系可表示为

$$\begin{cases} \mathrm{ES}_0 = \Delta_0 + \dfrac{1}{2}T_0 \\[2mm] \mathrm{EI}_0 = \Delta_0 - \dfrac{1}{2}T_0 \end{cases} \tag{9-15}$$

封闭环的极限尺寸、公称尺寸、中间偏差及公差之间应满足下式

$$\begin{cases} A_{0\max} = A_0 + \Delta_0 + \dfrac{1}{2}T_0 \\[2mm] A_{0\min} = A_0 + \Delta_0 - \dfrac{1}{2}T_0 \end{cases} \tag{9-16}$$

各组成环的极限尺寸、公称尺寸、中间偏差及公差之间应满足下式

$$\begin{cases} A_{i\max} = A_i + \Delta_i + \dfrac{1}{2}T_{A_i} \\[2mm] A_{i\min} = A_i + \Delta_i - \dfrac{1}{2}T_{A_i} \end{cases} \tag{9-17}$$

将式 (9-2) 与式 (9-3) 等式两端相加，并结合式 (9-16) 及式 (9-17)，可得

$$A_0 + \Delta_0 = \sum_{i=1}^{r}\left[A_{(+)i} + \Delta_{(+)i}\right] - \sum_{i=r+1}^{n-1}\left[A_{(-)i} + \Delta_{(-)i}\right] \tag{9-18}$$

式中：$\Delta_{(+)i}$ 为第 i 个增环的中间偏差；$\Delta_{(-)i}$ 为第 i 个减环的中间偏差。

将式 (9-1) 代入式 (9-18)，可得

$$\Delta_0 = \sum_{i=1}^{r}\Delta_{(+)i} - \sum_{i=r+1}^{n-1}\Delta_{(-)i} \tag{9-19}$$

式 (9-19) 表明，封闭环的中间偏差等于尺寸链中所有增环中间偏差之和减去所有减环中间偏差之和。

利用概率法计算尺寸链的步骤与利用极值法计算尺寸链的基本相同，并且同样包括正计算、中间计算和反计算三种形式。

2. 实例分析

1) 正计算

例 9.7 试用概率法解例 9.3 题。

解 (1) 画尺寸链图。

解法与例 9.3 相同。

(2) 判断封闭环、增环和减环。

解法与例 9.3 相同。

(3) 按概率法计算台阶面 B 的加工余量 A_0。

计算中间偏差，由于各组成环分布中心与公差带中心重合，因此可将组成环改写为对称偏差形式，即增环 $A_2 = \left[80 + (-0.1) \pm \dfrac{0.2}{2} \right]$ mm，则有

$$\Delta_2 = -0.1\,\text{mm}, \quad T_{A_2} = 0.2\,\text{mm}$$

减环 $A_1 = \left[49.5 + (+0.15) \pm \dfrac{0.3}{2} \right]$ mm，则有

$$\Delta_1 = +0.15\,\text{mm}, \quad T_{A_1} = 0.3\,\text{mm}$$

减环 $A_3 = \left[30 + (-0.07) \pm \dfrac{0.14}{2} \right]$ mm，则有

$$\Delta_3 = -0.07\,\text{mm}, \quad T_{A_3} = 0.14\,\text{mm}$$

封闭环的公称尺寸由式 (9-1) 可得

$$A_0 = A_2 - (A_1 + A_3) = 80\,\text{mm} - (49.5 + 30)\,\text{mm} = 0.5\,\text{mm}$$

封闭环的中间偏差由式 (9-19) 可得

$$\Delta_0 = \Delta_2 - (\Delta_1 + \Delta_3) = (-0.1) - [(+0.15) + (-0.07)] = -0.18\,\text{mm}$$

封闭环的公差由式 (9-12) 可得

$$T_0 = \sqrt{T_{A_1}^2 + T_{A_2}^2 + T_{A_3}^2} = \sqrt{0.3^2 + 0.2^2 + 0.14^2}\,\text{mm} = 0.39\,\text{mm}$$

将封闭环尺寸整理成用极限偏差表达的形式，即

$$A_0 = \left[0.5 + (-0.18) \pm \frac{0.39}{2} \right]\,\text{mm} = (0.32 \pm 0.195)\,\text{mm} = 0.5^{+0.015}_{-0.375}\,\text{mm}$$

(4) 校核计算结果。

由题中已知条件得

$$T_0 = \sqrt{T_{A_1}^2 + T_{A_2}^2 + T_{A_3}^2} = \sqrt{\left(\text{ES}_{A_1} - \text{EI}_{A_1}\right)^2 + \left(\text{ES}_{A_2} - \text{EI}_{A_2}\right)^2 + \left(\text{ES}_{A_3} - \text{EI}_{A_3}\right)^2}$$

$$= \sqrt{[(+0.3) - 0]^2 + [0 - (-0.2)]^2 + [0 - (-0.14)]^2}\,\text{mm} = 0.39\,\text{mm}$$

校核结果表明计算正确，所以台阶面 B 的加工余量为

$$A_0 = 0.5^{+0.015}_{-0.375}\,\text{mm}$$

将例 9.7 与例 9.3 的计算结果相比较，可以看出，在组成环公差不变的情况下，概率法解尺寸链使封闭环的公差缩小了，即提高了使用性能。

2) 中间计算

例 9.8　试用概率法解例 9.5 题。

解 (1) 画尺寸链图。

解法与例 9.5 相同。

(2) 判断封闭环、增环和减环。

解法与例 9.5 相同。

(3) 按概率法计算测量尺寸 A_4 的公称尺寸和极限偏差。

将已知环写成对称偏差形式，并确定其中间偏差和公差。

封闭环 $A_0 = A_3 = 20^{+0.19}_0 \text{ mm} = \left[20 + (-0.095) \pm \dfrac{0.19}{2} \right] \text{mm}$，则有

$$\Delta_0 = +0.095 \text{ mm}, \quad T_0 = 0.19 \text{ mm}$$

增环 $A_2 = 60^{\ 0}_{-0.04} \text{ mm} = \left[60 + (-0.02) \pm \dfrac{0.04}{2} \right] \text{mm}$，则有

$$\Delta_2 = -0.02 \text{ mm}, \quad T_{A_2} = 0.04 \text{ mm}$$

减环 $A_1 = 70^{-0.02}_{-0.07} \text{ mm} = \left[70 + (-0.045) \pm \dfrac{0.05}{2} \right] \text{mm}$，则有

$$\Delta_1 = -0.045 \text{ mm}, \quad T_{A_1} = 0.05 \text{mm}$$

由式 (9-1) 可得

$$A_0 = A_3 = (A_2 + A_4) - A_1$$

故 A_4 的公称尺寸为

$$A_4 = A_3 + A_1 - A_2 = (20 + 70 - 60) \text{mm} = 30 \text{ mm}$$

由式 (9-19) 可得

$$\Delta_0 = (\Delta_2 + \Delta_4) - \Delta_1$$

故 A_4 的中间偏差为

$$\Delta_4 = \Delta_0 + \Delta_1 - \Delta_2 = (+0.095) \text{mm} + (-0.045) \text{mm} - (-0.02) \text{mm} = +0.07 \text{ mm}$$

由式 (9-12) 可得

$$T_0 = \sqrt{T_{A_1}^2 + T_{A_2}^2 + T_{A_4}^2}$$

故 A_4 的公差为 $T_{A_4} = \sqrt{T_0^2 - T_{A_1}^2 - T_{A_2}^2} = \sqrt{0.19^2 - 0.05^2 - 0.04^2} \text{ mm} = 0.18 \text{ mm}$

将 A_4 整理成用极限偏差表达的形式，即

$$A_4 = \left[30 + (+0.07) \pm \dfrac{0.18}{2} \right] \text{mm} = (30.07 \pm 0.09) \text{mm} = 30^{+0.16}_{-0.02} \text{ mm}$$

(4) 校核计算结果。

由题中已知条件可得

$$T_0 = \left| \text{ES}_0 - \text{EI}_0 \right| = \left| (+0.19) \text{ mm} - 0 \text{ mm} \right| = 0.19 \text{ mm}$$

将计算结果代入式 (9-12) 可得

$$T_0 = \sqrt{T_{A_1}^2 + T_{A_2}^2 + T_{A_4}^2} = \sqrt{\left(ES_{A_1} - EI_{A_1}\right)^2 + \left(ES_{A_2} - EI_{A_2}\right)^2 + \left(ES_{A_4} - EI_{A_4}\right)^2}$$

$$= \sqrt{\left[(-0.02) - (-0.07)\right]^2 + \left[0 - (-0.04)\right]^2 + \left[(+0.16) - (-0.02)\right]^2} \, \text{mm} = 0.19 \, \text{mm}$$

校核结果说明计算无误，所以测量尺寸 A_4 为 $30_{-0.02}^{+0.16}$ mm。

与例 9.5 的计算结果相比较，可以看出，在封闭环公差相同的情况下，概率法解尺寸链时组成环的公差扩大了，使其加工更容易，从而降低加工成本。

3) 反计算

例 9.9　试用概率法解例 9.6 题。

解　(1) 画尺寸链图。解法与例 9.6 相同。

(2) 判断封闭环、增环、减环。解法与例 9.6 相同。

(3) 按概率法计算各组成环的公差和极限偏差。

① 选择 A_4 为协调环。

② 确定封闭环的公称尺寸、极限偏差和公差。

由式 (9-1) 可得封闭环的公称尺寸 A_0 为

$$A_0 = A_1 - \left(A_2 + A_3 + A_4 + A_5 + A_6\right) = 300 - (52 + 90 + 20 + 86 + 52) = 0 \, \text{mm}$$

A_0 的上、下极限偏差为

$$ES_0 = A_{0\max} - A_0 = 1.35 \, \text{mm} - 0 \, \text{mm} = +1.35 \, \text{mm}$$

$$EI_0 = A_{0\min} - A_0 = 1 \, \text{mm} - 0 \, \text{mm} = +1.0 \, \text{mm}$$

A_0 的公差为

$$T_0 = A_{0\max} - A_{0\min} = 0.35 \, \text{mm}$$

③ 确定各组成环公差。

设各组成环的公差相等且等于平均公差值 T_{av}。根据式 (9-12)，计算此时各组成环的平均公差值，即

$$T_{av} = \frac{T_0}{\sqrt{n-1}} = \frac{0.35}{\sqrt{7-1}} \approx 0.143 \, \text{mm}$$

以 T_{av} 为参考，按各组成环加工的难易程度，调整各环公差，并从标准公差数值表 2-3 按 IT10 查取各组成环公差，具体如下：

$T_{A_1} = 0.21$ mm，$T_{A_2} = 0.12$ mm，$T_{A_3} = 0.14$ mm，$T_{A_5} = 0.14$ mm，$T_{A_6} = 0.12$ mm，

由式 (9-12) 计算协调环 A_4 的公差：

$$T_{A_4} = \sqrt{T_0^2 - \left(T_{A_1}^2 + T_{A_2}^2 + T_{A_3}^2 + T_{A_5}^2 + T_{A_6}^2\right)}$$

$$= \sqrt{0.35^2 - \left(0.21^2 + 0.12^2 + 0.14^2 + 0.14^2 + 0.12^2\right)} = 0.102 \, \text{mm}$$

④ 确定组成环上、下极限偏差。

除协调环外，按入体原则确定各组成环的极限偏差。从图 9-11(a) 中可以看出，A_1 为包容面尺寸，A_2、A_3、A_5 和 A_6 为被包容面尺寸，则各组成环的极限偏差如下：

$A_1 = 300^{+0.210}_{0}$ mm，$A_2 = 52^{0}_{-0.120}$ mm，$A_3 = 90^{0}_{-0.140}$ mm，$A_5 = 86^{0}_{-0.140}$ mm，$A_6 = 52^{0}_{-0.120}$ mm

⑤ 将已确定的各环写成对称偏差形式，并确定其中间偏差和公差。

封闭环 $A_0 = 0^{+1.35}_{+1.00}$ mm $= \left[0 + (+1.175) \pm \dfrac{0.35}{2} \right]$ mm，则有

$$\Delta_0 = +1.175 \text{ mm}, \quad T_0 = 0.35 \text{ mm}$$

增环 $A_1 = 300^{+0.210}_{0}$ mm $= \left[300 + (+0.105) \pm \dfrac{0.21}{2} \right]$ mm，则有

$$\Delta_1 = +0.105 \text{ mm}, \quad T_1 = 0.21 \text{ mm}$$

减环 $A_2 = 52^{0}_{-0.120}$ mm $= \left[52 + (-0.06) \pm \dfrac{0.12}{2} \right]$ mm，则有

$$\Delta_2 = -0.06 \text{ mm}, \quad T_2 = 0.12 \text{ mm}$$

减环 $A_3 = 90^{0}_{-0.140}$ mm $= \left[90 + (-0.07) \pm \dfrac{0.14}{2} \right]$ mm，则有

$$\Delta_3 = -0.07 \text{ mm}, \quad T_3 = 0.14 \text{ mm}$$

减环 $A_5 = 86^{0}_{-0.140}$ mm $= \left[86 + (-0.07) \pm \dfrac{0.14}{2} \right]$ mm，则有

$$\Delta_5 = -0.07 \text{ mm}, \quad T_5 = 0.14 \text{ mm}$$

减环 $A_6 = 52^{0}_{-0.120}$ mm $= \left[52 + (-0.06) \pm \dfrac{0.12}{2} \right]$ mm，则有

$$\Delta_6 = -0.06 \text{ mm}, \quad T_5 = 0.12 \text{ mm}$$

⑥ 计算协调环 A_4 的中间偏差。

由式 (9-19) 可得

$$\Delta_0 = \Delta_1 - (\Delta_2 + \Delta_3 + \Delta_4 + \Delta_5 + \Delta_6)$$

故

$$\begin{aligned}
\Delta_4 &= \Delta_1 - \Delta_0 - (\Delta_2 + \Delta_3 + \Delta_5 + \Delta_6) \\
&= (+0.105)\,\text{mm} - (+1.175)\,\text{mm} - \left[(-0.06) + (-0.07) + (-0.07) + (-0.06) \right] \text{mm} \\
&= -0.81 \text{ mm}
\end{aligned}$$

将协调环 A_4 整理成用极限偏差表达的形式，即

$$A_4 = \left[20 + (-0.81) \pm \dfrac{0.102}{2} \right] \text{mm} = (19.19 \pm 0.051)\,\text{mm} = 20^{-0.759}_{-0.861}\,\text{mm}$$

(4) 校核计算结果。

由题中已知条件可得

$$T_0 = A_{0\,\max} - A_{0\,\min} = 0.35 \text{ mm}$$

由式 (9-12) 可得

$$T_0 = \sqrt{T_{A_1}^2 + T_{A_2}^2 + T_{A_3}^2 + T_{A_4}^2 + T_{A_5}^2 + T_{A_6}^2}$$

$$= \sqrt{\left(ES_{A_1} - EI_{A_1}\right)^2 + \left(ES_{A_2} - EI_{A_2}\right)^2 + \left(ES_{A_3} - EI_{A_3}\right)^2 + \left(ES_{A_4} - EI_{A_4}\right)^2 + \left(ES_{A_5} - EI_{A_5}\right)^2 + \left(ES_{A_6} - EI_{A_6}\right)^2}$$

$$= \sqrt{(0.21-0)^2 + \left[0-(-0.12)\right]^2 + \left[0-(-0.14)\right]^2 + \left[(-0.759)-(-0.861)\right]^2 + \left[0-(-0.14)\right]^2 + \left[0-(-0.12)\right]^2} \text{ mm}$$

$$= 0.35 \text{ mm}$$

校核结果说明计算无误，所以各组成环的尺寸为

$$A_1 = 300_{0}^{+0.210} \text{ mm}, \quad A_2 = 52_{-0.120}^{0} \text{ mm}, \quad A_3 = 90_{-0.140}^{0} \text{ mm},$$

$$A_4 = 20_{-0.861}^{-0.759} \text{ mm}, \quad A_5 = 86_{-0.140}^{0} \text{ mm}, \quad A_6 = 52_{-0.120}^{0} \text{ mm}$$

将例 9.9 与例 9.6 的计算结果相比较，可以看出，在封闭环公差相同的情况下，概率法解尺寸链使各组的公差扩大了，从而提高使用性能。

习　　题

一、选择题

1. 在零件尺寸链中，应选择（　　）尺寸作为封闭环。

A. 最不重要的　　　　　　　B. 最重要的　　　　　　　C. 不太重要的

2. 在装配尺寸链中，封闭环的公差往往体现了机器或部件的精度，因此在设计中应使形成此封闭环的尺寸链的环数（　　）。

A. 越少越好　　　　　　　　B. 越多越好　　　　　　　C. 多少均可

3. 各增环的上极限尺寸之和减去（　　），即为封闭环的上极限尺寸。

A. 各减环的下极限尺寸之和

B. 各增环的下极限尺寸之和

C. 各减环的上极限尺寸之和

4. 对封闭环有直接影响的为（　　）。

A. 所有增环　　　　　　　　B. 所有减环　　　　　　　C. 全部组成环

5. 封闭环的公称尺寸等于（　　）。

A. 所有增环的公称尺寸之和

B. 所有减环的公称尺寸之和

C. 所有增环的公称尺寸之和减去所有减环的公称尺寸之和

D. 所有减环的公称尺寸之和减去所有增环的公称尺寸之和

6. 封闭环的公差是指（　　）。

A. 所有增环的公差之和　　　　　　　B. 所有增环与减环的公差之和

C. 所有减环的公差之和　　　　　　　D. 所有增环的公差之和减去所有减环的公差之和

二、简答题

1. 什么是尺寸链？如何确定尺寸链的封闭环、增环和减环？

2. 正计算、反计算和中间计算的特点和应用场合是什么？

3. 何谓最短尺寸链原则？说明其重要性。

三、计算题

1. 加工图 9-13 所示套筒时，外圆柱面加工至 $L_1 = \phi 80\text{f}9\left(^{-0.030}_{-0.104}\right)$ mm，内圆柱面加工至 $L_2 = \phi 60\text{H}8\left(^{+0.046}_{0}\right)$ mm，外圆柱面轴线对内孔轴线的同轴度公差为 $\phi 0.02$ mm，试计算该套筒壁厚尺寸的变动范围。

2. 如图 9-14 所示，孔、轴间隙配合要求 $\phi 50\text{H}9/\text{f}9$，且孔镀铬使用，镀层厚度 $A_2 = A_3 = (10 \pm 2)\mu\text{m}$，试用极值法计算孔镀铬前的加工尺寸。

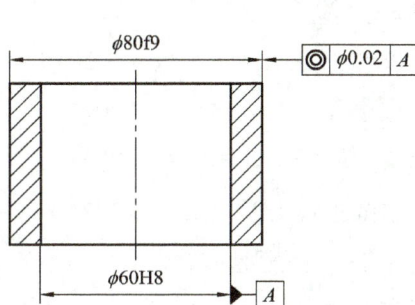

图 9-13　计算题 1 图

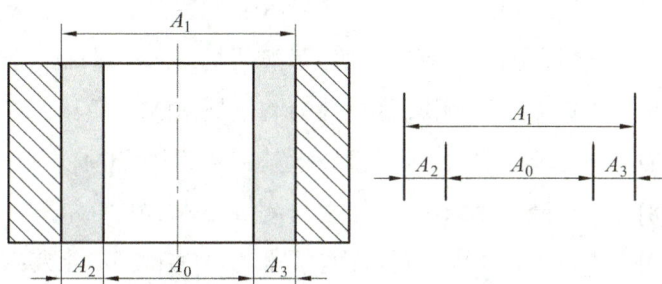

图 9-14　计算题 2 图

3. 图 9-15 所示为曲轴轴向装配尺寸链，已知各组成环公称尺寸及极限偏差为：$A_1 = 43^{+0.10}_{+0.05}$ mm，$A_2 = 2.5^{\ 0}_{-0.04}$ mm，$A_3 = 38^{\ 0}_{-0.07}$ mm，$A_4 = 2.5^{\ 0}_{-0.04}$ mm，试用极值法计算轴向间隙 A_0 的变动范围。

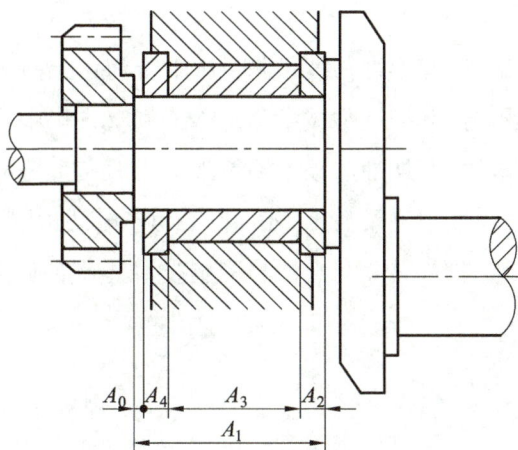

图 9-15　计算题 3 图

参 考 文 献

[1]　邢闽芳. 互换性与测量技术[M]. 3版. 北京：清华大学出版社，2017.

[2]　王伯平. 互换性与测量技术基础[M]. 6版. 北京：机械工业出版社，2024.

[3]　王长春，任秀华，李建春，等. 互换性与测量技术基础：3D版. [M]. 北京：机械工业出版社，2018.

[4]　周哲波. 互换性与技术测量[M]. 北京：北京大学出版社，2012.

[5]　何琴，何凤，赵宏，等. 互换性与技术测量[M]. 合肥：合肥工业大学出版社，2019.

[6]　朱定见，葛为民. 互换性与测量技术[M]. 2版. 大连：大连理工大学出版社，2015.

[7]　马惠萍. 互换性与测量技术基础案例教程[M]. 3版. 北京：机械工业出版社，2023.

[8]　卢秋霞，李绍华. 互换性与测量技术[M]. 哈尔滨：哈尔滨工程大学出版社，2024.

[9]　于雪梅，卢龙. 互换性与技术测量[M]. 2版. 北京：机械工业出版社，2023.

[10]　罗冬平. 互换性与技术测量[M]. 北京：机械工业出版社，2015.

[11]　郇艳，刘秀杰，严小黑. 互换性与技术测量[M]. 西安：西北工业大学出版社，2015.

[12]　杨曙年，张新宝，常素萍. 互换性与技术测量[M]. 5版. 武汉：华中科技大学出版社，2019.

[13]　景修润，唐克岩，孙荣敏. 互换性与测量技术基础[M]. 武汉：华中科技大学出版社，2018.

[14]　刘璇，丁海娟，张韬等. 互换性与技术测量[M]. 上海：上海交通大学出版社，2016.

[15]　王海文，石琳，张翠芳. 互换性与技术测量[M]. 武汉：华中科技大学出版社，2017.

[16]　朱文峰，李晏，马淑梅. 互换性与技术测量[M]. 上海：上海科学出版社，2018.

[17]　杨玉璋，张瑞平. 互换性与测量技术[M]. 北京：电子工业出版社，2014.

[18]　李必文，姜胜强，邓清方，等. 互换性与测量技术基础[M]. 长沙：中南大学出版社，2018.